Fritz Frech

Lethaea geognostica. Handbuch der erdgeschichte mit abbildungen der fu?r die formationen bezeichnendsten versteinerungen ..

Handbuch der Erdgeschichte mit Abbildungen der für die Formationen

bezeichnendsten Versteinerungen

Fritz Frech

Lethaea geognostica. Handbuch der erdgeschichte mit abbildungen der fu?r die formationen bezeichnendsten versteinerungen ..

Handbuch der Erdgeschichte mit Abbildungen der für die Formationen bezeichnendsten Versteinerungen

ISBN/EAN: 9783741173431

Hergestellt in Europa, USA, Kanada, Australien, Japan

Cover: Foto ©Andreas Hilbeck / pixelio.de

Manufactured and distributed by brebook publishing software (www.brebook.com)

Fritz Frech

Lethaea geognostica. Handbuch der erdgeschichte mit abbildungen der fu?r die formationen bezeichnendsten versteinerungen ..

Lethaea geognostica

oder

Beschreibung und Abbildung

der

für die Gebirgs-Formationen bezeichnendsten Versteinerungen.

Herausgegeben

von einer Vereinigung von Palaeontologen.

I. Theil.

Lethaea palaeozoica.

2. Band.

Bearbeitet von

Fritz Frech.

Mit 36 Tafeln, 6 Karten und 561 Figuren.

STUTTGART.

E. Schweizerbart'sche Verlagshandlung (E. Nägele).

1897 1902.

Druck von A. Bonz' Erben in Stuttgart.

Lethaea geognostica

oder

Beschreibung und Abbildung

der

für die Gebirgs-Formationen bezeichnendsten Versteinerungen.

Herausgegeben

von einer Vereinigung von Palaeontologen,

I. Theil.

Lethaea palaeozoica.

Entwickelung und Verbreitung des Palaeozoicum.

— —

2. Band 4. Lieferung.

Die Dyas (Schluss)

von

Fritz Frech

unter Mitwirkung von Fritz Noetling.

Mit 180 Figuren.

STUTTGART.

E. Schweizerbart'sche Verlagshandlung (E. Nägele).

1902.

Vorwort.

Die Kenntnis der palaeozoischen Formation hat seit dem Ende der siebziger Jahre, seit FERDINAND ROEMER die stratigraphische Einleitung der Lethaea palaeozoica entwarf, so ungewöhnliche Fortschritte gemacht, dass eine Beziehung auf den dem 1. Bande vorangeschickte stratigraphische Schema nicht mehr möglich erschien. Es sei nur an die Hinzufügung der untercambrischen Abtheilung und die — allerdings undeutlichen — organischen Reste des Praecambrium, an die neue Abgrenzung von Silur und Devon sowie die vollkommene Neugestaltung des Bildes des jüngeren Palaeozoicum erinnert. Ich glaubte anfangs, durch Einfügung einiger ausgedehnter Vergleichstabellen diesem Mangel abhelfen zu können. Doch ergab sich, dass die Arbeit nicht ohne vollständige Durcharbeitung der neueren Litteratur und zahlreiche erklärende Noten durchzuführen sei. So erwuchs aus den stratigraphischen Tabellen von selbst eine Darstellung des geologischen Entwickelungsganges der palaeozoischen Aera. Immerhin ist entsprechend der Art der Entstehung Cambrium und Silur kürzer behandelt als das Folgende. Schon die Darstellung der devonischen Formation in ihrer ausserordentlichen faciellen und geographischen Differenzirung erforderte grösseren Raum und auf dem Gebiet des jüngeren Palaeozoicum machte die überwältigende Fülle des Neuen häufig auch ein kritisches Eingehen auf die Leitfossilien erforderlich.

Auf Grund einer möglichst genauen Vergleichung der Schichtengruppen wurde am Schlusse jedes Abschnittes und dann in dem zusammenfassenden Rückblick auf das Ganze versucht, die Meeresbewegungen, die tektonischen und vulkanischen Ereignisse, sowie die klimatischen Verschiebungen unter einheitlichen Gesichtspunkten in Wort und Bild darzustellen.

Der Verfasser kennt selbst am besten die Mängel jedes Versuches, den jeweiligen Standpunkt unseres Wissens auf Grund litterarischer Studien zur Anschauung zu bringen und hat so viel wie möglich auf Grund eigener Anschauung zu arbeiten gesucht.

Die zu diesem Zwecke unternommenen Reisen in die wichtigeren Gebiete Europas und Nordamerikas umfassen die Zeit von 1890—1900. Auch die vorangehende Aufnahme der Karnischen Kette diente dazu, ein wenig bekanntes, aber hochwichtiges palaeozoisches Gebiet eingehender zu studiren.[1] Die erste Lieferung kam 1897 heraus. Um die seither erschienene Litteratur nicht unberücksichtigt zu lassen, wurden grössere „Nachträge" zum Einkleben in den Text (z. B. „zu S. 91a bis 91h") nach dem Register und ausserdem noch kleinere „Ergänzungen" am Schluss vor dem Register beigefügt. Änderungen der in den allgemeinen Theilen niedergelegten Anschauungen wurden durch die neueren Arbeiten (1897—1901) nicht veranlasst.

Der verhältnissmässig rasche Abschluss des Werkes wäre nicht möglich gewesen ohne die vielfache Unterstützung durch freundlichen Rath oder Darleihung werthvollen Materials seitens zahlreicher Fachgenossen des In- und Auslandes. In diesem Sinne fühle ich mich den Herren G. v. Arthaber, Ch. Barrois, L. Beushausen, W. Branco, Herm. Credner, A. Denckmann, E. Douvillé, C. Gottsche, E. Haug, A. v. Koenen, E. Koken, H. Lotz, W. Pabst, H. Potonié, F. Schellwien, A. Schenck, Friedr. Schmidt, T. Stenzel, F. Toula und K. A. v. Zittel, insbesondere aber den Herren O. Jaekel,[*] F. G. Nathorst, Ferdinand Freiherr v. Richthofen, Eduard Suess und Th. Tschernyschew aufrichtig verpflichtet.

Ferdinand Roemer hat mir vor jetzt 10 Jahren die Fortsetzung des Werkes übertragen und meine ebenfalls dahingegangenen Lehrer E. Beyrich und W. Dames haben demselben stets warmes Interesse und ihren wertvollen Rath geliehen.

Besonderen Dank schulde ich Herrn Dr. Fritz Noetling, der die Bearbeitung der Dyas der Salt Range und des Himalaya auf Grund seiner eben zum Abschluss gelangten bahnbrechenden Arbeiten ausgeführt hat.

Die Lethaea mesozoica, von der die erste, die continentale Trias behandelnde Lieferung sich schon im Druck befindet, sowie die Lethaea caenozoica sollen dem vorliegenden Bande unmittelbar folgen. Eine Reihe hervorragender Mitarbeiter haben ihre Mitwirkung zugesagt, so dass dem Unternehmen ein ununterbrochener Fortgang gesichert ist.

Mit Rücksicht auf die einheitliche Bezeichnung wird der vorliegende Band als Lethaea geognostica I. Theil: Lethaea palaeozoica, Bd. 2, die Lethaea mesozoica als II. Theil zu benennen sein.

Nach Abschluss der geologischen Darstellung beabsichtigt der stets opferbereite Verlag der Neuauflage der palaeontologischen — ebenfalls von verschiedenen Mitarbeitern zu übernehmenden Abtheilung näher zu treten.

[1] Ausserdem habe ich mich bemüht, die exotischen Vorkommen in möglichster Vollständigkeit kennen zu lernen und z. B. das in den festländischen Museen aufbewahrte Material aus Centralasien, China, Persien, den arktischen Gebieten und Australien untersucht oder verglichen.

[2] Für die Überlassung wichtiger unveröffentlichter Originalzeichnungen.

Breslau, im Juni 1902.

Fritz Frech.

Inhalt.

II. Das Silur.
S. 61—117.

III. Das Devon.
S. 117—261.

IV. Das Carbon.
S. 257—458.

* Hier sind im Text versehentlich römische Ziffern gesetzt.

V. Die Dyas.
S. 453—664.

Rückblick auf das palaeozoische Zeitalter.

Nachtrag zum Vorwort des Atlas.
10 diverse grössere Nachträge zum Einkleben in den Text.
Neue Erklärung zu Tafel 19, 20, 34 und 37.
43 Zettel zum Überkleben in den Text und die Tafelerklärungen.

Verzeichnis der neuen Tafeln und Karten.

Die wichtigste geologische Litteratur des Palaeozoicum.

Für die ältere palaeontologische Litteratur (—1680) vergleiche man die Übersichten des 1. Bandes S. 93—97 (Pflanzen) und S. 98—113 (Thiere). Auch in die folgende Übersicht sind im Wesentlichen Schriften allgemeineren Inhalts, sowie ferner auch Arbeiten aufgenommen worden, in denen Entdeckungen oder Ansichten von besonderer Tragweite (z. B. A. G. NATHORST N. J. 1892 1) veröffentlicht sind. Etwas ausführlicher sind das Devon und das jüngere Palaeozoicum behandelt worden, da hier neuere Entdeckungen in grösserer Zahl zu berücksichtigen waren.

Das Praecambrium (Algonkium).

Litteratur:

C. R. VAN HISE. Archaean and Algonkian. Bull. U. St. Geol. Survey. No. 86. 1892. — The Precambrian Rocks of N.America. Compt. rend. V. internat. Congr. Washington 1891. S. 473. — Precambr. Geol. Lake superior Region. Ebend. S. 493.
— — and W. S. BAYLEY. Marquette Iron-bearing District. XV. Ann. Rep. U. St. Geol. Surv. 1893. S. 485.

REAM. CREGUIER. Die vorsilur. Gebilde der oberen Halbinsel v. Michigan. Z. d. D. Geol. Ges. 1869. S. 516.

CH. D. WALCOTT. Precambrian fossiliferous formation. Bull. Geol. soc. America. Bd. 10 (1899) S. 199 ff. (Die höchst interessanten abgebildeten Reste sind leider wegen undeutlicher Erhaltung hier nicht zur Wiedergabe geeignet.) — Algonkian Rocks of the Grand Cañon. Journ. of Geol. Chicago. III. 1895. S. 312. (Die allgemeinen Folgerungen stimmen mit der Darstellung S. 8 und 9 überein; nur die Zusammenfassung von 2 und 3 [Chuar und Grand Cañon] zu einer einheitlich gelagerten Gruppe bedingt eine Namensänderung: 2 + 3 werden als Grand Cañon group bezeichnet und die bisherigen Grand Cañon group (3) wird ,Unkar" genannt.)

A. E. TÖRNEBOHM. Centr. Skandinaviens Bergbyggnad. K. Sv. Vet.-Akad. Handl. XXVIII. 1896. No. 6. — 8ver. geol. Undersök. Ser. Aa. No. 37.

A. G. NATHORST. Jordens Historia. Stockholm. S. 586. — Svar. geol. Undersök. Ser. 5. No. 89. N. Jahrb. f. Mineralogie. 1892. I, S. 189.

(A. GEIKIE) PEACH and HORNE. Quart. Journ. Geol. Soc. London. 1888. S. 408 ff. — Ibid. 1891. S. 72. (Vergl. auch PEACH u. HORNE, ebend. 1892. S. 238.) H. HICKS, ebend. 1884. S. 507.

M. L. CAYEUX. Les preuves de l'existence d'organismes dans le terrain précambrien. Bull. soc. géol. de France [3] t. XXII S. 197 (Radiolarias). — De l'existence de nombreux spongiaires etc. Soc. géol. du Nord 1895, S. 52. (Die Annahme des Vorkommens von Kieselspongien erscheint durch die Beobachtungen HAUYS widerlegt, während ich — nach Kenntnisnahme der Originalpräparate von CAYEUX — das Vorhandensein von Radiolarien für gesichert erachte.)

Das Cambrium und das Silur.

R. J. MURCHISON. Silurian System. 2 vols. London 1839. — Siluria, the history of the oldest known rocks containing organic remains. 6. ed. London 1872.

SALOWICH. Synopsis of the Classification of the British palaeoz. Rocks. 1860.

Ch. D. Walcott. C. 8. Geol. survey Correlation paper. Cambrian (Bulletin No. 81). American Journal of science [3]. Vol. 37, 1889. S. 380. (New Foundland). — The Fauna of the Lower Cambrian 10. Ann. Rep. U. S. geol. Survey 1890.

G. F. Matthew. Canadian Record of science IV (1890—91) S. 255 ff. (Cambrium in Acadia).

J. G. O. Linnarson, Z. d. D. geol. Ges. 1873. Bd. XXV. S. 675. — On some fossils in the Eophyton sandstone. Bihang til Kongl. Svenk. Vet. Ak. Förhandl. 1869. — Vurstainerungen in des Schichten mit Fabarus and Sphaerophthalmus. Sverig. geol. und Ser. C. No 43, sowie zahlreiche Aufsätze des Genannten.

W. C. Brögger. Die silurischen Etagen 2 u. 3 im Kristianiagebiet und auf Eker. Kristiania 1882.

W. Dames. Geolog. Reisenotizen aus Schweden. Z. d. D. geol. Ges. 1881. S. 415. — Ders., Schichtenfolge der Silurbildungen Gotlands. Sitz.-Ber. d. k. preuss Akad. d. Wiss. XLII. 30. Okt. 1890.

Ch. Barrois. La distribution des Graptolithes en France. Bull. soc. géol. du Nord. 1892.

G. Lindström. Schichtenfolge des Silurs auf Gotland. N. Jahrb. 1888. I. S. 147. — List of the fossil Faunas of Sweden. 1 Cambrian and Lower Silurian. Stockholm 1888.

G. Gürich. Paradoxides-Schichten in Polen. N. J. 1892 I.

A. G. Nathorst. Kongl. Svensk. Vet. Ak. Handlingar Bd. 19. No. 1 (Eophytonsandstein). — Geol. förening. förhandl. VII. H. 9, S. 537 (Dalarne).

Holm, Geologiska föreningen förhandl. Vol. 9, 8. 7. 1887 (Olenellus Kjerulfi).

Callaway, Quart. journ. geol. soc. of London. 39. S. 852. 1877 (Shineton shales).

Wenjukoff. Fauna der silurischen Ablagerungen von Podolien. Bd. 12 d. Material. z. Geologie Russlands. Petersburg 1899.

Fr. Schmidt. Untersuchungen über die silur. Formation von Esthland, Nord-Livland a. Ösel. Dorpat 1858; ferner Sil. and Cambr. Strata of the Baltic Prov. Quart. Journ. Geol. Soc. London 1882. S. 514 u. N. Jahrb. 1883. II. S. 73, sowie in des Erläut. zu Gerwing's Karte v. Liv-, Esth- u. Kurland. II. Auf. Dorpat 1879, ferner Untercambr. Fauna in Esthland. Mém. Acad. St. Pétersbourg. Tome 36, No. 2. 1888.

C. Wiman. Ball. Geol. Inst. of Upsala. Vol. I, No. 2 (1893); Jemtland.

J. Barrande. Système silurien du centre de la Bohème. Paris et Prague. 1852 bis 1881. Mit 541 Tafeln (fortges. von W. Waagen u. a.)

Fred. Roemer, Lethaea erratica. Palaeont. Abh. von Dames u. Kayser. 1885.

J. Krejci u. K. Feistmantel. Das silurische Gebiet im mittleren Böhmen. Archiv für nat. Landesdurchforschung. Prag 1885.

F. Kayser, Geologie von Böhmen. Prag 1893.

J. J. Jahn. Mittelböhm. Silurformation. Jahrbuch der k.k. geol. R. 1892. S. 697. — Cambrium von Tejrovitz und Skrej. Jahrbuch das k k. geol. R. 1896. S. 641.

Malaise. Terrain silurien du centre de la Belgique 1873, sowie zahlreiche Aufsätze dess, Autors über denselben Gegenstand bis 1900, besonders Etat actuel de nos connaissances sur le Silurien de la Belgique. Ann. soc. géol. de Belgique T. 25 bis. Liéttich.

Ch. Barrois. Les Terrains anciens des Asturies et de la Galice. Lille 1882. — Faune du Grès Armoricain. Ann. de la Soc. géol. du Nord. Bd. XIX 1891. Lille. S. 184.

J. Bergeron. Massif ancien situé au Sud du Plateau central. Paris 1889.

F. Frech. Die palaeozoischen Bildungen von Cabrières (Languedoc). Z. d. D. geol. Ges. 1887. S. 360.

C. W. Gümbel. Geognost. Beschreibung des Fichtelgebirges. Gotha 1879. S. 412—464.

J. Barrande. Faune silurienne des environs de Hof. Prag 1868.

K. Th. Liebe. Übersicht über den Schichtenaufbau Ostthüringens. Abh. z. geol. Spezialkarte von Preussen. Bd. V. H. 4. Berlin 1884.

E. Weise. Erl. zur Section Plauen-Oelsnitz d. geol. Spezialkarte von Sachsen. Leipzig 1887.

F. Frech. Über palaeozoische Faunen aus Asien und Nordafrika. N. Jahrb. 1895. II S. 48 ff. — Die Karnischen Alpen. S. 230—236.

R. Etheridge. Prodromus of the palaeontology of Victoria. Melbourne and London. 1874—1892. Dec. I, II, III, V, VI.

Fr. Nötling. On the Cambrian Formation of the Eastern Salt Range. Rec. Geol. survey India Vol. 27, Pt. 5. 1894.

Litteratur des deutschen Devon. XVII

E. Baron Toll. Beiträge zur Kenntnis des sibirischen Cambrium. Mém. Acad. St. Pétersbourg, 1899, Sér. VIII. No. 10.

B. N. Peach u. J. Horne, The Silurian Rocks of Britain, Vol. I. Scotland. Mem. geol. surv, 1899.

Ed. Suess. Das Antlitz der Erde. Bd. II (Palaeozoische Meere).

A. Karpinski, Übersicht der phys.-geogr. Verhältnisse des europäischen Russland während der vergangenen geol. Perioden. Beitr. z. Kenntn. d. russischen Reiches 1887, 3. Folge, und ders., Übersicht des Charakters der Schwankungen der Erdkruste innerhalb der Grenzen des europäischen Russland. Bull. Acad. Petersburg 1894. V. Sér. I. Beide Aufsätze sind von allgemeiner Wichtigkeit für sämmtliche Formationen.

Das Devon.

Litteratur über das Devon Deutschlands:

a) Rheinisches Schiefergebirge [1] und angrenzendes Gebiet:

R. von Dechen, Geol. u. palaeont. Übersicht der Rheinprovinz und der Provinz Westphalen. Bonn 1884. S. 27—83 u. S. 73—807.

Ferd. Römer. Das Rheinische Schiefergebirge. Hannover 1844; ferner Z. d. D. geol. Ges. 1855, S. 377. 1856, S. 648. 1875, S. 731.

F. u. G. Sandberger. Beschreibung und Abbildung der Versteinerungen des rheinischen Schichtensystems in Nassau. Wiesbaden 1850—1856. — F. Sandberger, Entwickelung der unteren Abtheilung des Devon-Systems in Nassau. Wiesbaden 1889.

M. Gosselet. Esquisse géologique du Nord de la France, Fasc. I. — Dorn, L'Ardenne.

E. Kayser. Studien aus dem Gebiete des rheinischen Devons. Z. d. D. geol. Ges. 1870, S. 641; 1871, S. 289 u. 491; 1872, S. 653; 1873, S. 602 u. 755; 1877, S. 407; 1879, S. 201; 1882, S. 806; 1889, S. 294. — Jahrb. d. k. pr. geol. LA Berlin 1881, S. 51 u. 190; 1883, S. 120; 1883, S. 1; 1884, S. 9; 1890, S. 95.— Fauna d. Dalmanitenandst. v. Kleinlinden. Marburg 1896.

E. Kayser u. E. Holzapfel. Die stratigraphischen Beziehungen des böhmischen und rheinischen Devon. Jahrb. d. k.k. geol. RA, 1894. S. 479.

C. Koch. Gliederung der rheinischen Unterdevon-Schichten zwischen Taunus und Westerwald. Jahrb. d. k. pr. geol. L.A. Berlin 1880. S. 190.

F. Maurer. Der Kalk v. Greifenstein. N. Jahrb. 1891, Bd. I, S. 1.

F. Frech. Der Cyatophyll. u. Zaphrent. d. Deutschen Mitteldevons (z. Gliederung dess.). Palaeont. Abh. III. H. 3. Berlin 1886. — Korallenfauna des Oberdevons. Z. d. D. geol. Ges. 1885. S. 21 u. 910. — Geologie der Umgeb. von Haiger (Nassau). Abh. d. k. pr. geol. L.A. Berlin 1886, S. 1. — Das rhein. Unterdevon u. d. Stellung des Hercyn. Z. d. D. geol. Ges. 1889. S. 175.

E. Holzapfel. Lagerungsverh. des Devons zwischen Ruhr- u. Vichthal. Verh. d. nat. Ver. f. Rheinl. Westf. 1882. Bd. XL. S. 897. — Goniatiten-Kalke von Adorf. Palaeontogr. 1882. — Das Rheinthal von Bingerbrück bis Lahnstein. Abh. d. k. pr. geol. L.A. H. 15. Berlin 1893. — Das obere Mitteldevon im rheinischen Gebirge. Abh. d. k. pr. geol. L.A. H. 17. Berlin 1895.

O. Jaekel. Über mitteldevonische Schichten im Bremschthal. Mitth. geol. Landesuntersuchung. Elsass-Lothringen I. (1889).

A. Denckmann, Devon des Kellerwaldes. Jahrb. d. k. pr. geol. L.A. 1892. S. 12; 1894. S. 9; und Z. d. D. geol. Ges. 1895. S. 329.

O. Follmann, Die unterdevonischen Schichten von Oikesbach. Bonn 1882. Diss.

H. Meyer. Der mitteldevonische Kalk von Paffrath. Bonn 1879. Diss.

F. Schulz. Die Eifelkalkmulde von Hildesheim. Jahrb. d. k. pr. geol. L.A. 1882. S. 1.

E. Wallenhorst. Devonschichten d. Gegend von Wildungen. Z. d. D. geol. Ges. 1895. S. 808.

b) Oberharz:

F. A. Römer. Beiträge zur Kenntnis des nordwestlichen Harzes. Kassel 1850. S. 63; 1855. S. 189 u. 159; 1860. S. 159; Z. d. D. geol. Ges. 1855. S. 330.

A. von Groddeck. Abriss der Geognosie des Harzes. 2 Aufl. Clausthal 1883. S. 23 u. 87. Ferner Z. d. D. geol. Ges. 1879. S. 605; 1876, S. 361 u. 1877. S. 429.

[1] Etwas ausführlicher behandelt.

F. Klockmann. Geologie d. westl. Oberharzes. Z. d. D. geol. Ges. 1892. S. 257.
L. Beushausen. Der Oberharzer Spiriferensandstein. Abh. d. k. pr. geol. L.A. VI. H. 1. Berlin 1884.
— Jahrb. d. k. pr. geol. L.A. 1893. R. 83, u. 1894. S. XXV. — Ferner Z. d. D. geol. Ges. 1896. S. 273.
— Das Devon des nördlichen Oberharzes etc. Abh. preuss. geol. L.A. 1900.
M. Koch. Schichten zwischen Bruchberg-Acker und dem Oberharzer Diabaszug. Jahrb. d. k. pr. geol. L.A. 1894. K. 155.

c) Unterharz:

K. Kayser. Fauna d. ältesten Devonablagerungen des Harzes. Abh. d. k. pr. geol. L.A. 1878. Bd. II. H. 4. — Fauna des Hauptquarzits a. d. Zorger Schiefer. Abh. d. k. pr. geol. L.A. H. I. 1889.
M. Koch. Calm- u. Devonablagerungen nördlich von Elbingerode. Jahrb. d. k. pr. geol. L.A. für 1895. S. 131; (vergl. auch dass. Jahrb. f. 1894. S. 169). — Z. d. D. geol. Ges. 1896. Sitz.-Ber. S. 22.

d) Sonstige deutsche Gebiete:

C. W. Gümbel. Geognost. Beschreibung des Fichtelgebirges. Gotha 1870. S. 464—528.
K. Th. Liebe. Übersicht über den Schichtenaufbau Ostthüringens. Abh. z. geol. Spezialkarte von Preussen. Bd. V. H. 4. Berlin 1884.
W. Dames. Über die in der Umgegend Freibergs in Niederschlesien auftretenden devonischen Ablagerungen. Z. d. D. geol. Ges. 1868. S. 409.
F. Römer. Geologie von Oberschlesien. Breslau 1870. S. 5—89.

Auswärtiges Vorkommen des Devon.

C. Grewingk. Palaeozoicum d. polnischen Mittelgebirges. Verh. k. russ. mineral. Ges. St. Petersburg 1866.
Ch. Barrois. Faune du calcaire d'Erbray. Lille 1889. — Recherches sur les terrains anciens des Asturies et de la Galice. Lille 1881. (Wichtig auch für das Cambrium und Carbon.)
Graf Al. Keyserling. Wissenschaftliche Beobachtungen auf einer Reise in das Petschoraland. St. Petersburg. 1846.
R. J. Murchison, E. de Verneuil und Graf Al. Keyserling. Geology of Russia in Europe and the Ural Mts. 2 Bände. London und Paris 1845. 4.
D. Oehlert. Devon von Erbray. Explic. Feuille géol. de Château-Gontier.
W. A. E. Ussher. Devonian rocks of S. Devon. Quart. Journ. geol. soc. 1890. S. 467.
F. Frech. Die Karnischen Alpen. 1894 u. dazu, Über das Devon der Ostalpen I.—III. Z. deutsch. geol. Ges. 1887—1894. — Dazu bei E. Kayser. Beitr. zur Stratigraphie Centralasiens, Denkschr. Wiener Ak. 61, S. 11 ff., S. 13—23.
K. A. Penecke. Das Grazer Devon. Jahrb. G. M. A. 43. (1893) S. 567.
Th. Tschernyschew. Die Fauna des unteren Devon am Westabhang des Ural. Mém. com. géol. III. 1. 1885. — Fauna des unteren Devon am Ostabhang des Ural. Ibid. IV. 3. 1893. — Mat. z. Kenntnis d. devonischen Fauna des Altai. St. Petersburg 1893. — Fauna des mittleren und oberen Devon am Westabhang des Ural. Mém. com. géol. 1887. III. No. 3.
J. Hall. Palaeontology of New York. Albany I—VIII.
J. M. Clarke. Fauna of the Naples beds. New-York. — The palaeozoic Faunas of Para, Brazil. Arch. Mus. nacional Rio de Janeiro. Bd. 10. 1899 u. 1900.
H. S. Williams. On the fossil Faunas of the Upper Devonian. U. S. Geol. survey Boll. No. 3.
Ch. Beecher. Lower Devonian aspect of the Lower Helderberg and Oriskany formations. Boll. geol. soc. America. Bd. 11. 1899. S. 211.
H. Traub. Palaeozoische Versteinerungen aus Bolivien. Stuttgart 1892.
Whiteaves. Fossil fishes of Canada. Trans. Royal soc. Canada. Vol. IV. Ser. 4 u. Vol. VI. Ser. 4. Stromatoporenkalk von Manitoba. Contribut. to Canadian palaeontology. Vol. I. 1892.
Meek and Worthen. Geological survey of Illinois III.
J. Diller and Ch. Schuchert. Devonian in California. Americ. journ. of science 47 (1894) p. 416.

Das Carbon oder die Steinkohlenformation.

Allgemeine Litteratur.

Geinitz, Fleck u. Hartig. Die Steinkohlen Deutschlands und anderer Länder Europas. München 1865.

H. v. Dechen. Die nutzbaren Mineralien und Gebirgsarten im Deutschen Reiche. Berlin 1873, S. 313—412 und 559—566.

G. Mittbach. Geologie der Kohlenlager. Leipzig 1875.

Muck. Die Chemie der Steinkohle. Leipzig 1899. (2. Aufl.)

Grand'Eury. Formation des couches de houille. Mém. soc. géol. de France [3], Tome IV, No. 4 (1887).

F. Frech. Die Karnischen Alpen. S. 349—377.

H. Potonié. Floristische Gliederung des deutschen Carbon und Perm. Berlin 1897. (Vergl. auch dazu, Pflanzenpalaeontologie. Berlin 1898. Schlussabschnitt.)

Hauptlitteratur[1] über die carbonische Flora:

H. F. Germar. Die Versteinerungen des Steinkohlengebirges von Wettin und Löbejun im Saalkreise. VIII Hefte. Fol. Halle 1844—53.

H. B. Geinitz. Flora des Hainichen-Ebersdorfer und des Flöhaer Kohlenbassins. Leipzig 1854. Die Versteinerungen der Steinkohlenformation in Sachsen. M 36 Tafeln. Leipzig 1855.

von Röhl. Fossile Flora der Steinkohlenformation Westfalens einschl. Piesberg. M. 52 Doppeltafeln. Kassel 1868—1869.

O. J. Andrae. Vorweltliche Pflanzen aus dem Steinkohlengebirge der preuss. Rheinlande und Westfalens. Bonn 1866 u. f. J.

E. Weiss. Fossile Flora der jüngsten Steinkohlenformation und des Rothliegenden im Saar-Rheingebiete. Bonn 1869—72. — Steinkohlen-Calamarien I. Berlin 1876. II. 1884. — Die Sigillarien der preuss. Steinkohlengebiete I. 1887. — Flora d. Steinkohlenformation. Berlin 1881.

— u. Sterzel. Die Gruppe der Nabelgillarien. Berlin 1898.

L. Crepin. Fossile Farne des Westfälischen Carbon. Diss. Marburg 1899.

D. Stur. Beiträge zur Kenntnis der Flora der Verwelt. Bd. I, H. 1. Die Culm-Flora des mährisch-schlesischen Dachschiefers. 1875. H. 2. Die Culm-Flora der Ostrauer und Waldenburger Schichten. 1877. — Bd. II. Carbonflora der Schatzlarer Schichten. H. 1. Farne. 1885. — H. 2. Calamarien. 1887. (Wien in den Abhandl. der G. R.A.).

A. Brongniart. Histoire des végétaux fossiles. 1828—44. Paris. 4°. Vol. I. M. 180 Tafeln. Vol. II unvollst.

Lindley and Hutton. Fossil Flora of Great Britain. London 1831 -37.

W. C. Williamson. Organisation of the fossil plants of the coalmeasures. I.-XIX. London 1871—1893.

R. Kidston. On the fossil plants. Transact. R. Soc. of Edinburgh. 1888—1894.

R. Zeiller. Végétaux fossiles du terrain houiller de la France. Paris 1890. — Flore foss. du bassin houiller de Valenciennes. Paris 1886 u. 1888.

— et Renault. Flore houiller de Commentry. St. Etienne 1888 u. 1890. — Bassin d'Autun et d'Epinac. Paris 1890 u. 1890.

F. C. Grand'Eury. Flore carbonifère du Dép. de la Loire et du centre de la France. 2 part. et atlas. Paris 1877. — Géol. et Pal. du bassin houiller de Gard. St. Étienne 1890.

H. Potonié. Pflanzen-Palaeontologie. Berlin 1898.

Das Carbon Russlands und der arktischen Gebiete.

Trautschold. Die Kalkbrüche von Mjatschkowo. Moskau.

Stuckenberg. Über die Schichtenfolge in den Carbonablagerungen des Moskauer Kohlenbeckens. Mém. acad. St. Pétersbourg VII, sér. T. 34 (1888).

Nikitin. Dépôts carbonifères dans la région de Moscou.

Tu. Tschernyschew. Sur le rapport des dépôts carbonifères russes avec ceux de l'Europe occidentale. Ann. soc. géol. du Nord. T. 17, 1890. — Allgem. geologische Karte v. Russland. Bl. 139.

[1] Ausführlichste Übersicht der älteren Litteratur in Bd. I p. 95—97.

Mém. com. géol. III, 4. — Guide géologique du VII congrès géologique. No. III e. IX. Ibid. No. XVI. (Denjetz mit vollständiger Litteraturangabe.)

A, Karpinski. Geol. Karte des Ostabhangs des Ural, St. Petersburg 1884. — Guide géologique du VII congrès géologique. No. V.

A. v. Krawpt. Geolog. Reisergebnisse aus Rochara. Denkschr. Wien. Akad. Bd. 70.

F. Toula. Sitz.-Ber. Wien. Akad. Bd. 71. 1. Abth. 1875. (Carbon d. Bareals-Inseln) und andere Arbeiten dass. Verf.

Joh. Gustav Andersson. Stratigraphie und Tektonik der Bäreninsel. Bull. Geol. Inst. Upsala. 1900. IV. Pt. 2. No. 3.

Tx. Tschernyschew. Arbeiten, angeführt im Timan im J. 1889. Verl.-Ber. Bull. com. géol. 1890. IX. — Arbeiten 1890, ebenda. 1891. X. — Über die Artinsk- und Carbonschwämme vom Ural. Petersburg 1898.

Das Untercarbon.

D. Holzapfel. Die cephalopodenführenden Kalke des unt. Carbon von Erdbach-Breitscheid. Palaeont. Abh. v. Dames u. Kayser V, 1.

M. Koch. Jahrb. d. pr. geol. L.A. für 1894. S. 165. — Zeitschr. d. geol. Ges. 1896. Sitz.-Ber. S. 91.

A. v. Koenen. Culmfauna v. Herborn. N. J. 1877 S. 309.

E. v. Fritsch. Pflanzenreste aus Thüringer Culm-Dachschiefer. Z. f. Naturwissensch. Halle 1897. S. 79.

A. Tornquist. Das fossilführende Untercarbon am östlichen Rossbergmassiv in den Vogesen. Abh. z. geol. Sp.-K. von Elsass-Lothringen. V, II. 4 S.

G. Steinmann-Laubach. Pflanzenreste des Untercarbons von Saalfeld in Thüringen. Abh. preuss. geol. L.A. N.F. H. 23.

Dathe. Zeitschr. deutsch. geol. Ges. 1893. (Untercarbon von Aachen.)

Scupin. Thes. Zeitschr. 1900. (Untercarbonische Trilobiten Schlesiens.)

A. Julien. Le terrain carbonifère marin de la France centrale. Paris 1896.

W. Gibson. Carboniferous rocks of England und Scotland. Geol. Mag. 1898, S. 342.

Ch. Barrois. Le bassin du Ménez-Bélair. Ann. soc. géol. du Nord. Bd. 22. 1894. S 189.

Die Steinkohlenformation (Obercarbon) in Deutschland.

Tx. Korst. Neuere Tiefbohrungen im obercarbonischen Steinkohlengeb. Abh. geol. L.A. N.F. H. 19. 1895.

F. Bartonec. Die Steinkohlenablagerung Westpaliziens etc. Österr. Zeitschr. für Berg- und Hüttenwesen. Bd. 49. 1901.

K. Schütze. Das niederschlesische Steinkohlenbecken. Berlin 1874.

E. Dathe. Umgegend von Salzbrunn. Berlin 1892.
(Für Mährisch-Ostrau siehe oben eben D. Sm a.)

H. B. Geinitz. Geognost. Darstellung der Steinkohlenformation in Sachsen. Leipzig 1856.

Th. Siegert u. T. Sterzel. Erläut. z. geol. Sp.-K. d. Königreichs Sachsen. Sect. Lugau und Sect. Zwickau-Werdau. 2. Aud. Leipzig 1901.

H. Laspeyres. Geogn. Darstellung des Steinkohlengebietes in der Gegend von Halle, Berlin 1875.

E. v. Fritsch. Das Saalethal zwischen Wettin und Cönnern. Z. f. Naturwissensch. Bd. 61. Halle. — u. W. Berendlao. Steinkohlenformation und Rothliegendes von Mansfeld. Berlin 1901.

F. H. Lottner. Geogn. Skizze des Westfälischen Steinkohlengebirges. Iserlohn 1859.

W. Runge. Das Ruhr-Steinkohlenbecken. Berlin 1892.

E. Weiss (u. Klein). Erl. z. d. Blättern d. geol. Sp.-K. Saarbrücken, Dudweiler, Saarlouis, Friedrichsthal; E. Weiss u. Grebe. Vorwort zur Erläuterung d. Blätter Jabach, Wadern, Wahlen und Losheim. Berlin.

K. Feistmantel. Steinkohlengebilde von Radnitz in Böhmen. Abh. böhm. Ges. Wissensch. V. Folge. Bd. 11. 1861. — Steinkohlenbecken von Klein-Pribyl. Arch. Naturw. Landesdurchf. II, 1879.

E. A. Weithofer. Mittel- und nordböhmisches Carbon und Perm. Sitz.-Ber. Wiener Ak. Bd. 107 (1), S. 1. 1898.

Das Carbon in Amerika.

H. S. Williams. U. S. Geol. Survey Correlation paper. Devonian and Carboniferous.

Dawson. Bull. géol. soc. America II, S. 599 (Carbon von Neu-Schottland).

J. C. White. Ibid. III, S. 167 (Manningten oil field in West-Virginia).

Th. M. Keyes. Ibid. III, S. 683 (the principal Mississippian section).

H. Mc. Calley. Geological survey of Alabama I, II. 1896—1897.

Herrick. Bull. geol. soc. America II, S. 81 (Waverly, Ohio).

Winslow. Ibid. III, S. 109 (Carbon v. Missouri).

R. Keyes. Fossil faunas in Central Jowa. Proc. Acad. Nat. M. Philadelphia 1891. S. 249.

Meek and Worthen. Geology of Illinois.

Chas. S. Prosser. The classification of the upper palaeozoic rocks of Kansas. Journ. of geology. Chicago III. 1895. S. 682 u. 764.

K. Geinitz. Dyas von Nebraska city.

F. B. Meek. Final Report U. S. geol. survey on the palaeontology of eastern Nebraska. Washington 1872. S. 180. (Oben S. 873 ist die Stellung der Ortnamen verdruckt.)

C. A. White. Proc. U. S. National Mus. 1879, S. 46 (Untercarbon in California).

Sapper. Physikal. Geographie von Guatemala. Peterm. Erg. H. N. 113 (1894) S. 8. (Fusulinenkalk.)

F. Toula. Sitz.-Ber. Ak. Wissensch. Wien. Math. Nat. Kl. Bd. 59. 1, S. 433. (Fusulinenkalk Cochabamba, Peru.)

Das alpine Carbon und der Fusulinenkalk der alten Welt:

F. Frech. Die Karnischen Alpen. Halle. S. 302—333. (Zusammenfassende Darstellung des ostalpinen Carbons.)

F. Teller. Erläuterungen zur geol. Karte der östlichen Ausläufer der Ostkarawanken und Steiner Alpen. Wien 1896.

D. Stur. Jahrb. d. G. R.A. 1883. S. 167 (Payerbach). — Verh. G. R.A. 1880. S. 384 (Krain).

Rothpletz. Steinkohlenformation am Tödi. Schweizer Palaeont. Ges. 1875.

E. Schellwien. Fauna des karnischen Fusulinenkalkes, I (Brachiopoden). Palaeontogr. 39 (1891) S. I. II (Fusulinen und Foraminiferen überh.). Bd. 44 (1897).

J. Walther. Z. deutsch. geol. Ges. 1890, S. 419. — E. Schellwien, ebend. 1894, S. 68 (Obercarbon des Wadi el Arabah, Ägypten).

Ch. Barrois. Terrains anciens des Asturies et de la Gallice.

Kayser. Fusulinenkalk von Mysien. Beitr. z. Palaeont. u. Geol. Österr.-Ungarns und des Orients. 1901.

V. v. Möller. Jahrb. G. R.A. 1880. S. 573 ff. (Dongl. Persien).

L. v. Loczy. Palaeontologisch-stratigraphische Erg. d. Reise d. Gr. B. Széchenyi III, S. 205.

E. Suess. Beitr. z. Stratigraphie v. Centralasien. Denkschr. Wien. Ak. 1894.

Fred. Rømer. Palaeontogr. Bd. 27 S. 1 ff. (Padang).

G. Flügel. Über obercarbonische Faunen aus Ost-Sdasien. Palaeontogr. 1901.

C. Gottsche. Z. d. deutsch. geol. Ges. 1884, S. 853 (Japan).

Die Dyas.

A. Die Binnenentwickelung der Dyas.

Die Dyas Deutschlands und angrenzender Gebiete.

J. C. Freiesleben. Geogn. Beitr. z. Kenntnis des Kupferschiefergebirges, 4 Bde, Freiberg 1807—1815.

K. F. Germar. Die Versteinerungen des Mansfelder Kupferschiefers. Halle 1840.

H. R. Göppert. Die fossile Flora der permischen Formation. Palaeontograph. 1864—1865.

H. B. Geinitz. Dyas oder die Zechsteinformation und das Rothliegende. Leipzig 1861. — Nachträge z. Dyas. I, 1880. II, 1882. III, 1884.

H. Potonié. Die Flora des Rothliegenden in Thüringen. Abh. preuss. geol. L.A. N.F. II, 21. Berlin 1896.

Herm. Credner. Stegocephalen und Saurier a. d. Rothliegenden d. Plauenschen Grundes. Zeitschr. deutsch. geol. Ges. 1881—1893. I—X. — Urvierfüssler d. sächs. Rotliegenden. Allg. verst. naturw. Abh. N. 15. Berlin 1891.

T. Sterzel. Die Flora das Rothliegenden im nordwestlichen Sachsen. 1893. — Die Flora des Rothliegenden von Oppenau. Mitth. d. badischen geol. L.A. III. 2. (1895.) — Flora d. Rothliegenden im Placemschen Grunde. Abh. Sächs. Ges. Wissensch. Bd. 32. Leipzig 1893.

K. W. Benecke u. C. van Werveke, Über das Rothliegende der Vogesen. Mitth. G. L.A. Elsass-Lothringen III. (1890).

R. Zeiller. Flora der permischen Schichten von Trienbach. Ebenda IV. 2. (1894).

Bruhns, Geogn. Karte der Umgegend von Lahr mit Erläuterungen.

D. Stur. Steinkohlenflora von Rakonitz. Verh. G. R.A. 1874. S. 169. Rakonitz u. Kunova sheet. R. 237. — Geol. Verh. d. Jennitzerbachten. Jahrb. G. R.A. 1867. S. 869.

F. Katzer, Flora v. Rosslin in Mähren. Sitz.-Ber. böhm. Ges. Wissensch. Math. Nat. Kl. Bd. 24. 1895.

M. Rawicz-Bachwegski. Verh. G. R.A. Wien. 1891. S. 93 u. 250 (Dyas von Karniowice).

A. Fritsch. Fauna der Gaskohle etc. I.—IV. Prag 1879—1900.

H. de Bosniaski. Sulla Flora fossile del Verrucano sul Monte Pisano. Pisa 1894. (Weitere Litteratur S. 537.)

Mourey. Stratigraphie des dépôts de la région de Brive. 1892.

Urlig. Geologie des Tatragebirges. 64. Bd. Denkschr. Wien. Ak. 1897. S. 5.

B. Marine Palaeodyas

a) der alten Welt.

K. Beyrich. Über eine Kohlenkalkfauna von Timor. Abh. Berl. Ak. für 1864. (Vergl. auch Errata, Palaeontogr. Bd. 39.)

E. Schellwien. Über eine Reise in die Karnischen Alpen und die Karawanken. Sitz.-Ber. Ak. der Wissenschaften. Berlin 1898. S. 698. Fauna der Trogkofelschichten I. Abh. G. R.A. Bd. 16. H. 1. (1900.)

G. Gemmellaro. La fauna dei calcari con fusulina del Piano Sosio. Palermo 1887—1899 (Crustaceen — Brachiopoden u. Th.)

C. Diener. Aequivalente des Carbon und Perm im Himalaya. Sitz.-Ber. Wien. Ak. Bd. 106 Abth. I. 1897. S. 456. — Permocarboniferous Fauna of Chitichun N. I. Palaeont. Indica Ser. XV (Himalayan fossils) Vol. I. 3.

A. Karpinski. Ammoneen der Artinskstufe. Mém. acad. St. Pétersbourg [7] T. 37 N. 2.

B. Meakowski. Pflanzenreste der Artinskischen und Permischen Ablagerungen im Osten des europäischen Russland. Mém. com. géologique II. 4. 1887.

A. Stuckenberg. Allgem. geol. Karte von Russland. Blatt 187 („Kungurstufe") und über dieselbe Schichtengruppe:

Janowitz. Mém. com géol. XV. 2. 1890.

L. v. Loczy. Wissenschaftl. Ergebnisse der Reise des Grafen B. Szechenyi. III. S. 185 u. 191.

K. Kayser in Frauscher v. Richthofen. China IV. (Bearbeitung der dyadischen — nicht carbonischen — Fauna von Loping.) Revision derselben siehe bei:

G. Frech. Z. d. geol. Ges. 1898. S. 393 und Palaeontograph. 1901. Ebenfalls palaeodyadisch sind die Kalke von Tenmasserim:

F. Noetling. Carboniferous Fossils from Tenmasserim. Rec. Geol. survey of India 26. 1893. S. 96.

b) Amerika.

Ch. A. White. Permian formation of Texas. Americ. Naturalist. Febr. 1889. — The Texas Permian and its mesozoic types of fossils. Bull. U. S. geol. survey N. 77 (1891). — Commun. Ann. Rep. geol. survey of Texas I und II S. 400.

Cope. Transact. American philosoph. soc. Philadelphia. New Series. Bd. 16. 1890. (Verzeichnis und Beschreibung der dyadischen Wirbelthiere.)

F. W. Cragin, Permian system in Kansas. Colorado college studies 1896. 6.

F. B. Meek and Worthen. Geology of Illinois IV.

C. Zechstein und Neodyas überhaupt.

(Dyasfahalk, Bellerophonkalk.)

E. v. Mojsisovics. Dolomitriffe von Südtirol. Wien 1878. Bellerophonkalk. (Fauna desselben bei G. Stache, Jahrb. G. R A. 1877 S. 148 und 1878 S. 93, und Dicyra, Sitz.-Ber. Wien. Akad. Bd. 106. (1897) S. 1.)

Schauroth, Der Mansfelder Kupferschieferbergbau. Zeitschr. Berg-, Hütten- u. Salinenwesen, Bd. 17. 1869. R. 251.

Geinitzwaldt. Zeitschr. deutsch. geol. Ges. 1851, S. 241. (Schlesische Zechsteinfauna.)

K. Th. Liebe. Zechstein von Gera. Zeitschr. d. geol. Ges. 1855 und ders., Schichtenaufbau von Ostthüringen, 1884. S. 56.

H. Büchino, Zechstein von Schmalkalden. Jahrb. preuss. geol. L A. für 1882. S. 89.

II. Proescholdt, Zechstein im Süd. des Thüringer Waldes. Ebenda für 1886. S. 165.

II. Laukrs, Zechstein am westl. Thüringer Wald. Ebenda 1889. S. 231. — Über verkieselten Zechstein. Zeitschr. deutsch. geol. Ges. 1891. S. 570.

K. Hollappel. Zechstein am Ostrand d. rhein.-westf. Schiefergebirges. Görlitz 1879.

A. Denckmann. Frankenberger Parabildungen. Jahrb. preuss. geol. L.A. für 1891. S. 234.

A. Leppla. Zechstein im Waldeckischen. Ebenda für 1910. S. 48.

H. Büchino. Der nordwestliche Spessart. Berlin 1899 S. 133.

W. Dames. Die Flötzformationen Helgolands. Sitz.-Ber. preuss. Ak. phys. math. Kl. 1893. S. 2.

F. Beyschlag. Steinsalzwerke bei Stassfurt. 2. Aufl. Halle 1875. — C. Ochsenius, Bildung der Steinsalzlager. Halle 1877.

W. King. Monograph of the Permian fossils of England. Palaeontogr. soc. 1850.

Obergrenze der englischen Dyas:

R. Wilson. Quart. Journ. geol. soc. London. Bd. 44. (1888). S. 761. (Durham.) — Oldomonian. ibid. Bd. 48. 1892.

Th. Tschernyschew. Der permische Kalkstein i. Gouv. Kostroma. Verh. k. mineralog. Ges. St. Petersburg (2) Bd. 30.

Netschajew. Fauna der permischen Ablagerungen des östlichen Theiles des europäischen Russland. Schrift. naturforsch. Ges. Kasan. Bd. 27, 4. 1894.

A. Stuckenberg. Allg. geol. Karte von Russland. Bl. 127 (Perm).

Nikitin. Guide géologique du VII Congrès géologique. No. II. (Moskau-Ufa.)

Amalitzky. Anthracosien der Permformation Russlands. Palaeontogr. Bd. 39.

B. Auere. Über eine Bergkalkfauna in der Aratos-Enge b. Djulfa. Wien 1878. Darüber vergl. V. v. Moeller. N. J. 1879.

F. Frech u. G. v. Arthaber. Paläozoicum in Hocharmenien. Beitr. z. Palaeont. u. Geol. v. Österr.-Ungarn, herausgegeben von G. v. Arthaber. Wien 1900.

C. Diener. Fauna of the Productus shales. Palaeontologia Indica. Himalayan fossils. Vol. I. Pt. 4.

D. Dyadische Eiszeit und Koblenformation der Südhemisphäre.

Allgemeine Litteratur.

W. Waagen. Die carbone Eiszeit. Jahrb. G. R A. 1887. S. 143.

O. Feistmantel, Pflanzen- u. kohlenführende Schichten in Indien etc. Sitz.-Ber. böhm. Ges. Wissensch. Prag. 1887. — Abhandl. ders. Ges. VII. 3. Prag 1889. (Südafrika.) — Sitz.-Ber. ders. Ges. für 1888. S. 584. (Tasmania.)

F. Nortling. Beiträge zur Geologie der Salt Range, insbesondere der permischen und triassischen Ablagerungen. XIV Bell. Bd. d. N. Jahrb. S. 369—471. 1901. Sehr wichtige Arbeit mit vollständiger Übersicht der umfangreichen neueren Litteratur (S. 408—471); ältere Litteratur der ganzen indischen Dyas N. J. 1896 II. S. 61 u. ebda S. 844, welche durch Nortling erst benutzbar gemacht wird. Insbesondere gilt dies für:

W. Waagen. Salt Range Fossils. Palaeontologia indica XIII. Bd. 1. und IV. 1878—1891.

R. D. Oldham. Geology of India. II. Aufl. 1893. S. 149—214.

Australien.

STEPHENS. Australian, S.African and Indian coal measures I. Proc. Linn. soc. of N.-South-Wales [8]
Vol. IV for 1869. S. 331 (mit Litteraturnaceptnm).

T. W. EDGEWORTH-DAVIS. Evidence of glacial action in Australia in Permo-Carboniferous time.
Quart. Journ. geol. soc. of London, Bd 52. 1896, S. 289.

DAVID and W. HOWCHIN. Glacial features of Inman valley etc. Trans. Royal soc. S.Australia 21,
(1897) S. 21. — Glacial action in the Port Victor distr, S Australia. Rep. VII Meet. Austral.
Soc. Advanc. Sc. Sidney, 1898. S. 114.

GRAHAM OFFICER and EYTAN HOGG. Geology of Coraldai, Proc. Roy. soc. Victoria, N. S. Bd. 10. 1897,

T. B. MOORE Proc. Roy. soc. Tasmania 1893. S. 147 (Mt. Tyndall).

R. M. JOHNSTON. Rhonda 1894. S. 20. (Eisdriftblöcke auf Maria Island.) — Glaciation of the Western
Highlands, Tasmania. Proc. Roy. soc. Victoria. New Ser. VI. 1894, S. 133.

G. C. RAITTLESINE, G. SWEET and T. W. E. DAVIS. Glacial action in the Bacchus marsh distr. Victoria. Rep. VII. meet Australian. Ass. Adv. Sc. 1898, S. 861.

HUTTON. Quart. Journ. geol. soc. of London Bd. 41. (1885.) S. 191.

Beschreibung australischer mariner Versteinerungen bei:

J. MORRIS in STRZELECKI, Physical description of N.S.Wales. London 1843.

DE KONINCK. Fossiles paléozoiques de los Nuovilles (lallou du Sud. Bruxsel 1876 and

F. FRECH. Marine Dyasbrachiopoden aus Australien. E. deutsch. geol. Ges. 1898, S. 175.

Südafrika und Südamerika.

A. SCHENCK. Geolog. Entwickelung Südafrikas. PETERM. Mitth. 1888. S. 225.

ENGLISH. Ann. rep. Geol. comm. Cape of Good Hope 1897. S. 82.

SCHMEISSER. Vorkommen u. Gewinnung d. nutzbaren Mineralien in d. südafrik. Republik. Berlin 1895.

G. A. F. MOLENGRAAFF. Ann. rep. state geologist of the S.African Republic for 1897. 1898. S. 112.

SEWARD-HATON. Quart. Journ. geol. soc. of London 1896. S. 92. Südafr. Dyaspflanzen; über ähnliche Funde berichtet:

R. ZEILLER Bull. soc. géol. de France [8] 34. (1896) S. 374. — Bull. soc géol. de France [3] 23,
1895. (Kohlen in Südbrasilien.)

COPE. Proc. Americ. Philosoph. soc. Philadelphia 1886. Bd. 23 S. 77. (Mesosaurus Gervais — Ptero-
sferinum Cope.)

BODENBENDER. Silur, Devon and Gloassopteris-Sinfs in der argentinischen Republik. Z. deutsch. geol.
Ges. 1896. S. 188 u. S. 743.

Indien und die Obergrenze des Palaeozoicum.

F. NOETLING. Beitr. z. Kenntn. d. glacialen Schichten permischen Alters in der Salt Range. N. J.
1896. S. 84.

C. DIENER. Ergebnisse einer geologischen Expedition in den Central-Himalaya von Johar, Hundes
u Painkhanda, Denkschr. Math. Nat. Kl. Wien, Ak. Bd. 72. 1886. — Palaeont. ind. Ser. XV.
Himalayan foss. Vol. II, 1. The Cephalopoda of the Lower series (d. Zonen m. Otoc. Woodwardi and Ophic. tibeticum gehören auch zur Dyas). — Ibid. Vol. I. Pt. 2. Authracolithic
fossils of Kashmir u. Spiti. — Triadisches Cephalopodenfaunen d. ostsibirischen Küstenprovinz.
Mém. com. géologique St. Pétersbourg Bd. XIV N. 3 (1895). (Enthalten ausser triadischen
Faunen auch Naorras).

GRIESBACH, Geology of the Central Himalaya, Mém. geol. survey of India Vol. 23. (1891.)

LYDEKKER, Mem. geol. survey of India Vol. 22. 1883. (Kashmir.)

MIDDLEMISS, On the geology of the Salt Range, Rec. Geol. surv. of India Vol. 21 S. 20. (1891.)

A. v. KRAFFT. Centralblatt f. Geologie 1901, S. 275 (Gesicherter Nachweis der Identität von Medlicottia Waageni WAAG. und M. Dalailamae DIEN.).

HAYDEN. On the geology of Tirah and the Dasar valley. Mem. geol. surv. of India Vol 28. (1900)
S. 96. — On Spiti etc. Gen. Rep. geol. survey 1899;1900. S. 184.

MIDDLEMISS. Hazara and the Black Mts. Ibid, Vol. 26. (1896.)

GRIESBACH, Rec. geol. survey of India Bd. 19, S. 48, 435 u. Bd. 20. S. 94 (Afghanistan.)

Die dyadische Eiszeit der Südhemisphäre

und

die Continentalbildungen triadischen Alters (Glossopterisflora).

Vorbemerkung.

Der folgende, aus chronologischen Gründen theilweise zum III. Band (Lethaea mesozoica) gehörende Abschnitt musste einen einheitlichen Charakter erhalten; die glacialen Ablagerungen mit *Gangamopteris* und die altmesozoische Steinkohlenformation mit *Glossopteris* (*Glossopteris*-Flora) sind weder in der Natur noch in der Darstellung zu trennen.

Die der geologischen Gegenwart vorangehende Kälteperiode ist seit langem ein Lieblingsgegenstand geologisch-geographischer Forschung gewesen. Die naheliegende Frage, ob diese Eiszeit ein einzig dastehendes Ereignis gewesen sei, wird neuerdings in verneinendem Sinne beantwortet: Seit etwa 15 Jahren mehren sich die wohlbeglaubigten Beobachtungen, welche beweisen, dass an der Wende der palaeozoischen Aera eine Eiszeit vornehmlich oder ausschliesslich die Südhemisphäre betroffen hat. Ein durch Interglacialzeiten gekennzeichneter Wechsel der Temperatur ist wohl ebenfalls für diese palaeozoische Periode in Betracht zu ziehen.

Zwei vor 14 Jahren fast gleichzeitig erschienene Zusammenstellungen (von WAAGEN und FEISTMANTEL) sind durch zahlreiche neuere Beobachtungen theils erweitert, theils berichtigt worden.

Eine vergleichende Übersicht der neueren Forschungen ergiebt ferner für die Entwickelungsgeschichte der mesozoischen Pflanzenwelt eine Reihe interessanter Ergebnisse und kann von der Darstellung der vorhergehenden palaeozoischen Schichten nicht getrennt werden. Die Folgerungen, welche sich aus dem Vorkommen glacialer und kohlenführender Ablagerungen auf einem bestimmt begrenzten Continentalgebiet der Südhemisphäre ableiten lassen, sind für den Geographen ebenso bedeutsam wie für den Geologen.

Der Stand der Forschung.

Auf der Südhemisphäre beherbergen vier in ihrer Entwickelung verschiedene Hauptgebiete an der Wende des palaeozoischen Zeitalters eine eigenartige Flora und die unzweifelhaften Anzeichen einer oder mehrerer Eiszeiten: 1. Australien, 2. die ostindische Halbinsel (Centralprovinzen), 3. die Salzkette des Pandschab (einschliesslich N.W.-Afghanistan) und 4. Südafrika. Weniger bedeutuam und weniger bekannt sind die Vorkommen in Brasilien (Itajuba, Sao Paulo und Amazonas) und Argentinien (Anticordillere und Pampine Sierren); hier sind zwar Thiere und Pflanzen von australisch-afrikanischem Habitus gefunden, der Nachweis einer Eiszeit wäre aber noch zu erbringen. In der Mehrzahl der Vorkommen sind Steinkohlenflötze den pflanzenführenden Schichten eingeschaltet. Nur in der Salzkette und in Australien ermöglicht die Einfügung mariner Schichten einen Vergleich mit jungpalaeozoischen Bildungen der nördlichen Halbkugel.

Der Stand der Forschung ist in den südlichen Gebieten wesentlich verschieden:

Die ostindische Halbinsel und Südafrika zeigen eine bedeutsame Übereinstimmung in der gesammten Entwickelung und der Dreigliederung ihrer Gondwana- und Karooformation.

Die Schichtenfolge der Salzkette ist in der Hauptfrage, dem Verhältnis der Marinen- oder Driftbildungen zu den Blockschichten der Halbinsel nichts weniger als geklärt. In Australien ist der Stand der Forschung vor allem deshalb unbefriedigend, weil das geologische Vorkommen der marinen, eine sichere Altersbestimmung ermöglichenden Familien noch zu manchem Zweifeln Anlass giebt.

Die Schwierigkeiten, welche die Bewältigung der widerspruchsvollen, ausserordentlich zersplitterten Litteratur verursacht, werden jedoch durch einige Zusammenstellungen erleichtert, die vollständige Excerpte oder Übersichten enthalten und somit eine Wiederholung der auf die einzelnen Arbeiten bezüglichen Notizen unnöthig machen.

Die allerdings schon vierzehn Jahre zurückliegende Zusammenstellung von O. Feistmantel, behandelt „die pflanzen- und kohlenführenden Schichten in Indien (bezw. Asien), Afrika und Australien und darin vorkommende glaciale Erscheinungen".[1] Weniger als Urkundensammlung denn als Darstellung der eigenen Ansichten sind zwei grössere, ebenfalls das ganze Gebiet behandelnde Arbeiten Waagen's,[2] sowie die Übersicht Neumayr's[3] aufzufassen. Allerdings steht gerade das von Waagen angenommene carbone Alter der glacialen Schichten mit neueren Beobachtungen nicht im Einklang.

Eine bis zum Jahre 1889 vollständige, „übersichtliche Darstellung der geologisch-palaeontologischen Verhältnisse Südafrika's" hat nebst der Beschreibung zahlreicher fossiler Pflanzenreste der eben genannte O. Feistmantel[4] veröffentlicht. Neuerdings hat R. Zeiller (Bull. soc. giol. de France [6] Bd. 24, p. 374) sehr wichtige Mittheilungen über die Karooformation von Transvaal gemacht.

Die zusammenfassende Übersicht der ostindischen Gondwanaformation und der Geologie der Salzkette enthält die Geology of India von Medlicott, Blanford und Oldham.[5]

Von neueren Arbeiten sind vor allem die Beiträge von Noetling[6] „zur Kenntnis der glacialen Schichten Altere in der Salt-Range, Pandschab (Indien)", sowie verschiedene palaeobotanische Untersuchungen R. Zeiller's hervorzuheben.

Über die Australischen Vorkommen veröffentlichte Strzelecki ein „summary of summaries", das bis 1889 reicht[7] und das Versuch einer zusammenfassenden Darstellung der geographischen Umwälzungen und klimatischen Veränderungen enthält.

---

[1] S. A. a. den Sitz.-Ber. der kgl. böhm. Gesellschaft der Wissenschaften. Prag 1887, 102 S. mit Nachtrag 102—109.

[2] a) Die carbone Eiszeit. Jahrb. der Geol. Reichs-Anst. Wien 1887, p. 143. b) Salt-Range Fossils. IV. Bd. Geological Results.

[3] Erdgeschichte. I. Aufl. II, 191—196. Sonstige in Lehrbüchern enthaltene Zusammenstellungen (z. B. E. Kayser, Geologische Formationskunde, p. 167) sind wesentlich Excerpte der Darstellung Neumayr's.

[4] Abhandl. der kgl. böhm. Ges. der Wissenschaften VII, 9. Prag 1889. 89 S. m. 4 Tafeln.

[5] Calcutta und London (Trübner). II. Auflage, revised and largely rewritten by R. D. Oldham. 1893.

[6] N. J. 1896. II, p. 61—66. Mit Tafel, Entgegnung von Waagen, N. J. 1892. II. p. 211.

[7] Strzelecki, An Attempt to synchronize the Australian, South African and Indian Coal Measures. Part. I. — The Australasian and New Zealand Formations. (Proceedings of the Linnean Society of New South Wales. II. Ser. Vol. IV for 1889. 231—306. Sidney 1890. Das Ref. im N. J. 1893 I p. 511 ist in vielen wesentlichen Punkten ungenau.)

Über Südamerika liegt eine geringere Zahl meist kürzerer Mittheilungen und Aufsätze vor (s. u.).

Eine Übersicht des Vorkommens glacialer Einwirkungen in jungpaläozoischen Schichten Australiens[1] gab T. W. Edgeworth Davis zusammen mit einem exacten, unten wiedergegebenen Durchschnitt des Bacchus-Marsh-Districtes in Queensland.[2]

Aus der Discussion in der betreffenden Sitzung der Londoner Geologischen Gesellschaft ergiebt sich, dass das Vorhandensein glacialer Schliffe und Schrammen von allen Anwesenden (u. a. Blanfuau und Oldham) als feststehende Thatsache angesehen wird. Die ebenfalls unten wiedergegebene Abbildung eines geschliffenen Blockes lässt meines Erachtens auch für den Leser keinen Zweifel über das Vorhandensein von Einwirkung übrig.

In Bezug auf die Altersdeutung bestehen einige in der Natur der Sache begründete Abweichungen zwischen der Auffassung Feistmantels und der indischen Aufnahmsgeologen (R. D. Oldham). Im Gegensatz zu der Mehrzahl der bisherigen Veröffentlichungen halte ich den Nachweis carbonischen Alters auch für die tieferen eiszeitlichen Ablagerungen nicht für erbracht.

Über die Bestimmung einiger Pflanzenreste, die aus Natal, Russland und dem Altai stammen, sandte Herr Professor Stuzel in Chemnitz, über die neuere Litteratur der Karooformation mein Freund Prof. Dr. Sterzel in Halle a. Saale werthvolle briefliche Mittheilungen, für welche ich hierdurch meinen aufrichtigen Dank ausspreche.

Carbone oder dyadische Eiszeit?

Für die Erklärung der südlichen Eiszeit ist die genaue Bestimmung ihres geologischen Alters ausschlaggebend. In den meisten bisherigen Beschreibungen wird die Gletscherperiode ganz oder theilweise in das Carbon gestellt. Das Carbon ist diejenige Epoche der Erdgeschichte, welche sich durch gleichförmige Entwickelung der Landflora und der Meeresfauna auszeichnet (p. 258). Wenn man von der zur Discussion stehenden Landflora[3] absieht, so kommt im marinen Carbon in gleichalten und gleichartig entwickelten Bildungen überall, auch auf der Südhemisphäre, dieselbe Thierwelt vor. (Obercarbonische Fusulinenkalke von Sumatra, obercarbonische Productusschichten von Bolivia). Thiergeographische Meeresprovinzen können weder im älteren noch im jüngeren Carbon unterschieden werden.

Diese nicht leicht zu erklärende Gleichförmigkeit setzt jedenfalls ein gleichmässiges Klima voraus und macht die Annahme einer „carbonen" Eiszeit höchst unwahrscheinlich.

Die Dyaszeit ist im Gegensatz zum Carbon die Periode der ausgesprochensten geographischen Differenzirung der Meeresfaunen, der Ausdehnung der Binnenseeren und des durch eine klimatische Umwälzung bedingten Rückganges der Kohlenbildung in der Nordhemisphäre. Gleichzeitig mit den geographischen Änderungen bereitet sich schon in den untersten, floristisch nur wenig vom Carbon verschiedenen Schichten der Nordhemisphäre eine Änderung der Landflora vor;

---

[1] Evidences of Glacial action in Australia in Permo-Carboniferous time. (In. Journ. Geol. Soc. of London Bd. 52. 1896, p. 289—298. Die Übersicht der Litteratur reicht von 1859 (Selwyn) bis 1893.

[2] l. c. p. 294—298.

[3] Die das europäische Obercarbon kennzeichnende Pflanzenwelt ist noch bei Tete am Zambesi (16° 45' südl. Br.) bekannt, während eine einheitliche untercarbonische Flora von Spitzbergen bis Argentinien und Tasmania reicht.

am Schluss der Dyasperiode haben die Gymnospermen und zwar vor allem Coniferen, danebon auch Cycadeen die Kryptogamen zurückgedrängt.

Beide Thatsachen würden die Annahme bedeutender, die ganze Erde betreffender Klimaschwankungen während der Dyaszeit nahe legen. Sehen wir nun zu, wie die geologischen Beobachtungen und die palaeontologischen Thatsachen zu dieser Voraussetzung stimmen.

Geologische Beobachtungen über die jungpalaeozoische Eiszeit.

(Australien und Südafrika.)

Das Vorhandensein geschliffener oder geschrammter Geschiebe in einem Conglomerat kann a priori durch Wildbacherosion oder tektonische Verschiebungen (Harnische) erklärt werden. Wildbachschrammen sind unregelmässiger und flacher als Gletscherkritzen und niemals mit einer Politur des Gesteins verbunden, wie verschiedene von mir gesammelte Stücke (z. B. aus dem Aragwatthal im Kaukasus) beweisen. Auch in tektonisch gequetschten Conglomeraten finden sich fein geritzte und polirte Geschiebe (z. B. Culmgrauwacken von Saerau, Oberschlesien); aber die tiefen Schrammen australischer Blöcke können durch nichts anderes als durch Eiswirkung entstanden sein und jeder Zweifel wird durch die mehrfach beobachtete Abschleifung des Untergrundes, sowie den Nachweis typischer roches moutonnées beseitigt. Nur der Verlauf der Streifung des Untergrundes in einer oder in wenigen bestimmten Richtungen ist für Glacialwirkung beweisend. Durch Bewegung härterer Geschiebe auf weicher Unterlage können, wie Experimente (vergl. z. B. N. J. 1896, II, p. 97) gelehrt haben, auch vermittelst des Wasserstroms Schrammen hervorgebracht werden, die jedoch in allen möglichen Richtungen verlaufen.

In Neu-Süd-Wales werden die oberen und die unteren marinen Schichten durch die „Greta-Kohlen" (230′ Mächtigkeit mit 20 bis 40′ Kohle) getrennt.[1]

Die ca. 2000′ mächtigen Glacialbildungen von Victoria und Tasmania entsprechen entweder nur der oberen marinen Blockschicht oder den beiden Horizonten zusammen; in dem letzteren Falle ist die auf eine Interglacialzeit hindeutende Kohlenbildung nur im Norden entwickelt.

Nach den bisherigen Angaben erstrecken sich in Australien Anzeichen glacialer Einwirkung über fast 20 Breitengrade von Zeehan in Tasmania (42° südl. Br.) bis zum Bowen River in Queensland (20° 30′ südl. Br.), und von Curramulca in Südaustralien (137° 30′ östl. L.) bis 151° 30′ östl. L. (Maitland).

Bei Hallets Cove, unfern Adelaide, ist eine eisgeschliffene Felsoberfläche (rock pavement) aufgeschlossen, darüber lagern die glacialen Schichten, und weiter oben folgt ein miocaener, discordant lagernder Kalk. Die geschliffenen Blöcke sind localen Ursprungs oder stammen aus einem 35 engl. Meilen südlich gelegenen Gebiet; die polirte Oberfläche der archaischen Gesteine ist mit Nord- oder Nordnordwest-

---

[1] Dieselben wurden im September 1897 in einer frischen Mare, welche die Heerstrasse verschüttet hat, gesammelt. Das Gestein ist ein sandiger, fester, grauer Kalk der unteren Kreide.

[2] Quart. Journ. Geol. soc. 1887, p. 190. Ob in beiden marinen Horizonten Glacialblöcke vorkommen, konnte aus der vorliegenden Litteratur nicht festgestellt werden.

streichenden Streifen bedeckt.[1] Die Mächtigkeit der horizontal gelagerten glacialen Schichten beträgt 7—30 m; rothe Schiefer wechseln mit gelblichen Sandsteinen und geben nach unten in ein thonig-sandiges, an geschrammten Geschiebeblöcken reiches Gestein über, das weniger deutlich als die hangenden Schiefer geschichtet und von Conglomeratnestern durchsetzt ist („mudstone" mit „Blockstein" oder „Geröllthonschiefer" zu übersetzen). Die Grösse der Findlingsblöcke ist sehr verschieden; zwischen Steinen von Wallnussgrösse und Massen von 7—6 Tonnen Gewicht finden sich alle Übergänge.

Übereinstimmende Beobachtungen eingeschliffener Felsflächen sind unfern Adelaide bei Currunules auf der Halbinsel York, gegenüber der in Cap Jervis endenden Halbinsel gemacht worden[*] und werden hier auf eine Landeismasse zurückgeführt.

Besonders bedeutsam sind die Vorkommen von Glacialconglomeraten zu beiden Seiten des wasserscheidenden Gebirges in Victoria; von Bacchus Marsh (40 km WNW von Melbourne) werden Geschiebe und grössere Blöcke beschrieben, die vorwiegend gerundet, häufig polirt und mit kräftigen Streifen, mit Rillen und Facetten, versehen sind (s. u.). Das Heimatland der Blöcke lag fast ausnahmslos südlich und entsprach also zum Theil dem heutigen Tasmania. Ungeschichtete Glacialbildungen fehlen gänzlich; hingegen sind thonige und sandige Einlagerungen häufig. Die Unterlage der Eisformation zeigt eine sehr unregelmässige Oberfläche. Auch von Coimadai (45 km NW von Bacchus Marsh) wird eine ganz ähnliche, 510 m mächtige, aus glacialem, geschichtetem Blockstein (mudstone), Conglomerat und Sandstein zusammengesetzte Schichtenmasse beschrieben; auch hier ist das untersilurische Grundgebirge geschrammt und zwar in N 35° O. Das Material der Geschiebe soll aus dem Süden (Tasmania) und Südosten (Gippsland) stammen.[*]

100 km nördlich von Melbourne liegt im Wild Duck Creek bei der Station Derrinal unweit Heathcote eine mit den Schichten von Bacchus Marsh verglichene Formation von Sandstein und Conglomerat, dessen Geschiebe meist die concav oder convex ausgeschliffenen und geschrammten Flächen zeigen, die für Eisarbeit bezeichnend sind. Das mannigfache Material der Geschiebe wird von Granit, Syenit, Gneis, Quarzit, Sandstein (z. Th. devonisch), Porphyr u. a. gebildet, die z. Th. in

---

[1] Vergl. das ausführlichere Referat der Arbeiten von TATE bei E. DAVID, Qu. Journ. Geol. soc. 1896, p. 290 und ferner: RALPH TATE, WALTER HOWCHIN und T. W. DAVID: Report of the Research Committee appointed to collect Evidence as to Glacial Action in Australasia. (Report VI. Meeting Australas. Ass. Advanc. Sc. Brisbane 1895, 816—820. Mit Karte und Profltaf.)

[*] DAVID and W. HOWCHIN: Notes on the Glacial Features of the Inman Valley, Yankallila and Cape Jorvis District. (Trans. Roy. Soc. South Australia. 21. 1897. 61.) — Dieselben, On the Evidence of Glacial Action in the Port Victor and Inman Valley Districts, South Australia. Fourth Report of the Committee (appointed to collect Evidence as to Glacial Action in Australasia). (Report VII. Meeting Australas. Ass. Advanc. Sc. Sydney 1898. 114—197.)

[*] GRAHAM OFFICER, LEWIS BALFOUR und EVELYN G. HOGG: The Glacial Geology of Coimadai. (Report VI. Meeting Australas. Ass. Advanc. Sc. Brisbane 1895. 323.—330. Mit 4 Taf.) — GRAHAM OFFICER and EVELYN HOGG: The Geology of Coimadai. (Proc. Roy. Soc. Victoria. N. S. 10. 1897. Pt. I. 60—74. Pt. II. 180—193. 2 Taf.)

der Nachbarschaft anstehen, z. Th. in Victoria unbekannt sind. Ein gewaltiger Granitblock, der „Stranger", wird auf 30 Tonnen veranschlagt. Die Mächtigkeit der Geschiebeformation beträgt mindestens 120 m, einschließlich einer in der Mitte eingeschalteten Sandsteinlage von 20 m Mächtigkeit.

Das auch hier das Liegende bildende Untersilur ist N.-S. gestreift.[1] Auf die Übereinstimmung des Geschiebelehms von Derrinal mit dem Dwyka-Conglomerat Afrikas und der Talschir-Blockformation in Ostindien ist verschiedentlich hingewiesen worden.

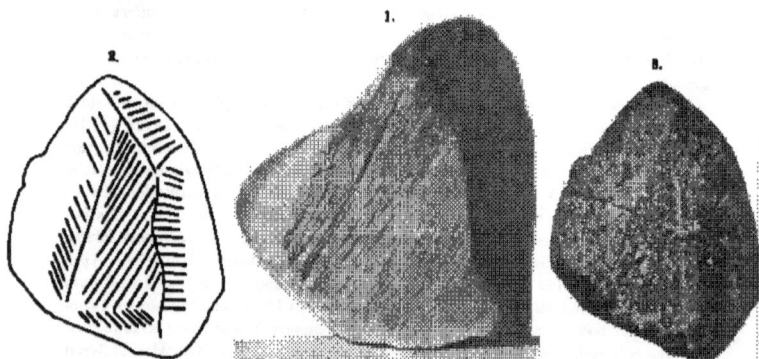

Fig. 1. Glacialgeschiebe aus den Dyas-Ablagerungen von Dunbar, in der Nähe von Bacchus Marsh, (ungefähr ½ natürlicher Größe).

Fig. 2 u. 3. Geschrammte Geschiebe aus blaugrauem Porphyr mit 8 Facetten; geplattet und wieder verkittet. Aus dem dyadischen Blocklehm von Khansah in der Salt Range, Pandschub, Indien. ½. Nach Nötling.

Die eingezeichneten Linien in Figur 3 geben die Schrammrichtung in schematischer Weise wieder.

(Die Entstehung der in Ostindien und Australien verbreiteten Geschiebe erscheint weniger rätselhaft, nachdem ich im nordischen Geschiebelehm von Trubnitz ein Porphyrgeschiebe gefunden habe, dessen facettirte Oberfläche mit Abb. 2 und 3 überkristimmt. Die Form des schiefichen Facettengeschiebes wird offenbar durch die Abwenderungshüfte des grangrünen Porphyrs bedingt.

Weitere Anzeichen von Eiswirkung werden von verschiedenen Beobachtern aus verschiedenen Gebieten eingeführt, so vom Bowen-River-Kohlenfeld in Queensland. Ferner beschrieb Oldham (l. c. p. 29) von Braxton in Neu-Süd-Wales ein kleines durch Eis in unzweideutiger Weise geschliffenes und polirtes Geschiebe; später wurden am selben Fundort Blöcke bis ca. einer Tonne Gewicht beobachtet, dessen Lagerung auf das Hinabgleiten von einem schmelzenden Eisberg hindeutet. Andere Punkte in Neu-Süd-Wales sind Maitland und Frasers Creek Station.

Besonders wichtig sind die Funde, welche T. Oldham[2] und R. D. Oldham

[1] J. E. Dunn, Notes on the Glacial conglomerate Wild Duck Creek, Spec. Rep. Depart. of Mines. Victoria 1892. Taste Penn.

[2] T. Oldham, Mem. Geol. surv. India III 1863, p. 209 teste Penck und R. D. Oldham, Rep. Geol. survey India XIX 1886, p. 39 17.

westlich von New-Castle in Neu-Süd-Wales machte: Halbgerundete Blöcke von
Schiefer (bis zu mehreren Metern Durchmesser), Quarzit und verschiedenen krystallinen Gesteinen liegen in einer sandig-schiefrigen Grundmasse, welche zarte
Fenestellen und Zweischaler mit vereinigten Schalen enthält. Die Blöcke sind
also von schwimmenden Eisbergen herbeigetragen und bei deren Abschmelzen in
ruhigem Meere zu Boden gesunken.

Übereinstimmend mit Neu-Süd-Wales deuten die tasmanischen Vorkommen
auf schmelzende Eisberge hin. Auch hier liegen am Mt. Tyndall[1] wie in der
Nähe von Hobart[2] ortsfremde geschrammte und geschliffene Geschiebe im unteren
Theil der durch marine Versteinerungen (s. u.) sicher gekennzeichneten Dyas. Die
aus Granit, Gneiss, Glimmerschiefer, Quarzit etc. bestehenden Irrblöcke erreichen
bei Hobart das Gewicht einer Tonne.

Sehr viel geringere Wahrscheinlichkeit besitzen die Angaben über eine Eis-
thätigkeit in dem triadischen Hawkesbury-Sandstein: Unregelmässig geformte Blöcke
eines Schieferthons in allen Grössen bis zu 20' Durchmesser sind dem Sandstein
eingelagert;[3] doch kann diese an sich eigentümliche Lagerungsform nicht als beweisend für glacialen Ursprung gelten.

Wesentlich bestimmter lauten die Angaben über eine triadische Eiszeit auf
Neu-Seeland, die zeitlich mit dem zweifelhaften Vorkommen des Hawkesbury-
Sandsteins verglichen wird, also der Dyas-Eiszeit durchaus fernsteht.

Die Vergleichung und genaue Horizontirung aller Glacialvorkommen Australiens
ist noch nicht annähernd durchgeführt; aber auf jeden Fall ist ein von riesigen
Gletschern oder von Inlandeis bedeckter antarktischer Continent die
Voraussetzung. Die von hier stammenden Eisberge durchschwammen zum mindesten
20 Breitengrade. Die Wanderblöcke sind mit Ausnahme von Victoria überall den
marinen, durch eine reichhaltige Fauna gekennzeichneten Schichten eingelagert.

Ob die Schrammung des Untergrundes durch Bewegung strandender Eisberge
oder durch locale Gletscher auf Inseln des australischen Gebietes zu erklären ist,
dürfte schwer zu entscheiden sein.

Nicht ganz so unzweideutig wie in Australien und Indien (s. u.) lauten die
Nachrichten über Glacialwirkungen aus Südafrika.[4] An der Basis der Karooformation, im Dwyka-Conglomerat, fanden Dunn und Green gekritzte Geschiebe. Sutherland führt die wichtigere Thatsache der oberflächlichen Schrammung des altpaläozoischen (?Devon) Tafelbergsandsteins an. Auch das von
Dunn mit den Dwyka-Schichten parallelisirte Vaalconglomerat enthält gekritzte Geschiebe; ebenso ist die Unterlage in der Richtung NSW.—NNO. geschrammt. Die
Lagerungsverhültnisse des einem verhärteten Geschiebelehm vergleichbaren Vaal-

---

[1] T. B. Moore, Discovery of glaciation in the vicinty of Mt. Tyndall Proc. Royal soc. Tasmania 1893, p. 147—149.

[2] R. M. Johnston, Evidence of huge ice-borne erratics in rocks of Permo-Carboniferous age
exceeding one ton in weight. Maria-Island, Tasmania Proc. Royal soc. Tasmania 1884, p. 20, Bezgl.
von One Tree point, Bruni Island. Ebenda 1886, p. 23—24. Derv., Glaciation of the Western Highlands, Tasmania, Proc. Royal soc. Victoria N.S. VI 1894, p. 138—168. Teste Penck.

[3] Qu. Journ. 1896, p. 590.

[4] A. Schenck, Geolog. Entwicklung Südafrikas, Petrm. Mitth. 1888, p. 375. Schenck, 11. Ann.
Rep. Geol. commission Cape of Good Hope 1897 (1898) p. 92.

conglomerate sind jedoch nicht genauer bekannt. Die von SCHENCK [1] vorgelegten Geschiebe wurden von vielen Mitgliedern des Berliner Geographentages 1887 (auch von
dem Verf.) als glacial anerkannt, während PENCK auf die Ähnlichkeit mit nicht-
glacialen, geschrammten Geschieben aus der alpinen Molasse, (Pitten und Kalten-
leutgeben) hinwies. Die mehrfach beobachtete Schrammung des Untergrundes
dürfte jedoch als gewichtiges Moment für glacialen Ursprung anzuführen sein.

Zuletzt sind von MOLENGRAAFF [2] aus dem östlich der Drakensberge gelegenen
Transvaal-District Vrijheid rundhöckerige Felsflächen im Liegenden der Dwyka-
Conglomerates beschrieben worden, deren Schrammen in wechselnder Richtung
(S. 28° O., 33° O., 58° O.) ungefähr von NO. nach NW. verlaufen. Die süd-
afrikanischen Vorkommen der Grundmoräne bilden die Ecken eines Rhombus, dessen
Diagonalen Dwyka—Vrijheid 1100 km, Vaal-Mündung – Durban 760 km messen.[3]
Die Ausdehnung der südafrikanischen Vorkommen wird also nur von denen Australiens
übertroffen. Die Entfernung der isolirten ostindischen Vorkommen von einander
(Chánda – Salt Range) ist zwar noch bedeutender. Doch sind dieselben ihrer Entstehung nach verschieden. In der Salt Range haben wir vorwiegend driftende Eisberge, auf der ostindischen Halbinsel hingegen die typische Grundmoräne.

Die bisher aus Südamerika vorliegenden Nachrichten lassen einen Zusammenhang der Fauna und Flora mit den übrigen Südgebieten als unzweifelhaft erscheinen, berechtigen aber in keiner Weise zur Annahme einer Eiszeit.

I. Australien.

Das geologische Alter der jungpalaeozoischen Marinfaunen Australiens.

Eine kritische Revision der marinen Thiere, welche bisher aus den „carbonischen"
Schichten Australiens durch DE KONINCK [4] beschrieben wurden, ergiebt, dass neben
zahlreichen localen oder stratigraphisch indifferenten Formen in Neu-Süd-Wales
und Tasmanien 1. altcarbonische Gattungen und Arten, 2. dyadische
Formen vorkommen, welche die meiste Ähnlichkeit mit der Zechsteinfauna Europas
besitzen. Obercarbonische marine Charakterformen, wie sie in Europa, Asien,
Afrika und Amerika den „Fusulinenkalk" kennzeichnen, fehlen in Australien vollkommen.[5]

Die Fauna zeigt im ganzen wenig Beziehungen zu den nördlichen, vermuthlich
gleichalten Bildungen. Eine grosse Anzahl indifferenter Formen sind
sowohl im Carbon wie in der Dyas verbreitet, andere Formen sind

---

[1] A. SCHENCK, Verh. d. VIII. deutschen Geographentages. Berlin 1889, p. 145.
[2] The glacial origin of the Dwyka Conglomerate. Trans. geol. soc. S.-Afrika IV. 5 1898, p. 103.
[3] A. PENCK, die Einzelten Australiens. Zeitschr. Ges. f. Erdkunde, Berlin 1900, p. 255.
[4] Fossiles paléozoïques de la Nouvelle Galles du Sud, Brüssel 1876 und J. MORRIS in Stzelecki, Physical description of N.-S.-Wales.
[5] Vergl. FRECH, über marine Dyas-brachiopoden aus Australien. Zeitschrift der deutschen geo-logischen Gesellschaft. 1898, p. 176. Ergänzungen zu der obigen Arbeit verdanke ich dem Entgegen-kommen meines verstorbenen Freundes W. DAMES sowie Herrn Dr. C. GOTTSCHE.

dem australischen (*Phialorrinus*) und dem australisch-indischen Verbreitungsgebiet (*Leiomyalina* s. u.) eigenthümlich.

I. Für die Zurechnung zum Carbon würde vor allem anzuführen sein:

Das Auftreten der Gattungen *Griffithides* und *Brachymetopus* (l. c. t. 24, f. 8, 10), welche generisch jedenfalls richtig bestimmt und anderwärts vornehmlich aus dem Carbon bekannt sind; allerdings ist *Griffithides* noch in der höchsten Zone der Palaeodyas, dem Sosiokalk nachgewiesen.

Griffithides Eichwaldi Fisch. ist in Australien am Upper William River (N.-S.-W.) gefunden worden und soll in Russland im Gouvernement Kaluga (Kosel) und bei Kamschy Datschy im Ural vorkommen. Jedoch steht die australische Form jedenfalls dem untercarbonischen *Griffithides globiceps* (Taf. 47 Fig. 10) sehr nahe.

Brachymetopus Strzeleckii findet sich im Schiefer von Dunvegan und im Kalk von Burragood and Glen William.

Phillipsia seminifera Phill. kommt bei Dunvegan und Colocolo vor.

Auf untercarbonisches Alter verweisen ferner:

Leptaena analoga (l. c. t. 0, f. 3, Page, Hunter und Rouchel Rivers, Burragood, Colocolo in N. S. Wales; Leigh Mary Reef und ?Gympie Placer, Queensland).

Dalmanella resupinata Mart. (t. 10, f. 9) und *Michelini* Sow., Lewis Brook, Burragood, Colocolo, Pallal.

Spirifer rotundatus Sow. (t. 14, f. 2), Burragood und Glen William. (Die Art steht der genannten Kohlenkalkform jedenfalls nahe, ist aber nicht sicher zu identificiren.)

Spirifer aff. *striatio* Sow.[1]

Productus undatus Defr., Paterson River, N.-S.-Wales.

II. Auf die Dyas verweisen hingegen von australischen Vorkommen:

1. Die überaus grosse Zahl und die Beschaffenheit der Zweischaler, bei denen palaeozoische Namen wie *Sanguinolites*, *Aviculopecten*, *Pachydomus*[2] vielfach recht wenig angebracht zu sein scheinen. Insbesondere haben die riesigen Pecten-Arten[3], welche aus dem Sandstein der Fundorte Harpers Hill (New Castle-Eisenbahn), Illawara, Wollongong und Muree stammen, keinerlei Ähnlichkeit mit Aviculopecten, wie de Koninck selbst (l. c. p. 312) hervorhebt. Ein grosses, wohlerhaltenes Exemplar von *Pecten limaeformis* Morr. (de Koninck, t. 22, f. 4), das in Kalk eingebettet ist und aus Tasmania stammt (Mus. f. Naturk. Berlin), ähnelt durchaus

---

[1] = Sp. „limaeatus" de Kon. ex parte t. 14, f. 3 e von Burragood, Muree, Branxton, St. Heller, Maitberry, Creek, Aellalong, Colocolo, Cedar Brush, Tillegary, Jervis Bay und Bowen River in Queensland. Die übrigen von de Koninck abgebildeten und mit Namen carbonischer Arten belegten Spiriferen lassen infolge der unvollkommenen Ausführung der Abbildungen eine nähere Bestimmung nicht zu.

[2] Soweit die nur die Form wiedergebenden Abbildungen ein Urtheil gestatten, gehört „Pachydomus" Donal Kon. (t. 19, f. 5) zu Astarte, „Sanguinolites" Etheridgei (t. 17, f. 2) zu Pholadomya. Andere „Pachydomus"-Arten (t. 19, f. 3, 4; t. 15, f. 8) erinnern an Cypridiae. Diese mesozoischen Formen finden sich bei Wollongong und Illawara, wohl in den oberen marinen Schichten.

[3] t. 22, f. 1, 2, 4.

einem mesozoischen Preten. Dieselbe Art ist aus Queensland (Gympie) aus einem — allerdings unrichtig bestimmten „Devonian" von R. ETHERIDGE [1] abgebildet und zeigt hier mit voller Deutlichkeit die centrale Ligamentgrube von *Preten* (nicht das Linearligament von *Aviculopecten*).

2. Ebenso sind zwei als *Pleurophorus* beschriebene Zweischaler sicher zu dieser Zechstein-Gattung [1] zu stellen; *Pleur. biplex* KON. (t. 19, f. 7 von Wollongong) gehört in die nächste Verwandtschaft des bekannten *Pleur. costatus* BROWN, *Pl. Morrisi* (t. 20, f. 5, ebenfalls von Wollongong und Illawara) unterscheidet sich zwar durch grössere Zahl der Radialstreifen, ist aber jedenfalls auch zu der genannten Gruppe zu rechnen.

3. Die nicht sonderlich zahlreichen Gruppen von *Spirifer* s. str., welche zusammen mit den genannten Zweischalern vorkommen, sind in übereinstimmenden Arten weltweit verbreitet und gerade für die genauere Bestimmung der Horizonte von grosser Wichtigkeit. Die vorliegenden Beschreibungen DE KONINCKS enthalten zahlreiche Namen, denen aber nur wenige unterscheidbare Formen entsprechen. Das Vorkommen in exotischen Gebieten und die vielfach ungenaue Bestimmung des Horizontes haben eine directe Vergleichung bisher verhindert. Die stratigraphische Bedeutung erheischt — ähnlich wie bei den Ammoneen — schon hier eine kurze vorläufige Übersicht:

I. *Spirifer* s. str.
  a) Untergruppe des *Sp. musakheylensis (cameratus)*   } Carbon.
  b) „   „ *Sp. Keilhavi*   } Dyas.
  c) „   „ *Sp. undulatus.* Nur Dyas (Zechstein und Aequivalente).
II. Untergattung *Martinia (Spir. glaber)* = *Martiniopsis* WAAG.

I. Spirifer s. str.

a) Untergruppe des *Spirifer musakheylensis* DAV. Bündelrippen, feine Anwachsstreifen, Muskelzapfen durch innere Verdickung der Schale abgegrenzt, Zahnstützen kaum entwickelt.

1. *Spirifer musakheylensis* DAV., bröllüggrllg. Oberstes Carbon, Taf. 47 a, Fig. 6 C, Taf. 47 c, Fig. 9, Taf. 87 e Erkl. der Tafel (Schwagerinscnt.), unteru und mittlere Dyas.

2. *Sp. nitiensis* DIEN. und die wahrscheinlich dazu gehörende Jugendform *Sp. jobannaii* sind die sehr breitflügeligen Varietäten von *Sp. musakheylensis* aus dem dyadischen Productus (Kuling-) Schiefer des Himalaya.

3. *Sp. Wynnei* WAAG. Taf. 574, Fig. 5 = *Sp. Nienius* GEMM. ROSSO. Umriss oval, kräftige Radialrippen fehlen, Bündelung undeutlich. Mittl. Productenkalk, Tschilitschen.

4. *Sp. Karana* DIEN. [a] Productus shale des Himalaya und Tasmanien, Taf. 57 c, Fig. 5.

b) Untergruppe des *Sp. Keilhavi* v. B. Muskelzapfen wie a) Radiale Hauptrippen sehr kräftig.

1. *Spirifer Keilhavi* v. B. (= *Sp. Wilczeki* TOULA, = *Sp. Parryanus* TOULA, = *Sp. Rajah* DIEN., der vielleicht eine Varietät bildet. Taf. 57 c, Fig. 1 und Tafel-Erkl.) Radialrippen einfach, Umriss halbkreisförmig, von den entsprechenden Formen des *Sp. respertilio* nicht scharf geschieden. Vom obersten Carbon Spitzbergens und den Himalaya (*Sp. Rajah* Barus beds. Kaschmir ist kaum verschieden) bis in die nordische Dyas verbreitet. (Bärenland, Spitzbergen, Ural; hier = *Spiriferina Saranae* anch.)

[1] Quart. Journ. geol. soc. XXVIII, t. 14, f. 1.
[1] t. 73, f. 1, 2, 4.
[a] Fauna of the Productus shales of the Himalaya. Palaeontologia indica, Ser. XV, Himalayan fossils, IV, (1), t. 3, f. 1, 8, p. 34.

2. *Spirifer respertilio* Muss. Taf. 57 c, Fig. 3; Schalenexemplar in der Tafel-Erkl. Hauptrippen sehr kräftig, Bündelrippen zurücktretend. Übergänge von gerundeten Formen (die zwischen *Sp. tasmanirnsis* und *respertilio* stehen. Fig. 3 a, c) zu langflügeligen Gestalten (Fig. 3 b). In Neu-Süd-Wales und Tasmania sehr verbreitet.

Gruppe des *Spirifer Keilhavi* v. Buch.
Weltverbreitet in der marinen Palaeodyas. Nach den Originalen neu gezeichnet.

Spir. kupangensis Beyr. Timor.   *Spir. Draschei* Toula. Axel-Eiland Spitzbergen.
Orig. Beyrich.   Orig. Toula.

Spirifer avicula Muss. Grobkörniger dyadischer Spiriferensandstein. Nowra, N.S.-Wales, Australien. Originale im Berliner und Breslauer Museum. Vergl. Taf. 62, Fig. 7 und Taf. 63, Fig. 3.

3. *Sp. tasmaniensis* Muss., Taf. 57 c, Fig. 2. Umriss gerundet, Bündelrippen ähnlich *Sp. macrocheyirnsis* (a, 1.)
Untere Dyas von Timor (von hier Beyrich Orig.-Exemplare s. Th.) Neu-Süd-Wales (Illawara, Nowra, Asthalong etc.) und Tasmania.

4. *Spirifer Saranae* Vern. s. str. (*Spiriferina* auct.). Rippen einfach, Sinus tief eingeschnitten. Im oberstem Carbon des Ural und Timan verbreitet.

5. *Spirifer kupangensis* Beyr. von Timor und *Sp. Draschei* Toula von Spitzbergen sind schmale, hochgewölbte Formen mit sehr breitem Sinus, die einander jedenfalls sehr ähnlich sind. Da mir nur die beiden an Grösse sehr verschiedenen Originalexemplare im Gypsabguss vorliegen, ist

eine bestimmte Angabe über die Identität schwierig. Vergl. p. 489. Mit *Sp. Urwurkri* fällt wahrscheinlich auch *Sp. N'songeni* Tschern. (Artauskunft) zusammen.

c) Untergruppe des *Sp. undulatus* Sow. Langflügelige, fein gerippte Formen mit ge-
faltetem Sinus. Muskelnarben deutlich abgegrenzt; Zahnstützen meist vorhanden. Obere Dyas (Unt.
Zechstein.) Der russische *Sp. rugulatus* Keys. Taf. 63, Fig. 8 unterscheidet sich durch flache Rippen
(und undeutliche Ausbildung derselben auf dem Sinus) von den beiden anderen kräftiger berippten Formen.
(Netschajew bezeichnet die breitflügelige Form als *Sp. Schrenki* Keys. und die gerundete Varietät
als *Sp. rugulatus* Key. Ich kann an meinem Material ein ganz namentlichen Ineinanderfließen beobachten und würde daher die Endpunkte etwa als Varietäten unterscheiden. Vergl. Netschajew,
Fauna der permischen Ablagerungen etc. Kasan 1894, t. 4, f. 11, 6.) [Die kräftigen berippten *Sp.
undulatus* Sow. (Zechstein Europas Taf. 66, Fig. 7; schematisirte Figur) u. 6, *Sp. aricula* Moss.[1] (Australische Dyas) unterscheiden sich eigentlich nur durch verschiedene Grösse. Die australische Art ist
ca. 3 bis 4 mal so gross als die europäische und besitzt mehr Sinusfalten. Im übrigen handelt es
sich um Formen, die man vielleicht niemals unterschieden haben würde, wenn sie in derselben Schicht
gefunden worden wären. Die Vergleichung und Vereinigung wird besonders durch den verschiedenen Erhaltungszustand der Schalenexemplare (Europa) und Steinkerne (Australien) erschwert.

II. Untergattung *Martinia*.

7. *Spirifer (Martinia) Darwini* Morr. (Taf. 57 c, Fig. 6) war wegen des Besitzes von
Zahnstützen (die dem sonst ähnlichen *Sp. glaber* fehlen sollen) von Waagen zum Vertreter einer Gat-
tung *Martiniopsis* erhoben worden. Da jedoch auch *Sp. glaber* Zahnstützen aufweist, ist *Martiniopsis*
hinfällig. Ob man *Martinia* als Untergattung oder Gruppe auffassen will, hängt von der subjectiven
Auffassung des Beobachters ab. Spezifisch unterscheidet sich der in den marinen Glacialschichten
Indiens und Australiens verbreitete *Sp. Darwini* durch den Besitz von 3—5 zeitlichen Rippen von
Sp. glaber.

Synonyma von *Sp. Darwini* sind *Sp. Strzeleckii* Morr. und *duodecimcostatus* M'Coy. (beide bei
uns Korwick).

8. Während *Sp. Darwini* die Vergleichung weit entlegener Ablagerungen ermöglicht, ist der ebenfalls zu bedeutender Grösse heranwachsende *Sp. subradiatus* Morr. ein naher Verwandter von
Sp. glaber und — bei gleicher innerer Structur — nur durch das Fehlen der Rippen von *Sp. Darwini* verschieden. *Sp. subradiatus* Morr. wurde von de Koninck (l. c. t. 12, f. 1, p. 217; hier die
Läsernäte) direct mit *Sp. glaber* vereinigt, unterscheidet sich jedoch auf den ersten Blick durch
breiteren Sinus und die Tendenz zur Breitenausdehnung. Man kann bei grossem Material eine breite
Taf. 57 c, Fig. 4 a und eine schmale Varietät (Fig. 4 b und punktirter Umriss auf 4 a) unterscheiden, die
jedoch durch Übergänge verbunden sind. Mit den bis in die oberen Productus-Kalk hinaufgehenden
Formen aus der Gruppe des *Sp. glaber* Waag. (Productus Limestone t. 43) hat *Sp. subradiatus* keine
Ähnlichkeit. Der typische *Sp. glaber* erscheint bereits an der oberen Grenze des Devon, geht aber
nicht über das Untercarbon hinaus.

Von sonstigen australischen Dynebrachiopoden sind hervorzuheben:
1. *Dielasma inerrans* Keys. (*Rhynchonella* in Keys. l. c. t. 11, f. 11 von Morr., zwischen

---

[1] *Spir. aricula* G. Morr. em. Faun. (Textbild) und *vespertilio* G. Sow. em. Faun. Taf. 57 c,
Fig. 3 und Textbild der Tafelerkl. Die Verwirrung in der Namengebung dieser beiden wichtigen Arten,
die durch de Koninck nicht gehoben wurde, beruht auf einem Irrtum der ursprünglichen Bearbeitung.
In dem schwer zugänglichen, mit vorzüglichen Abbildungen versehenen Werke Strzelecki's über New-
South-Wales und Vandiemensland werden auf t. 17 p. 293 die beiden Arten deutlich abgebildet. Nach
dem Vergleich dieser Figuren mit dem vorliegenden Material kann es keinem Zweifel unterliegen,
dass die auf f. 1 u. 2 (rel. excl.) abgebildeten Steinkerne von *Spir. vespertilio* e. p. mit *Spir. aricula*
(t. 6) ident sind. Diese breitflügelige mit zahlreichen dichotomirenden, flachen Rippen versehene Art
muss den Namen *Spir. aricula* erhalten; Denn ein anderer auf f. 3 rel. excl. (l. c.) abgebildeter
Spir. vespertilio stellt den Abdruck einer schmalen, mit wenig zahlreichen, einfachen, sehr kräftigen Rippen versehenen Form dar.

den Flötzen Williams und Hunter) unterscheidet sich nur durch schärfere Ausprägung der Falten von *Dielasma biplex* Waag. aus dem mittleren Productus-Kalk von Virgal. (Taf. 57d, Fig. 19.)

2. *Strophalosia indica* Waag. (Taf. 63, Fig. 1), eine typische Form des mittleren Productus-Kalkes wurde auch in einem schönen Exemplar in Neu-Süd-Wales nachgewiesen.

3. *Strophalosia horrescens* Vern. var. nov. *antarctica*, Taf. 63, Fig. 6. Vergl. an Verneuil, Géologie de la Russie de l'Europe, II, 1845, p. 280, t. 19, f. 1.

Strophalosia horrescens mit ihrer deutlichen, parallel gestreiften Area in beiden Klappen und den feinen, die ganze Oberfläche — neben den Anwachsstreifen — bedeckenden Stacheln ist für den unteren Zechstein Russlands ebenso bezeichnend wie *Productus horridus* für die entsprechenden deutschen Schichten (Verneuil, l. c. p. 281). Es ist daher stratigraphisch wichtig, dass eine mit der russischen Form (l. c. Fig. 5) in den meisten Merkmalen übereinstimmende *Strophalosia* auch in Tasmania vorkommt. Verschieden sind nur die pustelartigen Anschwellungen der Schale in der Umgebung der Stacheln, die aber auch bei der russischen Art angedeutet erscheinen. Übereinstimmend ist — abgesehen von den hauptsächlichen gewerischen Merkmalen — die ausserordentliche Variabilität der äusseren Form. Auch bei den russischen Exemplaren finden sich breite, z. Th. mit Ohren versehene und schmale, schwächer und stärker gewölbte Formen, also ganz dieselben Gegensätze, wie sie Fig. 6a und 6b aufweisen; eine scharfe Grenze ist weder hier noch dort vorhanden.

Die abgebildeten Abgüsse und Abdrücke stammen von Mt. Wellington, Tasmania und liegen auf demselben Handstück wie *Spir. Darwini* (Taf. 57c, Fig. 6c).

4. Als wichtige palaeontologische Thatsache ist endlich das dyadische Alter des einzigen sicher bestimmbaren Goniatiten Australiens hervorzuheben. *Goniatites micromphalus* Morr. besitzt Spiralsculptur, kugelige Gestalt und lanceolate Loben, wie von Cuick und Foord zuerst beobachtet wurde, gehört demnach zweifellos zu der die Dyas kennzeichnenden Gattung *Agathiceras*, welche auch auf der anderen Hemisphäre die weiteste Verbreitung (Sicilien, Ural; Sosiokalk und Artastufe) besitzt.

Die jungpalaeozoische Flora Australiens.

Wesentlich leichter als aus den unübersichtlichen, vielfach revisionsbedürftigen Beschreibungen de Koninck's lassen sich aus der Darstellung O. Feistmantel's die Fundorte der australischen Pflanzen und ihre Altersstellung entnehmen: Die überaus scharfe Scheidung der untercarbonischen, kohlenfreien Bildungen einerseits, der unteren und oberen[1] Dyas-Kohlen andererseits tritt deutlich hervor. Vergl. Taf. 65.

Nach einer Älteren, durch neuere Beobachtungen nicht bestätigten Angabe M'Coy, soll bei Arowa in Neu-Süd-Wales *Glossopteris linearis* im Untercarbon zusammen mit *Rhacopteris inaequilatera* Goep. auftreten. Abgesehen von diesem zweifelhaften Vorkommen haben das Untercarbon und die Kohlenschichten weder eine Art noch eine Gattung gemein.

Die Unterschiede zwischen unteren und oberen Dyas-Kohlenschichten sind nicht grösser als zwischen zwei Stufen einer Formation: *Glossopteris*, die schachtelhalmartige *Phyllotheca* und der mit *Gingko* verwandte *Rhipteramilis* sind zum Theil mit denselben Arten unten und oben bekannt: *Annularia*[2] (eine Gattung, die im europäischen Rothliegenden mit mehreren bezeichnenden Arten vorkommt), findet sich nur in den unteren Kohlenschichten, die Conifere *Brachyphyllum* und *Gangamopteris* (Bacchus Marsh, Queensland) nur in den mittleren und höheren Hori-

---

[1] incl. der mittleren Kohlen.
[2] *Ann. stellata* Roem. ist verwandt mit *Ann. australis* Fa.

zonten. Auch die *Glossopteris*-Wurzel *Vertebraria* wird nur aus den letzteren angegeben.

An den meisten Fundorten von untercarbonischen marinen Resten sind Pflanzen bisher nicht gefunden worden. Nur am Bouebel River[1] kommt *Lepidodendron Veltheimianum* zusammen mit der typisch altcarbonischen *Leptaena analoga* vor.

Hingegen finden sich fast an allen Fundorten der Kohlenschichten die oben gekennzeichneten charakteristischen Thierreste der marinen Dyas zusammen mit den Pflanzen der Gangamopteris-Glossopteris-Flora[2], so bei Wollongong (N.S.Wales, an der Küste südlich von Sidney; *Glossopteris linearis* M'Coy.). Illawara (südlich von Wollongong; *Glossopteris linearis* M'Coy., *Browniana* Brgt., *ampla* Dan., *cordata* Dan., *Rhipidamites medius* Fm.), am Stoney Creek (Neu-Süd-Wales, zwischen New Castle und Greta, untere Kohlenschichten; *Gloss. Browniana* var. *praecursor* Feistm.).

Die organischen Reste der über den Kohlen liegenden Estheria-Thone und der unteren Clarence-Schichten sind dürftig und bieten keine Handhabe für Vergleichung mit Europa. Weit besser sind wir über die Fischfauna des Hawkesbury-Sandsteins unterrichtet. Dieselbe trägt einen typisch triadischen Charakter und deutet etwa auf den europäischen Keuper hin. Von den neuerdings durch Smith Woodward beschriebenen 6 Fischgattungen der Ganoiden[3] sind in der europäischen Trias 4 vertreten; von ihnen sind *Dictyopyge* (Fam. *Catopterida*) und *Semionotus* echte Triasformen, während *Belonorhynchus* in den Lias hinaufgeht und *Pholidophorus* im Lias und Jura die Höhe seiner Entwickelung erreicht. *Pristisomma* (Fam. *Semionotidae*) ist neu, aber in der Entwickelungsstufe *Semionotus* nahestehend, *Cleithrolepis* (dieselbe Fam.) nur aus den triadischen Stormbergschichten von Südafrika bekannt.

Wichtig für die Altersbestimmung des Hawkesbury-Sandsteins ist endlich das Vorkommen der die europäische und indische Trias kennzeichnenden *Schizoneura*.[4]

Aus einer Vergleichung des Vorkommens von jungpalaeozoischen Faunen und Floren Australiens lassen sich für die Altersbestimmung der Eiszeit die folgenden Ergebnisse ableiten:

1. Die marinen, weltweit verbreiteten „Leitfossilien" des oberen Carbon (z. B. *Euloxus*, *Merkella*, *Sp. mosquensis* und Verwandte, *Trachydomia*, *Richthofenia*) in Sonderheit die Foraminiferen *Fusulina* und *Schwagerina* fehlen in Australien gänzlich. Da noch auf Sumatra und Borneo reiche obercarbonische Faunen bekannt sind, kann die Abweichung der australischen Meeresthiere nicht auf geographische Unterschiede zurückgeführt werden.

---

[1] Derselbe fliesst in den Hunter River (Neu-Süd-Wales).
[2] Mem. Geol. Survey Neu-Süd-Wales, N. 4, 1890, texte E, Korrx, N. J. 1894, II, p. 161.
[3] Feistmantel, Palaeontographica Suppl. III, 2, 1879, p. 192 194.
[4] R. Etheridge jr.: On the Occurrence of a Plant allied to *Schizoneura*, in the Hawkesbury Sandstone. (Records of the Geol. Survey of New South Wales, 3, 1893, 74 bis 77, t. 14.)

eu-Süd-Wales.

Versteinerungen	Klima	Europ. Formation
. . . .	?	Unt. marine Kreide
ohne vorhanden. (White Cliffs ?).		

oragar-Schiefer¹ mit
opt. *Daintreei* M'Cor'a. *Coccolepis*
Phillis nelentopteroides (*Palaeoniscidae*)
, *Podozam. lanceolatus* *Aphnelepis*
und Herr, *Neuropteri-* *Arthrolepis*
australe Tenn. Wocus? (*Semionotidae*)
Archaeomene
(*Pholidophoridae*)
Leptolepis(8 sp.)

Klima: Gemässigt — Formation: Mittl. | Unt. Jura

Thinnf. alontopteroides
tus *Phyllatheca australis*
yps *Alethopt. australis*
hynchus Odontopt. microphylla
phorus Schizoneura australis
rma *Mastodonsaurus*
lepis *Platyceps Wilkinsoni*
Trematosaurus Knideni

Taeniopteris Daintreei
* *Thinnfeld. alontopteroides*
* *Alethopt. australis*

Klima: ?Kalt?³ — Formation: Obere Trias

Klima: Gemässigt — Formation: Trias

Klima: Kalt?¹

2. Andrerseits finden sich bezeichnende **untercarbonische Meeres-**
bewohner an bestimmten Fundorten, die zum Theil auch durch wichtige **untercarbonische Pflanzenreste** ausgezeichnet sind.

3. **Marine dyadische Typen** kommen an einer zweiten Gruppe von Fundorten (Illawarra, Wollongong u. a.) vor, deren Pflanzen zu den **Charakter-
formen** der *Glossopteris-Gangamopteris*-Flora gehören.

Hiernach finden sich in Australien nur **dyadische und altcarbonische**
Schichten, die Zeit der productiven Steinkohlenformation entspricht einer grossen
Unterbrechung in der geologischen Urkundensammlung.

4. Die **glacialen Blocklehme**, welche vornehmlich durch schmelzende
Eisberge gebildet wurden, lagern ungleichförmig auf Untercarbon oder älteren
Schichten und gehören **zeitlich der Dyas** an, wie die eingeschlossenen
Meeresthiere beweisen.

5. Eiswirkungen in triadischen Schichten Australiens (Hawkesbury- oder Sid-
ney-Sandstein) sind nicht sicher beglaubigt.

Neu-Süd-Wales.

Nach der Zusammenstellung von STEPHENS (l. c. p. 333—338) ist in Neu-Süd-
Wales, dem best erforschten Gebiet, die nachstehende Schichtenfolge im jüngeren
Palaeozoicum und Mesozoicum[1] bekannt, die als vollständigstes Beispiel hier wieder-
gegeben wird:

(s. beiliegende Tabelle.)

Nördliches Australien.

Im Norden von Australien, in **Queensland** und im Derby-Kimberley-District
des **Nordwestens** ist nur eine marine Bildung mit **Glacialspuren** und
Dyasversteinerungen bekannt, die von Sandsteinen mit Kohlenflötzen überlagert
wird (Bowen River coal field).

Untercarbonische Sandsteine mit älteren Pflanzen (*Lepidodendron*) und marinen
Bänken bilden wie im Süden die Unterlage der glacialen Dyas. Hingegen fehlt
die scharfe Grenze und die deutliche Discordanz an der oberen Grenze der glacialen
Glossopteris-Schichten. Vielmehr findet hier in den Kohlenschichten von Burrum
eine **Mischung** der *Glossopteris*-**Flora** und der **mittleren mesozoischen**,
durch das Vorwalten anderer Farne (*Taeniopteris*) gekennzeichneten Pflanzenwelt statt.

Das Vorhandensein nur **eines glacialen Horizontes** erinnert an Ostindien.

Aus **Queensland** wird die folgende Schichtenreihe beschrieben:

---

[1] B. WOODWARD, T. W. E. DAVID and E. F. PITTMAN, The fossil fishes of the Talbragar beds
(Jurassic?) Beschreibung der Fische von dem Erstgenannten, stratigraphische Notiz von den beiden
Letzteren. Mem. Geol. survey of N.S.-Wales. Palaeontology N. 9. Sidney 1895. Die Talbragar-
Schiefer (Camilla District N.S.-Wales) liegen auf der denudirten Oberfläche des obertriadischen
Hawkesbury-Sandsteins und sind mit Rücksicht auf ihre stratigraphische Verhalten und das Vorkommen
der Gattung *Leptolepis* wohl sicher als jurassisch zu bezeichnen. Anm. während des Drucks.

Rolling Down Formation = Paroo beds   Neu-Süd-Wales
   Über↑gang   = Marine untere Kreide

1—4. Obere Ipswich (Tivoli) oder Bris- *Taeniopteris Daintreei*   { Obere
bane-Schichten mit Kohlen   *Thinnf. odontopteroides*   Clarence Sch.
                     Alethopteris australis   Hawkesbery Trias
   Über↑gang   „*Cyclopteris*" *cuneata*   Sandstein
                                    Untere
                                    Clarence Sch.

5. Burrum-Kohlenschichten, bei Mary- *Glossopt. Browniana* †   Unter- Unt.
borough u. Burneff R :   " *Taeniopt. Daintreei*   — brechung der Trias
   Über↑gang   Schichtenfolge

6—11. { Bowen-River-Kohlenschichten   *Phyllotheca australis*   Höhere
Glosso- (III. Ser. Oakey Tree.) Süss-   *Glossopt. Browniana*   Kohlen-
pteris   wasser   Little River- Schichten
                            Dawson-
                            Comet-
                            Mackenzie-
                            Kohlen

     Marine Schichten des Bowen   *Prod. bra-*   Obere
     River mit *Glossopteris* und   *chythaerus*   marine
     Glacialspuren (II. Ser.)   (Taf. 57 Fig. 1) Schichten } Dyas
                            Prod. su'-
                            quadratus
                            (M. Britton
                            Coalfield,
                            N. Queens-
                            land)
     Weisse und rothe Sandsteine   Mt. Toussaint   Untere
     des Bowen River   Mt. Divolin   Kohlen-
                             Mt. Macedon   Schichten

12. Unterbrechung   der   Schichtenfolge   wie   in   Neu-Süd-Wales.

13. Lepidodendron- Gympie Star Basin   *Lepido-*   Unter-
Schicht. mit ein- (Upper Burdekin R.)   *dendron au-*   carbon
gelagerten ma- Drummond Range   *strale*
rinen Bänken : (Zwischen Belyando   „*Knorria*
             und Mackenzie)   *imbricata*"

Im Nordwesten von Australien, im Derby-Kimberley-Gebiet (West-
australien), hat R. Etheridge jr. unterhalb der pliocaenen Pindau-Series 1. eine
untere aus Kalk und 2. eine obere aus rothbraunen Sandsteinen bestehende

nur im Kimberley-Gebiet entwickelte Schichtengruppe mit zahlreichen „permo-carbonischen" Versteinerungen nachgewiesen.[1]
Die untere Abtheilung besteht aus dolomitischem Kalk mit eingelagerten thonigen und sandigen Bänken. Die hier vorkommenden Versteinerungen sollen mit den wohlbekannten Arten des Kohlenkalkes übereinstimmen.
Die aus der oberen Sandsteinformation verschiedener Fundorte (Napier Range, Ironstone Ridge, 25 engl. Meilen südöstlich von Yeeda am Fitzroy River, Mt. Marmion, an der Vereinigung des Meda- und Lennard-Flusses) beschriebenen Versteinerungen stimmen im wesentlichen mit den aus Neu-Süd-Wales und Queensland bekannten Arten der marinen Dyas-Schichten überein (= „Permo-Carboniferous"):

Stenopora und *Fenestinapora* sp.
Productus brachythaerus Sow.
Productus cf. subquadratus Mass.
Spirifer tasmaniensis Mona.
Cyrtina carbonaria M'Coy var. mundaloica Etheridge.
Parallelodon subargutus Kon. sp.
Pachydomus cf. subglobosus Sow.
Euphemus Orbignyi Portl. var.
Pleurotomaria humilis de Kon.

Der allmähliche Übergang in jüngere Schichten weist darauf hin, dass die Glacialbildungen in Queensland dem oberen Horizont von Neu-Süd-Wales oder mit anderen Worten der zweiten[2] dyadischen Eiszeit entsprechen: Der Ausgangspunkt der Vereisungen des australischen Gebietes lag im Süden. Aber nur während der zweiten Eiszeit war die Mächtigkeit der Eisberge hinlänglich gross und die Strömung günstig genug, um Driftablagerungen auch im Norden des heutigen neuholländischen Festlandes zu ermöglichen.

Victoria und Tasmanien.

Wiederum gänzlich abweichend sind die Lagerungsverhältnisse und die organischen Einschlüsse der Glacialbildungen im äussersten Süden, in Victoria und vor allem in Vandiemensland.
Die dyadischen Schichten in Victoria enthalten keine marinen Reste, zeigen aber glaciale Geschiebelager und Conglomerate mit eingestreuten, geschliffenen Blöcken in ganz ungewöhnlicher Mächtigkeit (bis zu 1427[3]). Die Geschiebemassen lagern auf einem glacial geschrammten Untergrund. Die deutlichen Ritzen und Schlifflächen des abgebildeten Blockes lassen keinen Zweifel über

---

[1] R. Etheridge jr., Remarks on Fossils of Permo-Carboniferous Age etc. Proc. Linnean Soc. N.S.-Wales. Vol. IV, 2 ser. Sidney 1890, p. 199 ff., bes. p. 213, 214.
[2] Sofern man das Vorkommen von Glacialsparen in den unteren Marineschichten von N.-S.-Wales für erwiesen hält.
[3] Diese Zahl wurde von E. Davis im Korkapurrimal Creek, Bacchus-Marsh-District, Victoria durch genaue Messung festgestellt.

die glaciale Bearbeitung übrig. Der ausserordentlichen Mächtigkeit der in 10 stratigraphischen Horizonten wiederkehrenden gletschergeschliffenen Geschiebe entspricht nach EDGEWORTH DAVID[1] die räumliche Ausdehnung, welche in Victoria allein einige Hundert, wenn nicht einige Tausend englische Quadratmeilen beträgt.

Die 10 glacialen Geschiebebänke des Bacchus-Marsh-Districtes können natürlich nicht ebenso vielen Eiszeiten entsprechen. Nimmt man entsprechend der Ausführung des nebenstehenden Profiles an, dass Eisdrift-Schichten vorliegen, so könnten wechselnde Strömungen der mit Eisschollen beladenen Flüsse oder die, in der Gegenwart etwa alle 30—40 Jahre wiederkehrenden Gletschervorstösse den Grund der wiederholten Änderung des Gesteins innerhalb der Schichtenfolge bilden. Directer Absatz in Flussbetten ist bei der enormen Mächtigkeit der Schichten undenkbar.

Mag nun die Ablagerung in einem süssen Binnensee erfolgt sein, oder aber die starke Auslaugung des Meereswassers beim Schmelzen der Eisberge local die Existenz von Meeresthieren unmöglich gemacht haben, auf jeden Fall steht die ausserordentliche Mächtigkeit glacialer Bildungen mit dem Fehlen deutlicher organischer Reste in bestem Einklang. Das Vorkommen mariner Reste in den nördlicher und südlicher (Tasmania) liegenden glacialen Dyas-Schichten macht die letztere Annahme wahrscheinlicher. Die von dem antarktischen, vereisten Continent stammenden Eisberge wurden über das heutige Tasmanien fortgetrieben und strandeten grosstentheils im Gebiete von Victoria auf Untiefen. Die Ausbildung von Schrammen auf dem Untergrunde ist wohl durch Bewegung der Eisberge hervorgerufen.[2]

Die Glacialschichten lagern bei Bacchus Marsh discordant auf Silur (Llandovery) und Granit, dessen Oberfläche geschrammt ist; anderwärts (Avon, Gippsland) werden altcarbonische Lepidodendronschichten von den Aequivalenten der Bacchus-Marsh-Schichten überlagert.

Alle physikalischen und palaeontologischen Gründe sprechen dafür, die über den glacialen Blockbildungen folgenden *Gangamopteris*-Sandsteine als Aequivalente der oberen oder New-Castle-Kohlen von Neu-Süd-Wales anzusehen. Einer Horizontirung über den New-Castle-Schichten (STROHMEYER) widerspricht dagegen zunächst das Vorkommen der dyadischen Leitpflanze *Gangamopteris*, welche — zum Theil in identen Arten — die New-Castle-Kohlen allein kennzeichnet, in den darüber liegenden Triasbildungen aber fehlt. Ferner würde man zu der Annahme von drei (mit den Hawkesbury-Schichten sogar von

---

[1] l. c. p. 300 und C. C. BRITTLEBANK, GEORGE SWEET and T. W. EDGEWORTH DAVID: Further Evidence as to the Glacial Action in the Bacchus Marsh District, Victoria. (Report VII. Meeting Australal. Ass. Advanc. Sc. 1898. 261.)

[2] So würde sich die Erklärung nach den vorliegenden, noch unvollständigen Beobachtungen stellen. Die a priori wahrscheinlichere Annahme von Grundmoränen und interglacialen Banden findet in dem hier wiedergegebenen Bacchus-Marsh-Profil von DAVID, der genannten bisher veröffentlichten Darstellung, keine Stütze. Hingegen wird für das Gebiet von Cap Jervis und Colnadal (S. besw. N. von Melbourne) nach den neueren (1896—97) oben citirten Beobachtungen die Existenz einer Landeises angenommen. Die Richtigkeit dieser Annahme vorausgesetzt, gelangten wir zu der Hypothese selbstständiger Vereisungen in Theilen von Tasmania, Südaustralien und Gippsland (Victoria O.), die etwa dem Vereisungen der Quartärzeit auf den Britischen Inseln entsprächen.

vier Eiszeiten) gelangen, was wenig wahrscheinlich ist. Die Vergleichung folgt der wohlbegründeten Ansicht FEISTMANTELS.

Als Aequivalent der Blockbildungen von Bacchus Marsh bleiben somit die oberen marinen Schichten von Neu-Süd-Wales übrig. Vielleicht deutet die bedeutende Mächtigkeit darauf hin, dass die in Neu-Süd-Wales zwischen den Glacialbildungen liegenden wenig bedeutenden unteren Kohlenlager in Victoria durch die über 1400' mächtigen Blockschichten und Conglomerate mit vertreten werden. Hingegen dürften die überlagernden Sandsteine (2—4), welche Kohlenflötze, *Phyllotheca*, *Schizoneura* und *Taeniopteris Daintreei* enthalten, den anderen Glacenschichten und wohl auch noch dem Hawkesbury-Sandstein der nördlicheren Gebiete entsprechen.

Die Schichtenfolge im Süden von Neuholland ist demnach die folgende:

Victoria (u. S.-Australien)	Neu-Süd-Wales
2—4 und 5? Trias-Kohlen und Sandsteine von Bellarine, Wannon, Cap Otway, Western Port, C. Patterson, N. Gippsland und Barrabool Point enthalten *Phyllotheca australis* M'Coy, *Taeniopteris Daintreei* M'Coy, *Schizoneura*, *Alethopteris australis* Mohl. sp., *Zamites ellipticus* M'Coy und 2 andere Arten, Unioniden. 700' bei Bacchus Marsh. Darunter liegen, wie es scheint, ohne Unterbrechung:	? Hawkesbury-Sandstein Untere Clarence Kohle Lake Maquarie Conglomerat Estheria-Thon
6—8. Sandsteine mit *Gangam. angustifolia* M'Coy, *G. spathulata* M'Coy, *obliqua* M'Coy (ohne *Glossopteris*)	Ballimore Kohlen mit *Gangamopteris* New-Castle-Kohlen-Schichten 7. Flötzl. Schiefer ? Mittlere Kohlen-Sch.
9. Glacial-Block- und Geschiebe-Mergel (mudstone); geschliffene Blöcke bis 5½' Durchm. Conglomerate mit Rollstücken bis 6" Durchmesser. Bacchus Marsh, Coimadai, Halletts Cove und Wild-Duck Creek bei Heathcote. Kleine Stücke verkohlter Pflanzen. 1427' bei Bacchus Marsh. Grosse Lücke. Darunter	Obere marine Schichten ? Unt. Kohlenschichten ? Unt. marine Schichten

13. Bei Avon, Gippsland: Lepidodendron-Schichten (Untercarbon).
14. Bei Bacchus Marsh: Gefaltetes, oberflächlich geschliffenes und geschrammtes Silur.

Bei Bacchus Marsh ist die Oberfläche des Silur mit Vertiefungen von 500 bis 600' Tiefe bedeckt, die durch steile (bis 70° Neigung) Höhen getrennt sind. Höhen, Hänge und Vertiefungen sind mit S.-N.-streichenden Glacialschrammen bedeckt (S 12° W — N 12° O) bei Warribee Gorge).

In Tasmania[1] ist die Schichtenfolge — abgesehen von dem gänzlichen Fehlen untercarbonischer Bildungen — dieselbe wie im Norden des Continents: 1. Zu unterst marine Kalke der Dyas mit Glacialwirkungen, 2. darüber palaeozoische Kohlenflötze mit der *Glossopteris*-Flora und 3. triadische Kohlen mit der bezeichnenden jüngeren Pflanzenwelt (*Taeniopteris, Thinnfeldia*).

Für die Entwickelung der dyadischen Eiszeit liegen sonach zwei Möglichkeiten vor: Entweder befand sich das Centrum der ganzen Vereisung in der Nähe der heutigen Colonie Victoria, oder die von einem antarktischen Continent stammenden Eisberge haben infolge localer Verhältnisse (ungünstige Strömungen oder

---

[1] Feistmantel, Über die geologischen etc. Verhältnisse des Gondwana-Systems in Tasmania etc. Sitz.-Ber. B.-hm. Ges. d. Wissenschaften f. 1889 mit vollständigen Litteratur-Excerpten und Verzeichnissen der fossilen Pflanzen. Prag 1889, p. 584 634.

Fehlen der Meeresbedeckung) während der ersten dyadischen Eiszeit keine Ablagerungen in Tasmania hinterlassen. Eine sichere Entscheidung dürfte vorläufig kaum zu treffen sein.

Im einzelnen zeigen die Schichten in Tasmania die folgende Gliederung:

Tasmania	Neu-Süd-Wales
Triadische ("obere") Kohlenschichten von Jerusalem, Richmond, Spring Hill, York Plains. Sandsteine und Schiefer mit Landpflanzen ohne marine Reste, Longford, Den Lornord etc. *Phyllotheca australis, Sphenopteris elongata* CARR. *Thinnfeldia odontopteroides* Var., *Thinnf. trilobita* JOHNST. *Alethopteris australis* MORR., *Taeniopt. tasmanica* JOHNST. — *Morrisiana* JOHNST., *Sagenopteris tasmanica, Baiera? tenuifolia, Zeugophyllites (Palaeomidis) elongatus* MORR.	Hawkesbury-Sandstein Untere Clarence Sch.
Dyadische ("untere") Kohlenschichten des Mersey-Kohlenfeldes u. Porters Hill b. Hobart:	
im Norden im Süden	
Obere marine Schichten mit Thieren und Pflanzen: *Gangamopteris angustifolia* Schichten mit *Tasmanites punctatus* NEWT. Hauptlager der Pflanzen: *Phylloth. australis* BRGT., *Cilaos. communis* FM., *brueniana* BRGT., *ampla* DAN., *spathulata, cordata* u. a. *Gangam. obliqua* M'COY, *spathulatula* M'COY, *augustifolia* M'COY, *cyclopteroides* FM., *Noeggerathiopsis Hislopi* FM., *media* DAN. Oberste Schiefer mit *Gangamopteris*, einzelnen Exemplaren von *Cythere* und *Ichthyodorulites* Übergangsschichten: Wechsel von Sandstein und Schiefer mit *Gangam. ampla, Gangamopt. obliqua* und Schichten mit *Spirifer tasmaniensis, Spirifer Darwini, Cythere, Modiolopsis, Thera lanceolata* MORR., *Pecten Illawarensis*	Obere (Newcastle) und mittlere Kohlenschichten.
Kohlenflötze	
Marine Kalke mit *Prod. brachythaerus, Spir. tasmaniensis, Spir. Harana* DIES., *Darwini, vespertilio, subradiatus, Leiomytilus antarcticus.* In verschiedenen Schichten [1] wurden Zeichen von Glacialwirkung beobachtet, so bei Bruni Island und Mount Tyndall (3500'), Zeehan und Maria Island. (Blöcke bis 1 Tonne Gewicht)	Obere marine Schichten + ? Unt.(Greta) Kohlen-Sch. Untere marine Sch.

Devonische Schiefer von Fingal (N.-O.; Cornwall) mit „Anodonta" Gouldi.

[1] Obere und ? untere marine Schichten.

Unter den Dyas-Brachiopoden ist eine charakteristische Art der Zechstein-Fauna des Himalaya bemerkenswerth: *Spir. Rarana* DIENER, die in einem Exemplar im Breslauer Museum liegt. Der einzige rein marine Horizont der Dyas aus Tasmania besteht im Liegenden aus Kalken, im Hangenden aus Schiefern, enthüllt aber durchweg dieselbe Fauna. Es liegt somit näher, denselben mit den **oberen marinen Schichten von Neu-Süd-Wales (Obere Dyas)** zu vergleichen. *Prod. brachythaerus*, ein naher Verwandter von *Prod. cancriniformis* (Arta-Stufe) und *Prod. Cancrini* (Zechstein) würde dieser Altersdeutung nicht widersprechen.

Leiompalina FREECH umfasst grosse dickschalige Muscheln und gehört zu den bezeichnendsten Formen des Pandschab und der australischen Dyas.

Die Unterschiede von *Myalina* - das Vorhandensein einer glatten breiten Fläche unter der Ligamentarea, je einer mehr kräftigen Schlosszahnes in jeder Klappe, sowie die Andeutung eines hinteren Seitenzahnes — machen die formennormale Gattung leicht kenntlich und weisen manche Beziehungen zu *Gonodelia* auf. Die geographische Verbreitung der Gattung in Australien und Ostindien (Pandschab) rechtfertigt eine ausführlichere Kennzeichnung. *Aphamia* DE KON. Fossiles paléozoiques d'Australie p. 802 umfasst unvollkommen bekannte Steinkerne mit kurzer Ligamentarea, die *Leiompalina* jedenfalls sehr nahe stehen und wahrscheinlich mit dieser Gattung zusammenfallen. Zu *Eurydesma* M.-COY bei STRZELECKI, Physical description of N.S.-Wales t. 12 p. 275 und DANA

Leiompalina antarctica FREECH.

Dyas, Tasmania. (Mus. Hamburg). ¾ nat. Gr.

Oben die rechte Klappe (a), unten das linke, zu einem grösseren Exemplar gehörige Schloss. Man erkennt besonders auf Fig. a die breite Fläche unter der Ligamentarea. Der Schlosszahn der linken Klappe ist hoch, der der rechten niedrig und verlängert.

U. S. Exploring Expedition 1849 Geology p. 690, 700, t. 7 f. 6—8, t. 8 f. 1) gehört als erste (typische) Art *Eurydesma cordatum* (DANA). Die Abbildung von MORRIS (bei STRZELECKI l. c. t. 12), die beste bisher veröffentlichte, zeigt weder die bezeichnende glatte Fläche unter dem Ligament, noch die Andeutung des hinteren Seitenzahnes. Es ist keineswegs unwahrscheinlich, dass das Fehlen dieser an sich wichtigen Merkmale lediglich auf der schlechten Erhaltung des Originalexemplars beruht. Vorläufig kann *Eurydesma* nur bei den unvollkommen bekannten Gattungen aufgeführt werden. Die Abbildungen von *Eurydesma* bei DANA (l. c.) und WAAGEN (Salt Range Fossils IV t. 6 f. 8) stellen zwar Formen dar, die unzweifelhaft mit *Leiompalina* bezw. *Eurydesma* nahe verwandt sind, aber infolge ungünstiger Erhaltung noch weniger eine genauere Bestimmung zulassen als die Abbildung von MORRIS. Auch DE KONINCK ist durch den schlechten Zustand seiner Originale zu unrichtigen Bestimmungen veranlasst worden. Abgesehen von der jedenfalls überflüssigen Gattung *Aphamia* gehören „*Sanguinolites" Etheridgei* (Fossiles Paléozoiques de la Nouvelle Galles du Sud t. 16 f. 2), „*Sanguinolites" curvatus* (l. c. t. 17 f. 4), „*Mytilus" Bigsbyi* (l. c. t. 21 f. 1) und *Mytilus crassicruster* (ibid. f. 2) sicher oder sehr wahrscheinlich in die Verwandtschaft von *Leiompalina—Eurydesma*.

Auch die eben abgebildete *Leiompalina antarctica* FREECH (Devonische Aviculiden, Abh. G. Sp. K. von Preussen IX, 3, p. 272, 273) ist vielleicht ident mit DANA's *Eurydesma globosum* l. c. t. 7

Abgekürzte Übersicht der australischen Dyas und Trias.

Eiszeit und *Glossopteris*-Kohlen.

	Queensland	N.S.-Wales	Victoria	Tasmanien	Einige allgemein verbrei-tete Versteinerungen	Mutmassliches Klima
Hangen-des	Rolling-Down-Schichten	Marine Unterkreide und Ob. Jura	Marines Miocaen (nicht über II)		*Phyllotheca australis, Thinnf., odontopteroides, Alethopt. australis, Taeniopteris Daintreei*	Gemässigt
Rhaet	V Ipswich (Brisbane)-Kohlen	V Ob. Cla-rence-Kohlen krupr.-(? Lias) Schiefer Hartenbury-Standstein Uut. Clarence-Kohlen Conglomerat Estherin-Thon	V Bellarine-Kohlen	V Ob. oder Jerusalem-Kohlen		
Untere Trias	IV Barrum-Kohlen	Unter		nag	*Taeniopt., Daintreei Glossop. Browniana*	Gemässigt
Dyas	III Bowen River-Kohlen	III Bellmere- und New-Castle-Kohlen Flötzleere Schichten Mittlere Kohlen	III Sandstein mit *Gangamopteris*	III Kohlen v. Mersey und Porters hill	*Glossopt. Browniana und andere Arten. Phyll. australis, Gangamopt. obliqua und andere Arten. Noeggerathiopsis, Bro-chyphyllum. Taf. 65.*	Gemässigt
	II Marine Schichten des Bowen-River	II obere marine Schichten und Glacialconglomerate	II Geschichtete Gla-cialbildungen (Drift) und Geschiebemergel (Landais) auf zweischwemmter Unterlage	Obere marine Schichten (im Wechsel mit Kohle führenden Bildungen)	*Spirifer supertitis, tasmaniensis, avicula-Sp. (Martinia) Dar-wini, subradiatus, Productus brachy-thaerus, Leiompalium*	Kalt (In Neu-S.-Wales augenblicklicher mehrfacher Klimawechsel)
	I Sandstein des Bowen River	I Unters (Greta) Kohlen Untere marine Schichten	I Untersatzes oder Untersilur	Marine Kohle [1]	*Glossopt. primaeva, Aeuilleria australis und die Arten von III*	Gemässigt
Liegen-des	Untercarbon mit *Lepidodendron*	Untercarbon mit marinen Faunen und *Lepidodendron*		Devon		

[1] Das Vorkommen der Glacialblöcke ist es und für sich gewiss, stratigraphisch aber nicht ganz bestimmt.

f. 7. Doch beruht die letztere auf einem so mangelhaft erhaltenen Exemplar, dass eine sichere Identificirung nicht einmal mit Hilfe des Originals möglich sein dürfte.

Eine abgekürzte, nur die besser bekannten Vorkommen berücksichtigende Übersicht der australischen Dyas giebt die vorhergehende Tabelle, in welcher trotz dieser Beschränkung ausdrücklich auf einige fragliche Punkte hingewiesen werden musste. So lange die einfachen geologischen Thatsachen noch so wenig bekannt sind, bleiben wir naturgemäss von dem Verständniss der complexen physikalischen Ursachen einer Vereisung weit entfernt. (S. Tabelle S. 601.)

Neu-Seeland.

Die Maori-Inseln gehören nicht zu der uralten, australischen Landmasse, sondern zu den jüngern, den Stillen Ocean umgürtenden Faltungszonen. Die Verschiedenheit der heutigen tektonischen Stellung prägt sich bereits in der geologischen Entwickelung aus: Während die ältesten mesozoischen Meeresbildungen von Neu-Holland dem oberen Jura angehören, wechseln in Neu-Seeland *Glossopteris*-Schichten mit marinen Lagern, in denen Belemniten von liassischem Typus vorkommen. *Belemnites otapiricus* [1] der Otapiri-

[1] Vergl. Suess, an attempt to synchronise etc., p. 846, Das von K. Furtwang verfasste Referat des N. Jahrb. (1893, I, p. 511), das bei der Seltenheit der australischen Zeitschrift meist zu Rathe gezogen werden dürfte, ist ungenau. Orts- wie Artnamen (*Spirifer* „*bimbatus*“ statt *bisulcatus*) sind unrichtig geschrieben und die Vergleichung der neuseeländischen mit europäischen Formationen missverstanden; Diese als „Triassic“, „Permian“ etc. angeführten, im Referat reproducirten Vergleiche geben die

Die südliche Insel von Neu-Seeland.

N. Hutton, Quarterly Journal of the Geological Society of London, Bd. 41, 1885 p. 186.

Bei c und k tritt Silur („Takaka-System“), bei a zur Seite des aus Silur bestehenden Antiklinalkernes die Dyas („Maitai“), bei b, e, d Otapiri-Wairoa und Oreti-Schichten (~ Trias-Jura) auf.

* Eine besondere Bezeichnung für die ~ wie underwärts — aus Ober- und Unter-Silur bestehende Formation ist nicht empfehlenswerth.

Ansichten Huttons wieder, deren Unhaltbarkeit nachzuweisen sich Suess zur Aufgabe gemacht hatte. Eine Anlassung dieser Anführungsstriche macht anmit die genannten Ausführungen und Vergleiche unverständlich. Auch über die verticale Verbreitung von *Glossopteris* giebt das Referat (p. 515) das Gegentheil an, wie die Original-Arbeit (p. 347), *Glossopteris* sei in Neu-Seeland früher vorhanden gewesen als in Neu-Süd-Wales. Genau das Gegentheil ist der Fall, da *Glossopteris* auf den

Neu-Seeland	Neu-Süd-Wales	Europa
1. Mataura-Schichten.	— Wianamatta-Sch.	
1. *Macrotaeniopteris lata.* Clent Hills	mit *Macrotaeniopteris*	Jura
2. *Taeniopt. Daintreei*	*Wianamattae*	
Otapiri-Wairoa. Marine Schichten m. *Belemn.*	Ob. Clarence-Sch. . . .	Lias
otapiricus, *Pleurotomaria ornata*, *Tancredia*		
truncata wechseln mit Pflanzenschichten:		
Zamites, *Rhacophyllum*, *Dammara fossilis*,		?
(„Triassisch" HECTOR)		
Glossopteris, Labyrinthodonten, *Pseudomonotis*		
Richmondiana und *Halobia Lommeli* werden		
ebenfalls aus „Wairoa"-Schichten angegeben		
und deuten auf Obere Trias hin.		
2. Oreti-Conglomerate	Hawkesbury-Sch.	
3. Kaihiku-Schichten mit einem glacialen	Untere	Trias
Conglomerat im unteren Theile [1]	Clarence-Schichten	
Glossopteris, *Ichthyosaurus*, Labyrinthodonten		
Ohne *Productus* u. *Spirifer* („Perm" HECTOR)		
4. Nicht nachgewiesen.	Maquarie Conglomerat	„
5. ———— Unterbrechung ———— der	Schichtenfolge	
6—11. Maitai-Formation (N. XII „Carbon"	*Glossopteris*-Schichten	
HECTOR), der Südinsel angeblich 7—10000'	von den	
mächtig. Schiefer, Sandstein u. Eruptivdecken	New-Castle-Kohlen-	
Im Kalk der Dun Mountains: *Spirifer „bisulca-*	Schichten bis zu den	Dyas
tus", *glaber*, *Productus brachythaerus*, *Cyatho-*	Unteren marinen	
phyllum, *Cyathocrinus*. Pflanzenreste fehlen	Schichten	
(Hierher gehören die Hinautika-Schichten der		
Nordinsel)		
12. ———— Unterbrechung ———— der	Schichtenfolge	
13. Araa-Schichten („Devon")	*Lepidodendron*-	Unter-
oben versteinerungsleere Schiefer	Schichten von Strond	Car-
unten Schichten mit marinen Resten ohne		bon
Pflanzen		

Maori-Inseln erst zur Trias (+ ? Lias)-Zeit erscheint. Die geologische und geographische Verbreitung
von *Glossopteris* lässt sich nach der Litteratur am kürzesten tabellarisch wie folgt verdeutlichen:

	Neu-Süd-Wales	Queensland	Neu-Seeland	Ostindien
? Lias-Rhaet	—	—	+	+
Trias	—	—	+	+
Grundbildungen (Bacchus Sch. Queensl.)	—	+	—	—
Obere Dyas	+	—	—	+
Untere Dyas	+	?	—	?

[1] In der Übersicht l. c. p. 318 steht „evidence of ice" bei Oreti, im Text heisst es p. 845, dass
die Oreti-Kaihiku-series (2, 3) in ihrem unteren Theil (3) ein „glacial conglomerate" enthält. Der
untere Theil (Kaihiku, 3) kann unmöglich die Oreti-Stufe (2) sein.

Wairoa-Formation, wird mit *Bel. elongatus* aus dem englischen Lias verglichen und
von einer *Pleurotomaria "ornata"* und *Tancredia truncata* begleitet. Andrerseits sollen
in derselben Wairoa-Serie *Pseudomonotis richmondiana* ZITT. sp. und „*Halobia Low-
medi*", echte Triastypen vorkommen. Eine wesentliche Abweichung von der sonst beobachteten Reihenfolge der marinen Organismen ist viel weniger wahrscheinlich,
als die Annahme, dass Horizonte verschiedenen Alters zu derselben „Wairoa-
Formation" gezählt worden sind.

Die Bildungen mit *Belemnites* und *Tancredia*, welche man mit den oberen
Clarenceschichten vergleicht, können angesichts der weltweiten Verbreitung mariner
Fauna ebensowenig der Trias zugezählt werden, wie die Oreti-Waihiku-Schichten
dyadisches Alter besitzen. In letzteren kommt *Glossopteris*, aber daneben Laby-
rinthodonten und *Ichthyosaurus* vor, während Meeresthiere von palaeozoischem Charakter, wie *Productus* und *Spirifer*, fehlen. Das Vorkommen glacialer „boulders"
wird aus diesen Trias-Schichten mit grosser Bestimmtheit angegeben.

In der vorangehenden Übersicht sind die in (, *) beigefügten Deutungen der
Tabelle von J. HECTOR entnommen.[1]

II. Die jungpalaeozoische Eiszeit in Indien.

Spuren einer der Dyasperiode angehörenden Eiszeit sind mit Sicherheit in den
indischen Centralprovinzen und der Salzkette nachgewiesen. Eine reichhaltige
aber zerstreute Litteratur[2] erörtert die geologischen, phyto- und zoopalaeontologischen
Fragen mit grosser Ausführlichkeit. Den Ausgangspunkt wird hier wie stets der
Nachweis von geschrammten und gekritzten Geschieben bilden;

[1] Outlines of New Zealand geology 1886, texte STAPFERM. Vergl. HECTOR, Qu. J. Geol. soc.
London 1865, p. 191 ff.
[2] Die Litteratur wurde von Fr. NÖTLING im Neuen Jahrbuch 1896, II p. 51 zusammengestellt
und möge hier wiedergegeben werden:
1. Allgemeines. 1884. R. D. OLDHAM, Rough notes for the construction of a chapter on
the history of the Earth. Journ. Asiat. Soc. of Bengal. 53. pt. II p. 187. — 1886. R. D. OLD-
HAM, On Homotaxis and Contemporaneity. Geol. Mag. Dec. III. 3. p. 293. 1880. R. D. OLDHAM,
Probable Changes of Latitude. Geol. Mag. Dec. III. 3. p. 500. — 1887. WAAGEN, Die carbone Eiszeit. Jahrb. d. k. k. geol. Reichsanstalt Wien, 37. p. 143. — 1886,87. NEUMAYR, Erdgeschichte. 2.
p. 191. — 1893. H. F. BLANFORD, the Glacier Epoch of Australasia. Proceedings Royal Society of
Tasmania (Texte PENCK). — 1895. KRIMMEL, Alte Eiszeiten der Erde, Himmel und Erde. 7. p. 349.
2. Indien. 1856. H. J. BLANFORD, W. J. BLANFORD and W. THEOBALD, On the Geological
Structure and relations of the Talcheer coalfield in the district of Cuttack. Mem. Geol. Surv. Ind.
I. pt. I p. 53. — 1863. J. OLDHAM, Additional Remarks on the Geological relations and probable geological age of several systems of rocks in Central India and Bengal. Mem. Geol. Surv. Ind. 3. pt. I
p. 197 (auch für Australien). 1873. W. J. BLANFORD, On some evidence of glacial action in tropical
India in palaeozoic (or the oldest mesozoic) times. Report Brit. Assoc. f. the Advan. of Science. 43.
pt. II p. 76. — 1875. FEDDEN, On the evidence of ground-ice in tropical India during the Talchir
period. Records Geol. Surv. Ind. 17. p. 197. — 1875. H. J. BLANFORD, On the Age and Correlations
of the Plant-bearing series of India and the former existence of an Indo-Oceanic continent. Quart.
Journ. 31. p. 519. — 1876. W. J. BLANFORD, Note on the geological age of certain groups comprised
in the Gondwana series of India and on the evidence they afford of distinct Zoological and Botanical

Glacialblöcke wie die nebenstehend abgebildeten indischen Exemplare oder
wie der grosse australische „boulder" (s. o.) können unmöglich durch Verschiebungen
innerhalb loser Massen geritzt und polirt sein.

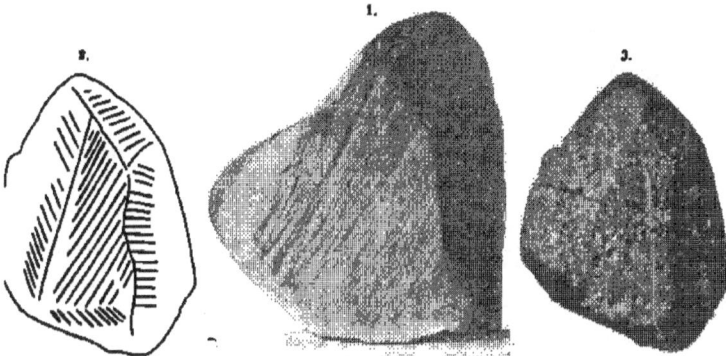

Fig. 1. Glacialgeschiebe aus den Dyas-Ablagerungen von Dunlan, in der Nähe von Bacchus Marsh,
(ungefähr ¹/₃ natürlicher Grösse).

Fig. 2 u. 3. Geschrammte Geschiebe aus blaugrauem Porphyr mit 3 Facetten; geradestehrt und wieder
verkittet. Aus dem dyadischen Blocklehm von Khonsah in der Salt Range, Pandschab, Indien.
¹/₃. Nach Noetling.

Die eingezeichneten Linien in Figur 2 geben die Schrammrichtung in schematischer Weise wieder.
(Die Entstehung der in Ostindien und Australien verbreiteten Geschiebe erscheint weniger räthselhaft,
nachdem ich im nordischen Geschiebelehm von Trebnitz ein Porphyrgeschiebe gefunden habe, dessen
facettirte Oberfläche mit Abb. 2 und 3 übereinstimmt. Die Form der schlesischen Facettengeschiebe
wird offenbar durch die Absonderungsklüfte des graugrünen Porphyrs bedingt.

Terrestrial Regions in ancient epochs. Records Geol. Surv. Ind. 9. p. 79. — 1877, Hughes, The
Wardha Coal Field. Mem. Geol. Surv. Ind. 13. — 1878, Wynne, On the Geology of the Salt Range
in the Punjab. Mem. Geol. Surv. Ind. 14. — 1879. Ball, On the evidence in favour of the belief
in the existence of floating ice in India during the deposition of the Talchir (Permian, or Permo-
triassic) rocks. Proc. Roy. Dublin Soc. New. series. 2 p. 430, Journ. Royal. Geol. Soc. Dublin. 5.
p. 233. — 1879, Waagen, The Salt Range Fossils. Palaeontol. Indica. Ser. XIII. 1. The Productus
limestone group. pt. I. — 1879. W. J. Blanford, The Palaeontological relations of the Gondwana
System. Rec. Geol. Surv. Ind. 11. p. 109. 1880, Wynne, On the Trans-Indus Extension of the Punjab Salt Range. Mem. Geol. Surv. Ind. 17. pt I p. 236. — 1880, Griesbach, Geology of the Ram-
kola and Tatapani coalfields. Mem. Geol. Surv. Ind. 15. p. 129. — 1881, Wynne, On the connection
between travelled blocks in the Upper Punjab and a supposed glacial period in India. Geol. Mag.
Dec. II. 8. p. 97. — 1881. Wynne, Travelled blocks of the Punjab. Records Geol. Surv. Ind. 14
p. 153. — 1883, Lydekker, Geology of the Cashmere and Chamba territories and the British District
of Khagan. Mem. Geol. Surv. Ind. 22. p. 27 u. 101. — 1885. Griesbach, Afghan Field-Notes. Records Geol. Surv. Ind. 18. p. 82. — 1886. Medlicott, Memorandum on the discussion regarding the
boulder beds of the Salt Range. Records Geol. Surv. Ind. 19. p. 131. — 1886. Wynne, On a facetted and striated pebble from the Olive group Conglomerate of Chel hill in the Salt Range of Punjab,
India. Geol. Mag. Dec. III. 3. p. 492. — 1886. Wynne, On a certain fossiliferous pebble band in
the Olive group of the Eastern Salt Range, Punjab. Quart. Journ. Geol. Soc. 42. p. 341. — 1886.
Wynne, Notes on some recent discoveries of interest in the Geology of the Punjab Salt Range. Proc.

1. Die Gondwana-Formation[1] der ostindischen Halbinsel.

Die tiefsten Schichten einer mächtigen, nichtmarinen, aus Sandstein, Schieferthon und Kohlenflötzen bestehenden Formation enthalten in Ostindien die unzweideutigen Anzeichen einer Eiszeit. Die ersten massgebenden Beobachtungen BLAN-

Roy. Dublin Soc. p. 85. (Auszug Geol. Mag. Dec. III. 3. p. 151.) — 1885. WYNNE, Discoveries in the
Panjab Salt Range. Geol. Mag. Dec. III. 3. p. 236. — 1886. R. D. OLDHAM, Memorandum on the
correlation of the Indian and Australian coal-measures. Records Geol. Surv. Ind. 19. p. 39. — 1886.
R. D. OLDHAM, A note on the Olive group of the Salt Range. Records Geol. Surv. Ind. 19. p. 197.
— 1886. W. J. BLANFORD, The facetted blocks from the Salt Range in the Panjab. Geol. Mag. Dec.
III. 3. p. 574. — 1886. W. J. BLANFORD, On additional evidence of the occurrence of glacial conditions
in the Palaeozoic era and on the geological age of beds containing plants of Mesozoic type in India
and Australia. Quart. Journ. Geol. Soc. 42. p. 249. — 1886. W. J. BLANFORD, On a smoothed and
striated boulder from the Panjab Salt Range. Geol. Mag. Dec. III. 3. p. 494. — 1886. GRIESBACH,
Field notes from Afghanistan. Records Geol. Surv. Ind. 19. p. 64. — 1886. WAAGEN, Notes on some
Palaeozoic Fossils recently collected by Dr. H. WARTH in the Olive group of the Salt Range. Records
Geol. Surv. Ind. 19. p. 22. — 1887. W. J. BLANFORD, Note on a character of the Talchir boulder
beds. Records Geol Surv. Ind. 20. p. 49. — 1887. WARTH, On the identity of the Olive Series in
the East with the Speckled Sandstone in the West of the Salt Range in the Panjab. Records Geol.
Surv. Ind. 20. p. 117. — 1887. R. D. OLDHAM, Facetted pebbles from the Salt Range, Panjab. Geol.
Mag. Dec. III. 3. p. 82. — 1888. H. WARTH, A Facetted pebble from the Boulder bed (Speckled
Sandstone of Mount Chel in the Salt Range in the Panjab. Records Geol. Surv. Ind. 21. p. 34.
— 1891. WAAGEN, The Salt Range Fossils. Palaeontol. Indica. Ser. XIII. 1. The Productus limestone group. pt. IV. Geological Results. p. 112 ff. — 1891. MIDDLEMISS, Notes on the Geology of the
Salt Range of the Panjab, with a reconsidered theory of the origin and age of the Salt marl. Records Geol. Surv. Ind. 24. p. 20—21.

3. Europa. 1855. RAMSAY, On the occurrence of Angular, Subangular, polished and striated
Fragments and Boulders in the Permian Breccia of Shropshire, Worcestershire etc. and on the pro-
bable existence of glaciers and icebergs in the Permian Epoch. Quart. Journ. Geol. Ser. 12. p. 185.
1863. WICKHAM KING, Midland Naturalist. 16. p. 25. (Cital über OLDHAM's: Permian Breccias of the
Midlands.) — 1891. R. D. OLDHAM, A comparison of the Permian Breccias of the Midlands with the
Upper Carboniferous Glacial Deposits of India and Australia. Quart. Journ. Geol. Soc. 50. p. 463.

4. Australien. 1866. SELWYN, Notes on the Physical Geography, Geology and Mineralogy
of Victoria (Official Catalogue of the Intercolonial Exhibition). Melbourne 1866-67. (Cital nach DAVIS.)
— 1866. DAINTREE, Report on the Geology of the district of Ballan. Melbourne 1866. (Cital nach
DAVIS.) — 1879. JACK, Report on the Bowen River Coal-field, Brisbane 1879. (Cital nach OLDHAM.)
1887. DAVIS, evidence of Glacial action in the Carboniferous and Hawkesbury Series New South
Wales. Quart. Journ. Geol. Soc. 42. p. 190 — 1884. WILKINSON, Notes on the occurrence of a re-
markable boulder in the Hawkesbury rocks. Trans. Roy. Soc. of New South Wales. 13. p. 105.
(Cital nach OLDHAM.) — 1890. A. PENCK, die Eiszeiten Australiens, Z. d. Gesellschaft f. Erdkunde
zu Berlin 1890. p. 239-271. (Litterarische Zusammenstellung mit besonderer Rücksicht auf die glacialen Probleme; stratigraphische Fragen werden kaum gestreift).

5. Afrika. 1870. SUTHERLAND, Notes on an Ancient Boulder-Clay of Natal. Quart. Journ.
Geol. Soc. 26. p. 514. — 1871. GRIESBACH, On the Geology of Natal in South Africa. Quart. Journ.
Geol. Soc. 27. p. 58. — 1889. STAPFF, Das „glaciale" Dwykaconglomerat Südafrikas. Naturwiss.
Wochenschrift. 1889.

[1] Gond ist der Name eines der wichtigsten Dravida-Stämme, welche das Land vor der Hindu-
Einwanderung bewohnt haben und besiebt sich auf das Gebiet der sogenannten Centralprovinzen.

ronna wurden schon im Jahre 1856 gemacht.[1] Die discordant auf archaischen und ? praecambrischen (Vindhya) Schichten lagernden Blockconglomerate können unter Zuhülfenahme der in Südafrika gemachten Beobachtungen etwa der europäischen Dyas gleichgestellt werden, falls man die Einheitlichkeit der Eiszeit in dem grossen Südcontinent annimmt. Jedenfalls spricht keine thatsächliche Beobachtung für ein carbones oder praecarbones Alter der glacialen Ablagerungen.

Die obere Grenze der durchweg Pflanzenreste und vielfach Kohlen führenden Gondwana-Schichten wird um vieles bestimmter durch die Ammoniten des unteren Gault (Apt) von Cutch bestimmt. Im allgemeinen kann man sagen, dass die Gondwana-Formation dem Ende des europäischen Palaeozoicum, der Trias und dem Jura (? einschliesslich des Neocom) gleichzustellen sei.[2]

Direkte Vergleichungen mit europäischen Pflanzen beweisen, dass geographische Florenverschiedenheiten schon die Festländer der Mesozoischen und Palaeozoischen Aera kennzeichnen:

Es wäre durchaus unrichtig, das Gebiet der „Glossopteris-Flora" als eine geographische Einheit aufzufassen, in der die Haupttypen eine gleichartige verticale und horizontale Verbreitung besitzen. Z. B. fehlen zwei der bezeichnendsten und häufigsten indischen Pflanzen, die Taxodineengattung Voltzia und die Sphenophylleenform Trizygia (wahrscheinlich zu den Salviniaceen gehörend), in allen anderen Gebieten der Südhemisphäre, zeigen aber bemerkenswerthe Beziehungen zu der nördlichen Pflanzenwelt. Die Gattung Voltzia ist in Europa vom Kupferschiefer an bis in den mittleren Keuper verbreitet, ihr erstes Auftreten in Indien (Karharbari) dürfte also ungefähr gleichzeitig mit Europa sein. Doch kommt in Indien in diesen Dyasschichten schon die Art des deutschen Buntsandsteins vor, die demnach nordwärts gewandert sein dürfte. Einen umgekehrten Weg hat Trizygia eingeschlagen, welche nach ZEILLER und STERZEL nur eine besondere Entwickelungsform der überall (bis zum Zambese) häufigen Carbonpflanze Sphenophyllum ist. Auch im Rothliegenden Europas sind diese äusserst bezeichnenden Blattformen noch verbreitet, verschwinden dann aber gänzlich, um als wenig veränderte Gestalt in der Trias Indiens (Daunda und Pantschet) wieder zu erscheinen. Hier hat also eine Wanderung nach Südosten stattgefunden.

Wäre die geologische Forschung von der Südhemisphäre ausgegangen, so würde man zweifellos die Grenze zwischen Palaeozoicum und Mesozoicum an die Basis der dyadischen Taltschirs gelegt haben; beginnt doch mit ihnen eine einheitliche Entwickelung, in denen Landpflanzen, Amphibien und Landreptilien mit Ausschluss aller marinen Reste vorkommen. Die Landflora, einer solchen, nur eine wesentliche Unterbrechung aufweisenden Schichtenreihe zeigt naturgemäss einen vergleichsweise einheitlichen Charakter,[3] und von dieser Thatsache ausgehend hat FEISTMANTEL anfänglich die ganze mit den Taltschirs beginnende

---

[1] On the geological structure of the Talcher coal field in the district of Cuttack. Mem. Geol. Survey of India. I. pt. 1, p. 83.

[2] Vergl. OLDHAM II. Auflage des Manual of the geology of India 1893, p. 149 214. In der Vergleichung mit Europa weicht die folgende Darstellung nicht unerheblich ab.

[3] Die obere Stufe der Gondwana-Schichten hat mit den mittleren und unteren Horizonten keine Art und keine Gattung gemein.

Gondwana-Serie dem Mesozoicum zugewiesen. Es kann jedoch nach neueren Darlegungen keinem Zweifel unterliegen, dass schon die Basis, eben die Talchir-Blocklehme der europäischen Dyas äquivalent ist, in deren Flora mesozoische Verwandtschaften ebenfalls bemerkbar sind.

Andererseits giebt das Vorkommen der die europäische Dyas kennzeichnenden Gattung *Callipteris* (*Neuropteridium* FEISTM., Taf. 65, Fig. 1) einen unzweideutigen Hinweis auf die Horizontirung der Karharbári-Schichten.

Besonders wichtig für die Deutung des an der Basis des Ganzen auftretenden echten Geschiebe- oder Blocklehms ist die vielfach beobachtete Lagerung auf geschrammter und gekritzter Unterlage:[1]

Bei Irai, unweit Chánda, liegt die Geröllschicht der Talchirstufe auf compactem Kalk.[2] Hier ist auf eine Länge von 330 Yards am Flussufer der unterlagernde Fels[3] aufgeschlossen, dessen weithin enthlösste Oberfläche polirt, geschrammt und gefurcht ist, „after the fashion so familiar to glacialists". Die Furchen und Schrammen streichen NO. bis NNO., schräg zu der Neigung der Oberfläche, welche unten 12—15° nach W. geneigt ist.

Eine zweite Schlifffläche liegt bei Pokuran mitten in der indischen Wüste, etwa 600 km südlich der Salzkette (ca. 27° n. Br. und 72° östl. L.). Die zahlreichen Geschiebe der Grundmoräne deuten auf einen südnördlichen Transport hin.[4]

Kohlenlager finden sich nur in den Damudaschichten und — in geringerer Mächtigkeit — in der Karharbári-Stufe. Mächtige Eruptivdecken kennzeichnen die obere jurassische Abtheilung, in der *Glossopteris* fehlt. Eine gedrängte Übersicht der Gondwana-Formationen giebt das folgende Schema:

Hangendes der Umia-Schichten ist:
Unterer Gault (Apt.):
Riesenmütth mit *Hoplites Deshayesi* und *Acanthoceras Martini* (Lakhput, Catsch).

III. Obere Gondwana-Schichten. 0—6 = Ob. Jura-Lias.

Jura	Die höchsten Gondwana-Schichten, sämtlich jurassischen Alters, sind Ablagerungen von local entwickelten, durch weite Zwischenräume getrennten Relicten der
	8 Umia (Cutsch)-Schichten (= Tithon), im Hangenden von oberjurassischem Ammoniten-Schichten.
	7 Jabalpur-Schichten (Godavery-Thal), etwas älter als Umia.
	6 Kota-Malêri (Godavery), Liegendes des Jabalpur. Fische (*Lepidotus, Tetragonolepis, Dapedius*) von jurassischem, Reptilien von jurassisch-triadischem Habitus.
Lias-Rhaet	5b Rajchmahal-Schichten (hierher Golapilli-Sch. u. Sripermatur-Sch. b. Madras), Sandsteine (100′) mit mächtigen Basaltlagern (1900′) wechselnd. Sämtliche Pflanzenarten der mittleren Gondwana-Sch. sind verschwunden. Cycadeen und Farne wiegen vor. Ausserdem Coniferen und *Equisetum*. Keine Art ist mit europäischem ident, aber 15 erinnern an rhaetische, 3 an liassische Arten.
	5a Mahádeva-Sandstein ohne Versteinerungen.
	Vollständige Änderung der Flora und Fauna.

---

[1] NEUMAYR l. c. p. 66. WAAGEN, die carbone Eiszeit.
[2] Vergl. Qu. J. Geol. soc. of London 1896, p. 299 (FEDDEN).
[3] Vindhya-Kalk von wahrscheinlich präcambrischem Alter.
[4] R. D. OLDHAM, Geolog. Mag. (3) III. 1886 p. 344 348.

II. Mittlere Gondwana-Schichten. Wesentlich = Trias. Tafel 66.

4 Pāntschet-Sandsteine und rothe Thone ohne Kohlen. Keuper. 1800'.

Reptilien: *Dicynodon orientalis*, *Pyrchosiogum*, *Epicampodon*.

Amphibien: *Gonioglyptus* (2. sp.), *Glyptognathus*, *Pachygonia*.

Flora von neuen Formen: *Pecopteris concinna*, *Thinnfeldia* cf. *odontopteroides*, *Oleandridium* cf. *stenoneurum* und Damuda-Arten: *Schizoneura gondwanensis*, *Glossopteris communis*, *indica*, *damudica*, *angustifolia* (incl. *Vertebraria indica*). *Gangamopteris*, *Valtzia*, *Trizygia*, *Phyllotheca* sind ausgestorben.

3 Damuda-Schichten, Sandstein und Schieferthon mit guten Kohlenflötzen. Ca. 8000' (Altersbestimmung in der Litteratur zwischen Jura und Dyas schwankend). Aequivalente sind in Australien nur durch die Barren-Schichten angedeutet.)

Untere Trias.

c Raniganj. Thierreste spärlich. *Estheria*, *Brachyops*, *Gambrunemurus*.

b Eisenstein und Schiefer.

a Barakar.

Reiche aus 50 Arten bestehende Flora, darunter ältere und Damuda-Arten, (*Gang. cyclopteroides*, *Noeggerathiopsis Hislopi*) eigenthümlich sind: *Phyllotheca indica* und *robusta*, *Trizygia speciosa*, Schizon. *gondwanensis*, *Dicksonia*, *Alethopteris* 8 sp., *Asplenium*, *Merianopteris*, *Macrotaeniopteris*, *Palaeovittaria*, *Angiopteridium*, 16 Sp. von *Glossopteris* (Höhepunkt der Entwickelung), 4 von *Gangamopteris*, *Belemnopteris*, *Actinopteris*, *Pterophyllum*, *Platypterigium*, *Valtzia heterophylla*, *Rhipidopsis*, *Cyclopitys*.

I. Untere Gondwana-Schichten = Kohlen führende Dyas. Glacialbildung an der Basis. Taf. 65.

3 Karharbári-Sandstein mit Kohlenflötzen (und wenig Schiefer). 800'.

Reiche Flora mit den Taltschir-Arten und *Schizoneura* cf. *Meriani*,[1] *Gangam. major*, *obliqua* und cf. *spathulata*, *Glossopt. decipiens*, *damudica*, *communis* (= *indica*), *Vertebraria indica*, *Sagenopteris* (?) *Stoliczkana*, *Glossozamites Stoliczkanus*, *Callipteris ? alida* Fr. sp., *Euryphyllum Whittianum*, *Voltzia heterophylla* (im deutschen Buntsandstein und Damuda).

Concordant darunter

1b Taltschir-Schiefer, mudig, thonig, mit seltenen Pflanzen: *Gangam. cyclopteroides* und *angustifolia*, *Glossopteris communis*, *Noeggerathiopsis aequalis* Goepp. = *Hislopi* Fn.

1a Taltschir-Conglomerat. Schieferthon und feinkörniger Sandstein mit grossen und kleinen Blöcken, wenige Zoll bis 15' Durchmesser, meist gerundet, sehr häufig mit deutlicher Glättung und Schrammung. Die Geschiebe meist an der Basis, zuweilen einige Hundert Fuss höher. Frisch abgedeckte Unterflächen häufig mit deutlicher Schrammung (Chanda, Centralprovinzen).

[1] Die gesperrt gedruckten Arten sind auf die Stufe beschränkt.

2. Über die nördliche Verbreitung der Gondwana-Flora.

(Untere Tunguska, Altai, Petschora.)

Die Beziehungen der pflanzenführenden „permotriadischen" Ablagerungen Sibiriens zu der indischen Gondwanaflora sind häufig betont worden, nachdem diese in mehreren Horizonten kohlenführenden Ablagerungen zuerst zum Carbon, dann zur Dyas und endlich zum Jura gerechnet worden waren. Nach sehr eingehender Erörterung aller botanischen Verhältnisse hebt ZEILLER hervor, dass die Altersfrage noch nicht endgiltig entschieden wäre; insbesondere sei es bemerkenswert.

dass in den höchsten, die Kohlenformation von Kusnetzk überlagernden Schiefern gerade die ältesten Pflanzen mit den jüngsten zusammen vorkämen. Im Ganzen habe es den Anschein, als ob eine Dyasflora vorläge, welche Vorläufer der mesozoischen Pflanzen umschliesse. Ebenso seien in der Flora Vertreter der indischen (permotriadischen) und der europäischen Pflanzenwelt vereinigt. Für den dyadischen Charakter der Flora fällt besonders der Umstand ins Gewicht, dass die palaeozoischen Typen zahlreicher und besser erhalten sind, während die jüngeren Pflanzen in mangelhaften Exemplaren vorlägen und daher eine anderweitige Bestimmung als möglich erscheinen lassen. Für die Beziehungen zu Indien ist *Rhiptozamites Göpperti* wichtig, ferner kommt *Zamiopteris glossopteroides* in Betracht, die auch ZEILLER auf indische Formen wie *Palaeovittaria* und *Rubidgea* hinweist. Das palaeozoische Alter der Altaikohlen wird durch das Vorkommen von *Lepidodendron* erwiesen (Kuria). Auch bei Kusnetzk kommen die als *Knorria* bezeichneten Erhaltungszustände von *Lepidodendron* mit *Rhiptozamites* zusammen vor. Zu demselben Schluss führen die Beobachtungen von WESJUKOFF, der zwischen pflanzenführenden Kohlenschichten Einlagerungen mit jungpalaeozoischen Zweischalern (*Carbonicola, Anthracosia, Posidonia „Beckeri"*) auffand.

Die palaeozoischen Anklänge fehlen auch den pflanzenführenden Schichten der unteren Tunguska (Jenissei) nicht. Insbesondere erinnert das Vorkommen von *Rhiptozamites Göpperti* SCHMALH, und *Zamiopteris glossopteroides* SCHMALH, an die Dyas des Altai; einige ausserdem gefundene Pflanzen, deren Bestimmung noch zweifelhaft erscheint, deuten zwar auf Mesozoicum hin, lassen aber die Frage berechtigt erscheinen, ob die herkömmliche Bestimmung als Dogger nicht ein zu jugendliches Alter annimmt. Am Cap Stephen auf Franz-Josefs-Land kommt ebenfalls eine Flora von zweifelhaftem Alter vor, von welcher auch *Rhiptozamites* conf. *Göpperti* und *Zamiopteris glossopteroides* aufgeführt werden (NEWTON und TEALL). Die stratigraphischen Beobachtungen am Cap Stephen geben keine Anhaltspunkte. Die auch hier kohlenführenden Schichten bilden den ältesten versteinerungsführenden Horizont der ganzen Inselgruppe und werden, wie es scheint, nach einer Lücke von dem oberen Dogger überlagert. Während NEWTON und TEALL die Schichten am Cap Stephen als dyadisch betrachten, hebt NATHORST die Möglichkeit ihres obertriadischen Alters hervor. Die fossile Flora am Cap Flora desselben Landes hat ein vollständig mesozoisches Gepräge und wird nach NATHORST als etwa zu den Grenzschichten zwischen Jura und Kreide gehörig angesehen.[1]

Eine nur wenig genauere Altersbestimmung ist für die Pflanzen des Petschoralandes (Oranetz-Fluss) möglich. Es liegen ausser *Rhiptozamites Göpperti* noch *Rhipidopsis ginkgoides, Phyllotheca striata* und *Cyathea Tchihatchewi* vor. Die Vergleichungen mit dem Altai sind nach ZEILLER wenig sicher, nachdem aber *Rhipidopsis ginkgoides* jetzt an mehreren Localitäten gefunden wird, deren dyadisches Alter kaum zu bezweifeln ist, ist ein ähnliches Alter für die Petschora-Schichten am wahrscheinlichsten. Die Ähnlichkeit mit der unteren Abtheilung der indischen Damuda-Formation scheint am ausgeprägtesten zu sein. Je nachdem man diese

---

[1] Herr Professor NATHORST hat die grosse Freundlichkeit gehabt, das Manuscript des Abschnittes über die nördliche Verbreitung der Gondwana-Flora einer eingehenden Durchsicht zu unterziehen.

noch der oberen Dyas oder der unteren Trias zurechnet, würde auch das Alter der Petschora-Schichten zu bestimmen sein. Südlich von der Petschora (Gouvernement Archangelsk) ist im Gouvernement Wologda an der kleinen Dwina das Vorkommen von *Glossopteris* zu verzeichnen (AMALITZKY oben p. 566).

Diese höchst interessanten Entdeckungen beweisen die Verbreitung der triadischen Mittel-Gondwana-Organismen bis nach Nordrussland (Dwina). Die neueste Veröffentlichung des verdienten Forschers[1] enthält neue und genauere Angaben, welche die p. 566 gegebene Deutung der *Glossopteris*-Sandsteine als obere Beaufort = Pantschetschichten durchaus bestätigen: Von Stegocephalen deutet ein mit *Pachygonia* verwandtes Genus auf die Pantschet-Schichten Indiens hin, in denen *Pachygonia* selbst vorkommt; von Reptilien kommt *Dicynodon* in der mittleren Trias Indiens (Pantschet) und Südafrika (ob. Beaufort), *Parciasaurus* nur in letzterem vor. Auf die schottische Trias deuten andrerseits Formen aus der Verwandtschaft von *Elginia* und *Gordonia*. Die genauer bestimmten Pflanzen *Glossopteris indica* und *angustifolia* (bis zur mittleren Trias), sowie *Gangamopteris major* (bis zur unteren Trias Indiens) u. a. widersprechen — mit Ausnahme von *Callipteris* cf. *conferta* — dieser Deutung nicht. Die anderwärts bis in die oberste Dyas verbreitete *Callipteris* ist das einzige palaeozoische Überbleibsel in der sonst ausschliesslich mesozoischen Gesellschaft von Thieren und Pflanzen.

Während an den Nordküsten des heutigen Sibirien von der Olenek-Mündung bis Spitzbergen der ausgedehnte arktische Ocean der älteren Trias wogte, lagen aus dem Innern des Landes und dem Nordosten des europäischen Russland die unzweifelhaften Beweise für das Vorhandensein eines Festlandes vor. Allerdings steht die Gleichzeitigkeit der arktischen marinen Schichten und der mittelsibirischen Continentalbildungen nicht ausser allem Zweifel. Bemerkenswert ist jedoch die Verbreitung indischer Pflanzen bis in den Norden dieses sibirischen Continents. Es könnte bereits hervorgehoben werden, dass sich die indische Flora wahrscheinlich über eine Inselflur im Osten des heutigen asiatischen Continents nordwärts verbreitet hat. Leider wird die wichtige und interessante Verfolgung dieser im Osten Asiens aufzusuchenden Verbindung der europäischen und indischen Dyas-Trias-Flora noch durch lückenhafte Beschaffenheit der geologischen Beobachtungen unmöglich gemacht.

3. Tonking.

Die Kohlenbecken Tonkings[2] sind geologisch wichtig, weil Beziehungen zu den mittleren und oberen Gondwana-Bildungen Indiens ebenso ausgeprägt sind, wie zu den Rhaetischen Schichten Europas. Die 3 Kohlenfelder von Lang-Son (im Nordosten), von Ké-Bao und von Hon-Gàc, deren Floren nahe Beziehungen zu einander

[1] V. AMALITZKY, Sur les fouilles de 1889 de débris de vertébrés dans les dépôts de la Russie du Nord. Ann. générale du la soc. imp. des naturalistes à St. Pétersbourg 23 déc. 1899.

[2] M. R. ZEILLER, Examen de la flore des couches de charbon du Tonking. Annales des Mines September-October 1882, t. 10—12. Id. Bull. soc. géol. de France [3], t. 14. April und Juni 1886. Vergl. ausserdem FRITTRATTEL, Sitz.-Ber. Böhm. Ges. d. Wissenschaften 1887, p. 89—93 und OLDHAM, Geology of India 1893, p. 194.

zeigen, haben im ganzen 26 Pflanzenarten geliefert. Von diesen gehört die grösste Zahl (11 Arten) zu den bekannten Formen der obersten Trias Europas, je fünf Arten sind den rhaetisch-liassischen Ober-Gondwana-Schichten und den triadischen Mittel-Gondwana-Bildungen eigentümlich. Das Kohlenbecken von Lang-Son beherbergt nur rhaetische Formen, in den beiden anderen finden sich neben der vorherrschenden jüngeren Flora bezeichnende ältere Arten, wie *Glossopteris Broweniana*, *Phyllotheca indica*, *Palaeovittaria Kurtzi* und *Rhipidopsis Goepperti*. Bei der vollkommen scharfen Scheidung, welche die mittlere und obere Gondwana-Flora Indiens aufweist, liegt es näher, an eine Vermischung verschiedener Horizonte als an ein Überleben älterer Typen zu denken. Dass die östlichen Vorkommen Asiens nähere Beziehungen zu Europa aufweisen als die westlichen, scheint auf den ersten Blick unnatürlich. Wenn man aber in Betracht zieht, dass die heutige eurasiatische Hochgebirgszone dem Grossen Mittelmeer der mesozoischen Aera entspricht, so ist die im Osten — vermutlich durch Inseln — vormittelte Verbindung der Florengebiete durchaus natürlich.

Das Vorkommen indischer Typen in der Mitte des südlichen Theiles von Sibirien (Altai, untere Tunguska) und im östlichen Theile des Gouvernements Archangelsk deutet auf eine weitere Wanderung der südlichen Formen hin.

4. Die indische Salzkette.

Über den untercambrischen Salzmergeln[1] mit ihren Salzpseudomorphosen liegen, wie neuere Untersuchungen übereinstimmend bekunden, ungleichförmig die glacialen Blockanhäufungen und Geschiebemergel (Boulder beds) mit geschrammten, gekritzten und polierten Geschieben.

Die Schichtenfolge des westlichen und des östlichen Theiles der Salzkette zeigt wesentliche Verschiedenheiten.

Der Hauptunterschied ist das vollkommene Fehlen des Productuskalkes in der östlichen Salzkette. Die Discordanz zwischen Cambrium und Geschiebemergel ist die gleiche; über den Boulders liegen Conglomerate, gefleckte Sandsteine („Speckled") und dann über einer zweiten Discordanz der eocaene Nummulitenkalk, der vom Kaukasus und von Hocharmenien (Araxes) an eine allgemeine Verbreitung in den asiatischen Gebirgen besitzt. Fr. Noetling beobachtete bei dem Fort Khussak in der östlichen Salzkette das folgende Profil:

  6 Nummulitenkalk, Eocaen.
      Discordanz.
  5 Sandstein („Speckled"), 15 engl. Fuss.
  4 Conglomerat, 1 Fuss.
  3 Geschiebelehm, ca. 40 Fuss.
  2 Grobes Conglomerat (in einer Vertiefung des Cambrium vollkommen auskeilend, so dass 3 auf 1 lagert).
      Discordanz.
  1 Salzmergel (Bhaganwalla group).

---

[1] Salt marl oder Salt crystal pseudomorphous group Waagen oder Bhaganwalla group Noetling. Neues Jahrbuch 1896, II p. 66 u. 67. S. oben p. 47 u. 53.

Eine Übersichts-Tabelle, sowie eine eingehendere Darstellung aus der Feder von FR. NOETLING folgt in dem Abschnitt über die Dyas in Indien. Dieses Capitel — das schon aus geographischen Gründen nicht aufgelöst werden konnte — enthält einerseits eine wichtige Erweiterung unserer Kenntnis der jungpalaeozoischen Einzeit in Indien, andrerseits eine auf neuen Beobachtungen beruhende Grenzbestimmung des marinen Palaeozoicum und Mesozoicum.

Das obercarbone Alter des unteren Productuskalkes ist von WAAGEN in seiner ersten Zusammenstellung (1887), später auch von TSCHERNYSCHEW, ROTHPLETZ und dem Verfasser auf Grund palaeontologischer Erwägungen als wahrscheinlich hingestellt worden. Es lässt sich andrerseits nicht verkennen, dass diese palaeontologischen Gründe lediglich auf der Verbreitung der Brachiopoden im Obercarbon und der Artastufe Russlands beruhen und bei der geringen faunistischen Verschiedenheit dieser Horizonte der überzeugenden Kraft entbehren.

Nach den bisher vorliegenden Beobachtungen erhält man das folgende Bild von der Schichtenfolge im Osten und Westen der Salzkette:

Salzkette des Pandschab.

Westen (WAAGEN, WARTH)	Osten (NOETLING, MIDDLEMISS, WYNNE)
	8 Nummulitenkalk.
	7 Jura.
	Grosse Lücke und Discordanz.
6 Untertriadische Ceratiten-Schichten.	
Bei Chidern allmählinger Übergang und Otoceras-Schichten n. NOETLING. „Lücke" ohne Discordanz nach WAAGEN.	
5 Productenkalk ~ Dyas.	Productenkalk fehlt.
Siehe p. 501. In direkter Überlagerung des Geschiebemergels nirgends nachgewiesen.[1]	6 Lavender-Thon.
4 Rother („Speckled") Sandstein.	5 Olivenfarbener Thon, wechselnd mit sandigen Schichten, im unteren Theile zwei fossilführende Bänke mit Conularia, Leiomyalina, Maenia, Spirifer Darwini und anderen Fossilien von australischer Herkunft.
	4 Verschiedenfarbige gelbliche und grünliche (Speckled) Sandsteine wechselnd m. Conglomerat.
3 Geschiebemergel (Boulder bed) mit geschliffenen Blöcken und Conularien; wenig mächtig (0,5 in der Rila-Schlucht).	3 Geschiebemergel (Grundmoräne, Boulder bed) mit gekritzten Geschieben).
Grosse Discordanz und Lücke.	Grosse Lücke und Discordanz: Aufwühlung des Untergrundes, zungenartiges Eingreifen der Grundmoräne in die cambrischen Salzmergel.

614

III. Südafrika.

In Südafrika beginnt wie in Ostindien die mächtige, aus nichtmarinen Sandsteinen, Schiefern und Kohlenflötzen bestehende Karroo-Formation mit einem Conglomerat, dessen glacialer Ursprung von zahlreichen Beobachtern (SUTHERLAND, DUNN,

Geologische Skizze von Südafrika.

Entworfen und gegenüber der ersten Ausführung (Peterm. Mittell. 1888 t. 19) berichtigt von Prof. Dr. A. Schenck.

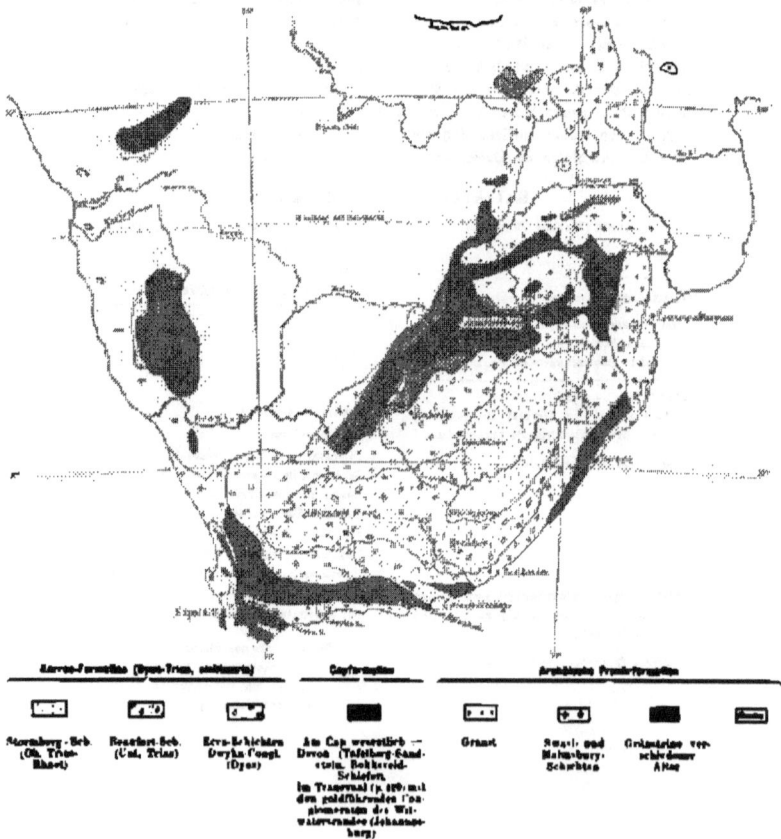

SCHENCK) angenommen wird. Darüber lagern Schichten mit den bezeichnenden Pflanzenresten der indischen Taltschirschiefer (vor allem *Gangamopteris cyclopteroides* var. *attenuata*).[1] Es lag also nahe, diese entsprechenden Bildungen für Absätze eines und demselben ausgedehnten Systems von Binnenseeen, Mooren und Sümpfen anzusprechen, welche den uralten, indoafrikanischen Continent der palaeozoischen und älteren mesozoischen Zeit bedeckten.

Die südafrikanischen Dwyka-Conglomerate galten von jeher als Aequivalente der indischen Talschir-Blockbildungen; die Eccaschiefer wurden auf Grund der Flora mit den Talschir-Sandsteinen, die mittleren Karoo (oder Beaufort)-Beds mit den ebenfalls kohlenführenden mittleren Gondwanabildungen verglichen.

Neuerdings mehren sich die Beweise für das Dyassalter der unteren Karooformation. Proben eines Gesteins, das dem Dwykaconglomerat der Kapkolonie ähnelt, wurden von SCHMEISSER aus Transvaal mitgebracht[2] und *Glossopteris* in den aus dem südlichen Theile des Landes stammenden Kohlenschichten erkannt. Bei Vrijheid östlich der Drakensberge hat MOLENGRAAFF neuerdings die gesammte Schichtenfolge der capländischen Karrooformation, das Dwyka-Conglomerat, die Ecca-, Beaufort- und Stormberg- (= Molteno-)Schichten nachgewiesen.[3]

Die im Hangenden der goldführenden Conglomerate auftretenden Kohlenschichten wurden bereits p. 431 gekennzeichnet. Von den aus Transvaal beschriebenen Pflanzen[4] ist *Sigillaria Brardi* BRGT. am wichtigsten. Da die Art im europäischen Rothliegenden (z. B. in den Manebacher und Goldlauterer Schichten) vorkommt, so erscheint die Altersbestimmung von *Glossopteris angustifolia, indica* (beide untere Gondwanaschichten) und *Gangamopt. cyclopteroides* als ältere Dyas auch durch den Vergleich bestätigt. Von Boschmans Fontein werden ausserdem *Glossopt. Browniana* und *Rhiplozamites Goepperti*, von Maggies Mine *Phyllotheca* citirt.[5]

Dwykaconglomerat und Eccaschichten sind auch ausserhalb der Karroo-Hochfläche in neuerer Zeit aufgefunden worden und zwar in der südwestlichen Kapkolonie bei Worcester im Breede River Thale. Das Vorkommen scheint aber nicht sehr ausgedehnt zu sein, so dass es auf der Karte wegen des kleinen Maasstabes kaum hervortreten dürfte.[6] Das Dwykaconglomerat findet sich ferner bei Mafeking in Britisch Betschuanaland unweit der Grenze von Transvaal.

Besonders wichtig sind die Mitteilungen, welche R. ZEILLER neuerdings über die bei Francis, 3 km südlich von Johannesburg vorkommenden kohligen Schiefer

---

[1] FRITZMANTEL, die Karrooformation und die dieselbe unterlagernden Schichten. Denkschr. Böhm. Akad. d. Wissenschaften VII. 8. 1889 p. 85.

[2] SCHMEISSER, über Vorkommen und Gewinnung der nutzbaren Mineralien in der Südafrikanischen Republik. Berlin 1895, p. 66. (Nach freundlicher Mittheilung von Herrn Prof. Dr. SCHENCK.)

[3] G. A. F. MOLENGRAAFF, Annual Report of the State Geologist of the South African Republic for the Year 1897. (Transactions of the Geological Society of South Africa. 4. 1893. 119—145.)

[4] DRAPER, Quart. Journ. Geol. soc. London Bd. 53 1897, p. 810.

[5] Vergl. auch SEWARD-HATCH, Quart. Journ. Geol. soc. 1898, p. 92. Der Erstgenannte bestimmte nach den Aufsammlungen von HATCH ebenfalls *Sigillaria sp., Gloss. Browniana, Gangamopt. cyclopteroides* und *Neogg. Hislopi*, was auf untere Gondwana-Schichten (Karharbari) hinweist.

[6] SCHWARZ in First Annual report of the Geological Commission of the Cape of good Hope 1896, p. 23.

und ihre Flora gemacht hat.[1] Dieselbe wird in die mittlere Karrooformation, die triadischen Beaufortschichten versetzt und besteht aus *Glossopt. indica* Bunb. (*Gl. communis* Feistm.), *angustifolia, Gloss. Browniana* Morr., der häufigsten und bezeichnendsten Art mit den im gleichen Stück gefundenen zugehörenden Rhizomen, (die bisher als *Vertebraria* bezeichnet wurden), endlich aus *Noeggerathiopsis Hislopi* und *Phyllotheca*.

Auch die Kohlen des Olifant River und von Holfontein bei Middelburg (beide östl. Praetoria) gehören der mittleren Karrooformation an, während man bisher das Vorkommen fossiler Brennstoffe auf die oberen (Stormberg – rhaetischen) Karrooschichten beschränkt glaubte.

Wie weit sich die eben besprochenen mittleren und unteren kohlenführenden Karrooschichten des Transvaal nach Süden erstrecken, läszt sich noch nicht übersehen. Ebensowenig ist bestimmt zu entscheiden, ob die Vorkommen in Natal der unteren (Karharbari) oder der mittleren Gondwana-Formation entsprechen, da die botanischen Beziehungen sehr eng und die in Südafrika gefundenen Reste fragmentär sind. Zwei Glossopterisblätter von dem Buschmannsflusse in Natal,[2] die Sterzel nach freundlicher Mittheilung mit der *Gloss. communis* und *damudica* vergleicht, weisen auf die untere Mittel-Gondwanastufe hin, durch welche die genannten Farne hindurchgehen.

Für das dyadische Alter der älteren Karroobildungen der Kapkolonie spricht ferner das Auftreten einer typischen Obercarbonflora bei Tete am Zambesi (15° 40' s. Br., Feistm. l. c. p. 26): *Calamodendron striatum* Sternbg. sp., *Annularia stellata* Schl. sp., *Sphenophyllum oblongifolium* Germ. et Kaulf., *majus* Brgt. sp., *Pecopteris arborescens* Schl. sp., *cyathea* Schl. sp., *unita* Brgt., *polymorpha* Brgt., *Alethopteris Grandini* Brgt., *Callipteridium ovatum* Brgt. sp. (Von dieser Flora deutet nach Sterzel sogar eine Art, *Cal. striatum* auf das unterste Rothliegende hin, während z. B. die *Pecopteris*-Species in die letztere Stufe hinaufgehen.)

Die *Glossopteris-Gangamopteris*-Flora, welche fast stets in inniger Verbindung mit glacialen Ablagerungen auftritt, deutet auf ein kühleres, z. Th. frostreiches Klima, die Pflanzenwelt der europäischen productiven Steinkohlenschichten hat für ihr Bestehen jedenfalls ein frostfreies, gleichmäsziges (allerdings kein tropisches) Klima zur Voraussetzung gehabt. Wenn also am Zambesi die typische terrestrische Steinkohlenflora der Ottweiler Stufe auftritt, so kann *Gangamopteris* und *Glossopteris* nicht im Transvaal und im Kaplande gleichzeitig mit ihr gelebt haben. Da die Tete-Pflanzen ohnehin dem alleroberaten Carbon angehören, so musz die *Gangamopteris-Glossopteris*-Flora der Dyas zugerechnet werden. Das Vorhandensein einer *Sigillaria* in der jüngeren Pflanzengesellschaft kann nicht weiter auffallen, da dieser u. s. bis in den europäischen Buntsandstein hinaufgehende Typus jedenfalls das widerstandsfähigste Mitglied der Steinkohlenflora war.

Während in Australien die Vergleichung der marinen Thierreste mit europäischen ein dyadisches Alter der Vereisung erkennen läszt, führt

---

[1] Bull. soc. géol. de France [3], Bd. 24 p. 549 ff., bes. p. 574—577, 1896.
[2] Im Breslauer Museum. Der Buschmannsfluss mündet östlich von Colenso in den berühmten Tugela.

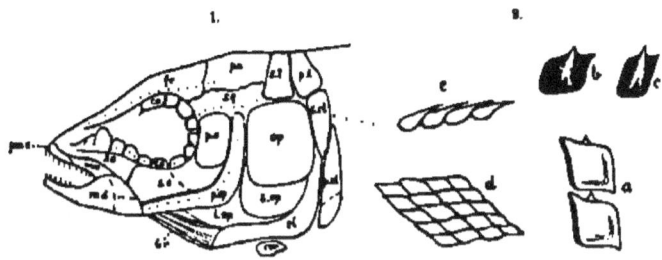

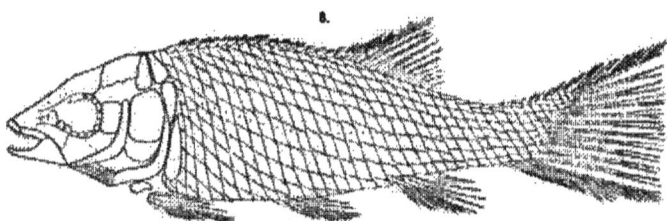

Semionotus capensis Sm. Woodward. Stormbergschichten (= Keuper). Oranje-Freistaat, S.Afrika.
Nach E. Schellwien.

1. Kopfknochen (schematisch). fr Frontale. pa Parietale. sq Squamosum. s.t Supratemporale.
op Operculum. s.op Suboperculum. i.op Interoperculum. p.op Praeoperculum. c.s Circumorbitalia.
p Postorbitalia. so Suborbitalia. mx Maxillare. pmx Praemaxillare. md Mandibulare. cl Claviculo.
s.cl Supraclavicula. p.cl Postclavicula. cor. Coracoid. br. Radii branchiostegi. hy Hyoid.
. . . zweifelhafte Nähte. . . . Schleimkanal.

2. Schuppen vergr. a zwei getrennte Schuppen unterhalb den ersten Strahlen der Rückenflosse.
b Schuppe, ebendaher von innen. c Schuppe aus der Mitte einer der vordersten Reihen von innen.
d Schuppe aus der Gegend zwischen After und Schwanzflosse. e Rückenschuppen dicht von der
Rückenflosse.

3. Schematische Zeichnung des ganzen Fisches.

nach den vorangegangenen Ausführungen in Südafrika das Studium der Landpflanzen[1] zu genau demselben Ergebniss.

Aus dem den Eccaschichten gleichstehenden Kimberleyschiefer der Diamantstadt Kimberley stammen die Reste eines merkwürdigen primitiven Reptils *Mesosaurus* („*Proganosauria*"), von welchem nahe verwandte Arten in Brasilien vorkommen.

Die bisher beschriebenen Gattungen der *Proganosauria (Mesosauria)* stimmen, wie die Vergleichung der Abgüsse sämtlicher bisher beschriebener Originale ergab, so vollkommen miteinander überein, dass sogar die Unterscheidung der Species Schwierigkeiten bereitet. Am besten sind noch *Mesosaurus tenuidens* Grav. (Griqualand) und *M. tumidus* Cope sp. (Sao Paolo) zu trennen. Die afrikanische Art (*M. tenuidens*) besitzt einen langen, schlanken, die brasilianische einen wesentlich kürzeren Kopf und findet sich nach dem abgebildeten Exemplar des Hamburger Museums noch in Paraguay (Villa Rica, ca. 26° 54′ S., 56° 40′ W.). *Ditrochosaurus capensis* Gürich (vom Oranjefluss, Nupetuwa) von der nur der Körper, das Becken, Vorder- und Hinterfuss bekannt sind, besitzt eine doppelte Durchbohrung des Oberarms, stimmt aber sonst mit *Mesosaurus tenuidens* überein.

Der nur bruchstückweise bekannte *Mesosaurus pleuroguster* Seeley von Kimberley scheint sich durch massige Entwickelung der Wirbel und Rippen auszuzeichnen, steht aber jedenfalls *M. tumidus* sehr nahe. Vergl. Corn. Proc. Ann. Phil. Soc. Vol. XXIII, p. 77, 1886 und Seeley, Quart. Journ. Geol. soc. of London 1892, p. 586 t. 16. Seeley glaubte in der eben citirten Arbeit die Mesosaurier in nähere Beziehung zu den Anomodontiern bringen zu können und fasst den triadischen *Neusticosaurus* als nächsten Verwandten derselben auf.

Das oben gekennzeichnete Material von Originalen und Abgüssen hat Wilhelm Damm mit Mühe und Sorgfalt zusammengetragen, starb aber über der Vollendung der geologisch und entwicklungsgeschichtlich gleich wichtigen Arbeit dahin. Die wenigen hinterlassenen Notizen über die *Proganosauria* seien hier zusammengestellt:

Proganosauria: „Fünf einzelne Knochen in der distalen Tarsalreihe. Zahlreiche spitze und lange Zähnchen. Ausserordentlich dicke Rippen und Wirbel. Die Vorderextremität ist im Begriff, sich zum Schwimmorgan umzugestalten, die Hinterextremität ist ein typisches Gangbein. Die Halswirbel nehmen in distaler Richtung schnell an Dicke ab. Die Schwanzwirbel wie *Neusticosaurus*-Wirbel, oder aber wie *Plesiosaurus*-Wirbel mit hohen schmalen weit voneinander stehenden Dornfortsätzen, umgeben von einer Hautflosse (wie *Plesiosaurus*)."

Diese anscheinend widerspruchsvollen Eigenschaften erklärt Damm wie folgt: Die dicken Rippen und Wirbel dienten wie bei den Sirenen zur Vermehrung des spezifischen Körpergewichts und zeigen auch im Dünnschliff grosse Ähnlichkeit mit diesen. Bei den Jungen (im Körper eines Berliner Exemplars vollkommen ausgebildet erhaltenen) Individuum ist die Verdickung noch nicht erfolgt. Der Kopf war zum Durchsieben des Schlammes mit einem Seih-Apparat, d. h. langen, horizontal gestellten Zähnchen versehen.

Bei der Vergleichung der im Hangenden der Ecca-Bildungen auftretenden mittleren Karroo- (Beaufort-)Schichten mit den mittleren Gondwana- (Damuda-, Pantschot-)Horizonten sind die verschiedenen Forscher zu gleichartigen Ergebnissen gelangt. Die allgemein als triadisch gedeuteten Beaufort-Schichten der Kapkolonie sind ebenso wie die indische Damuda-Gruppe durch die Hauptentwickelung von *Glossopteris*[1] gekennzeichnet, *Schizoneura* und *Phyllotheca* sind angedeutet und die sehr bezeichnende, in Südafrika bedeutend entwickelte Theriodontengattung *Dicynodon*

---

[1] Die nur generisch bestimmten Landpflanzen (Feistmantel l. c. p. 26), welche vielleicht dem Untercarbon, jedenfalls aber entsprechend der Häufigkeit von *Lepidodendron* einer tieferen Stufe des Obercarbon angehören, können hierbei ganz ausser Betracht bleiben.

[1] *Gl. Browniana* Brgt., communis Fm., stricta Beal. sp., retifera Fm., damudica Fm., var. stenoneura Teixl Fm.

findet sich auch in den Pantschet-Schichten. Im Districte von Beaufort-West kann eine untere Zone mit *Pareiasaurus* und eine obere mit *Dicynodon* unterschieden werden.[1]

Die oberen rhaetisch-jurassischen Karroo-Schichten Afrikas haben, wie die entsprechende Gruppe der Gondwana-Formation, keine Art mit den tieferen Bildungen gemein und werden vor allem durch die neu erscheinende Coniferen-Gattung *Voltziopsis* POT. gekennzeichnet; die charakteristischen dyado-triadischen Gattungen *Glossopteris*, *Gangamopteris*, *Schizoneura*, *Phyllotheca* und *Rhiptozamites* sind völlig erloschen. An ihre Stelle treten *Thinnfeldia* (*Th. odontopteroides* FM., *Th. trilobita* JOHST), *Taeniopteris*, (*T. Daintrei* M'COY und *Carruthersi* T. WOODS), *Podozamites elongatus* MORR. sp. und *Sphenopteris elongata*. Abgesehen von der auf europäisches Rhaet hinweisenden *Baiera Schencki* FEISTM. sind die Arten ident mit den Kohlenbildnern der mesozoischen Flötze Australiens (Tivoli-Ipswich in Queensland, Bellarine in Victoria, Wianamatta und Hawkesbury in N.-S.-Wales, Hobarttown und Jerusalem in Tasmania).

Im Norden des Transvaal, in Portugiesisch Ostafrika, erscheinen triadische (mittlere) Karroo-Schichten mit *Glossopteris indica* (incl. *Vertebraria*) am nördlichen Nyassa und bei Ludyende;[2] in Deutsch-Ostafrika und zwar im Süden des Gebietes[3] finden sich rhaetisch-jurassische, Kohlen führende Schichten mit *Voltziopsis*.

Es ergiebt sich also die beiliegende Übersicht.

IV. Südamerika.

Zerstreute Angaben über eine Fortsetzung der Karrooformation nach Südamerika liegen aus Südbrasilien[4] (Parana, Sao Paulo und Paraguay), sowie aus Argentinien[5] (Mendoza und San Juan) vor.

In Parana legen sich über die alten krystallinen Gesteine die flachgelagerten palaeozoischen Schichten, welche zwei Terrassen bilden. In der unteren werden Sandsteine und Schiefer des unteren und mittleren Devon von gleichartigen Gesteinen carbonischen Alters (bei Colonia Hueza am Fusse der zweiten Terrasse mit *Lepidodendron*, *Cordaites*, *Psaronius*, *Schizodus*, *Myalina*) überlagert.

Die obere Terrasse besteht ebenfalls aus concordant lagerndem weichem rothem Sandstein, sowie aus schichtenförmig ausgebreitetem Augitporphyrit und entspricht der Dyas. In Sao Paulo wurde hier das mit dem dyadischen

[1] I. Ann. Rep. of the geolog. commission 1896. Capetown 1897. E. N. J. 1899, 1 123.

[2] Auch aus Rhodesia, dem Gebiet der Chartered Company wird — durch Zeitangsnachrichten — das Vorkommen von Steinkohlenlagern unbestimmten Alters gemeldet, so dass sich Kohlenvorkommen verschiedener Altersstellung in dem weiten ostafrikanischen Gebiet vom Caplande bis zur Grenze der deutschen Colonie finden.

[3] Bei Tanga, am Raddschi und Ruvu, vergl. POTONIÉ, Sitz.-Ber. der Ges. Naturf. Freunde 1899 p. 97.

[4] Briefliche Mittheilung von ORVILLE DERBY (mit Litteraturangabe), N. J. 1889, II p. 172. R. ZEILLER, Bull. soc. géol. de France [3] 24, p. 466 u. 484. Rothe Sandsteine von Paraguay mit *Mesosaurus* werden petrographisch von MILCH und HINDE beschrieben.

[5] BODENBENDER, Verhandl. K. K. geol. Reichsanstalt 1888.

Die Karroo-Formation (Dyas-Trias) in Südafrika.

	Jura	Aequivalente in Indien u. Australien
	?	
Oberer Karroo- (oder Stormberg- - Molteno-) Sandstein (weicher heller Sandstein und Schiefer; in Natal mit Kohlen) mit *Trityladon longaevus*, *Dicynodon testudiceps*, *Euscelesaurus*, *Cynochamps*, *Semionotus capensis*, *Cleithrolepis Extoni* *Thinnfeldia odontopteroides* und *trilobita*, *Ternispt. Daintreci*, *Carruthersi*, *Palaeozamites elongatus*, *Baiera Schencki*, *Sphenopt. elongata*, *Voltziopsis*.	L. Rhaet	= Oberes Gondwana = Hawkesbury (Wianamatta) Sandstein
Kohlenschichten (flötzführend) von Tanga und dem Rukdachl in Deutsch-Ostafrika.		
Zwischen mittlerem und oberem Karroo: Unterbrechung der Faunen- und Floren-Entwickelung.		
Mittlere Karroo- (oder Beaufort-) Schichten Sandsteine, thonige u. sandige Schiefer, Kohlen im Transvaal (bei Johannesburg, Halfontein u. Olifant River), Mitte der Kapkolonie, Natal u. Portugiesisch-Ostafrika (Nyassa Nord). Vornehmlich in oberen Horizonten: Reptilien (*Anomodontia*): *Dicynodon Baini* und 12 andere Arten, darunter *Dicyn. testudiceps*. *Ptychognathus* (6 A.), *Oudenodon* (8 A.), *Kistecephalus* (6 A.) u. a. *Theriodontia*: *Lycosaurus*, *Tigrisuchus*, *Cynodracon*, *Cynosuchus*, *Galesaurus*, *Praelophon*, *Gorgonops*. Ausserdem *Parciosaurus*, *Tapinocephalus*, *Petrophryne*, *Sauristernon*, *Hyperus*. Vornehmlich in tieferen Horizonten: *Glossopt. Browniana*, *angustifolia*, *damudica*, *indica* = (*communis*), *stricta*, *Tuiei*, *Schisonera*, *Phyllotheca*, *Bakidgea Mackeyi*, *Rhiptozamites Hislopi*. *Gangamopteris* fehlt! Zu *Gloss. Browniana* gehören die als *Vertebraria* bezeichneten Rhizome.	→ Trias	Mittleres Gondwana
		· Clarence-Sch. (N.S. Wales)
	Untere Trias	= Panlasbri
		= Damuda
Darauter concordant		
Untere Karroo- od. Ekka- Schichten (nach Koonap-Sch. genannt) In den verschiedenen Gebieten verschieden entwickelt:	= Dyas	= Unteres Gondwana = New-Castle- und Greta-Kohlen in Australien
—— Kapkolonie im Süden Kapkolonie im Norden Natal L Transvaal		

afrikanischen *Mesosaurus* (dente *Stereosternum* gefunden,[1] ausserdem kommen fossile Hölzer *(Dadoxylon, Lepidodendron, Psaronius)*. Blätter *(Lepidodendron)* und Muschelreste *(Mytilina, Schizodus, ? Conocardium)* vor. Die einzigen, bei gutem Willen als glacial zu deutenden Geschiebe beweben in isolirten, bis $1\frac{1}{2}'$ im Durchmesser haltenden Blöcken, die in einem feinen, z. Th. sandigen Schieferthon eingebettet sind (Capavary am Jutú unterhalb der Stadt Iuí). Geschrammte und polirte Oberflächen wurden bisher nicht gefunden.

Die Kohlenvorkommen in Süd-Brasilien.

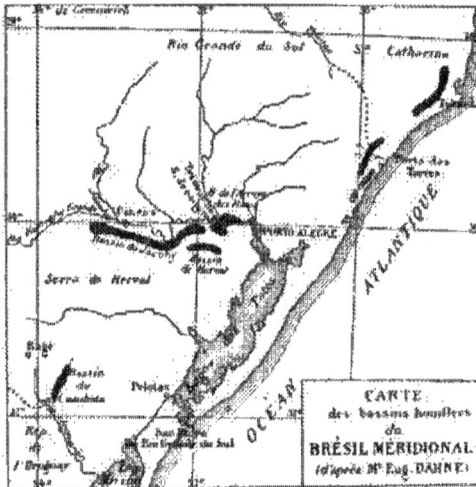

(Aus Bull. soc. géol. de France (3) XXIII, 1895.)

In der zuletzt erschienenen Arbeit über die Flora der Kohlen von Rio Grande do Sul,[2] deren Kartenskizze hier copirt ist, hebt R. ZEILLER hervor, dass das Vorkommen von *Gangamopteris cyclopteroides* var. *attenuata* FEISTM. in denselben Schichten beobachtet sei, wie *Lepidodendron Pedroanum* CARR. und *Lepidophloios laricinus* STERNB. Das geologische Alter entspricht vornehmlich dem Anfang der Dyas oder — höchstens — dem Ende des Carbon. Die Flora der nördlichen Dyas und des Carbon berührt sich hier mit den Ausläufern der südlichen „*Glossopteris*"-Pflanzenwelt. Von der weiten Verbreitung der dyadischen Leitform *Gangamopteris cyclopteroides* ist mehrfach die Rede gewesen, das *Lepidodendron* steht einer bis in

---

[1] Proc. Am. Philosop society Philadelphia 1889, Vol. XXIII, p. 77.
[2] Bull. soc. géol. de France [3] 23 1895, p. 628.

das höhere Obercarbon verbreiteten Art nahe.[1] Das Vorkommen des Cordaiten-
holzes *Dadoxylon Pedroi* ZEILL. im südlichen Brasilien (Thal des Jaguarão) erinnert
an die verkieselten Hölzer unseres Rothliegenden und bildet ein weiteres interes-
santes Bindeglied des Nordens und Südens.

Es ist höchst bemerkenswerth, dass in Südamerika, wo nördliche und
südliche, carbonische und dyadische Pflanzen enger vereinigt erscheinen
als selbst im Altai, die Anzeichen einer Eiszeit nach den vorliegenden Nachrichten gänzlich fehlen.

Ebenso wie die früheren Forscher lässt BODENBENDER[2] die Annahme einer
palaeozoischen Eiszeit dahingestellt und betont nur, dass die jungpalaeozoischen
Ablagerungen der Pampinen Sierren Argentiniens mit einem Conglomerat
beginnen. Hingegen sei die Entstehung dieser Sierren, der heutigen argentinischen
Mittelgebirge in die praecarbone Zeit zu verlegen. Während der carbonischen und
dyadischen Perioden lieferten diese Gebirge das Material zu den mächtigen Sand-
steinschichten, welche stellenweise Kohlenflötze einschliessen. Am Schluss der Trias-
periode waren die Gebirge schon wieder vollkommen in Sedimenten vergraben.
Marine Ablagerungen fehlen von dem älteren Devon bis zu dem gelegentlichen
Einbruche tertiärer Meere im argentinischen Centralgebiet gänzlich.

Wichtigere Aufschlüsse über die jungpalaeozoischen Schichten haben die Arbeiten BODENBENDER's[2] durch die Entdeckung von *Glossopteris*, *Callipteris validula*
FEISTM. sp. (Karharbari) und die Auffindung untercarbonischer Pflanzen gebracht.
BODENBENDER ist geneigt, diese sämtlichen heterogenen Pflanzentypen auf Grund
ähnlicher Gesteinsbeschaffenheit und der Lagerungsverhältnisse zu derselben Formation („Carbon-Dyas") zu rechnen. Diese Annahme würde Argentinien in
Gegensatz zu Australien und Südafrika bringen, wo die untercarbonische Flora
von der durch *Gangamopteris* und *Glossopteris* gekennzeichneten Pflanzenwelt scharf
getrennt ist. Auch in den gut durchforschten Kohlenfeldern Indiens sind keine
altcarbonischen Typen inmitten der *Glossopteris*-Flora gefunden worden. Andererseits sind in den drei letztgenannten Gebieten glaciale Geschiebelehme bekannt,
deren Fehlen für Südamerika und Sibirien, (wo carbonische Pflanzen und südliche
Dyastypen zusammen vorkommen), erwiesen zu sein scheint.

Die Vorkommen der argentinischen Anticordillere würden mit Australien,
Afrika und Ostindien übereinstimmen, wenn man den Fundort Trapiche der Dyas,
Retamito dagegen dem Untercarbon zurechnen wollte.

Die aus den pampinen Sierren von F. KURTZ (l. c. p. 772) beschriebenen
Pflanzen verteilen sich unter Zugrundelegung der sonst beobachteten Verhältnisse
auf 3 verschiedene Formationen:

---

[1] Nach freundlicher brieflicher Mittheilung STERZEL. Zwei andere von CASATTORAS beschriebene,
ebendaher stammende Arten verweisen ebenfalls auf Indien (? *Euryphyllum Whittianum* FEISTM.?
Neuropteridia obovata Goth.) und die Dyas (*Odontopteris Plutonis* cf. Od. *Fischeri* ENGL. aus dem
Kopfbraunsteine Russlands).

[2] BODENBENDER, Silur, Devon und *Glossopteris*-Stufe in der Argentinischen Republik. N. J. d. geol.
Ges. 48. 1896 p. 153—186. Ebenda p. 743—772. Vergl. ZEILLER, Ball. soc. géol. de France (3)
XXIII, 1895.

Jungpalaeozoische und ält

Europa	Anticordillere und Sierra Fan
	Sandsteine, Conglomerate
Rhaet	a) Cacheuta, Mendoza b) El T *Thinnfeldia odontopte-* A *roides* Fn., *Thinnfeldia* *Asplenium* *lancifolia* Morr., *Sphe-* Goepp. *nopteris elongata* Carr., *Macrotae* *Sphenopteris labifolia* *Oleandrid* Morr., *Podozamites* Bagr. *(Zeugophyllites) elonga-* *Pteroph. p* *tus var. latior* Fn., *Ote-* *Pt. rajma* *ozamidium Brockem-* *Palaeann* *schiense* Kurtz, *Baiera* *folia Ba* *Argentinae* Kurtz, *Pte-* *Ptilophyll* *roph. cachmatense* Kurtz. *Walchia*
Mittlere Trias	Rothe oder bunte Sandsteine (i ohne V
	?
Untere Trias	
(? Obere Dyas)	
	Conglomerate, graue Sand Kohlenschichten von Trapiche, Rio

3. Untere Trias (? obere Dyas): (mittlere Goudwana) *Rhipidopsis ginkgoides*
SCHMALH., *denainervis* FEISTM., *Cyclopitys dichotoma* FEISTM., *Glossopteris
retifera* FEISTM.

2. Dyas (unteres Goudwana): *Callipteris* ("*Neuropteridium*") *validus* FEISTM.
sp., *Gloss. communis* FEISTM. (bis 3 hinaufgehend), *Gangamopteris cyclopteroides* FEISTM. (auch in Rio Grande do Sul), *Phyllotheca* sp. (bis 3), *Noeggerathiopsis aequalis* GOEPP. sp. (bis 3), *Euryphyllum Whittianum* FEISTM.?

1. Carbon: *Lepidodendron Sternbergi* BRGT., *Pedroanum* CARR.

Da auch in Südafrika Discordanzen zwischen Carbon, Dyas und Trias nur
local vorkommen, meist aber vollkommen fehlen, würde die concordante Lagerung
der Sandsteine, auf welche BODENBENDER Werth legt, eine Zusammenfassung der
drei obengenannten Floren noch nicht rechtfertigen.

Einen vermittelnden Vorschlag zur Erklärung dieser eigentümlichen Verhältnisse macht ZEILLER, der das Auftreten der Pflanzen mehr auf geographische als
auf stratigraphische Verschiedenheiten zurückführt. Er weist darauf hin, dass die
Abdrücke von *Lepidodendron*[1] nur in dem nördlichsten Vorkommen bei Trapiche
angetroffen wurden. Hier läge der Berührungspunkt der nördlichen und südlichen
Pflanzenwelt.[2] In der Sierra Famatina und der Sierra de los Llanos erscheinen
dagegen ausschliesslich südliche Pflanzen.

In der beiliegenden Übersicht habe ich versuchsweise die Trennung der Vorkommen Argentiniens nach den anderweitig auf der Südhemisphäre beobachteten
verticalen Verbreitung der Pflanzen durchgeführt.[3] Es liegt mir selbstverständlich
fern, behaupten zu wollen, dass die Aufeinanderfolge so sein müsse. Jedoch ist
ein Zusammenziehen der an denselben Fundorten vorkommenden Reste ohne weiteres
möglich. Die Grundlage bildet die dem letzteren Verfahren entsprechende Übersicht BODENBENDER'S (l. c. p. 172), welche die Anticordillere, sowie die Sierra Fam-
matina umfasst.

Anhang.

Über angebliche jungpalaeozoische Gletscherwirkungen in der Nordhemisphäre und über

Reste einer palaeozoischen Eiszeit unbestimmten Alters in Norwegen.

Mehrfach ist das Vorkommen glacialer Ablagerungen in verschiedenen Gliedern
des jüngeren Palaeozoicum der Nordhemisphäre behauptet worden.[4] Doch fehlt
fast stets der Nachweis gekritzter Geschiebe und wo dieselben beobachtet sind, wie
im Rothliegenden Englands (Ramsay) liegt es näher, an tektonische Verschiebungen

---

[1] Die Gattung kommt noch in der europäischen Dyas, wenngleich selten, vor.
[2] Bull. soc. geol. de France [3] Bd. 24, p. 466 und 464.
[3] Diese von mir getrennten Vorkommen sind durch schräge Klammern bezeichnet.
[4] E. KAISOWSKY, Über Geröllthonschiefer glacialen Ursprungs im Kulm des Frankenwaldes.
Z. d. geol. Ges. 1893, p. 69. Wenig sicher begründet sind die Annahmen WALOFT'S über glacialen
Ursprung der untercarbonischen Schalsteinconglomerate des Nötschgrabens am Dobratsch in Kärnten
und die Angaben JULIEN's aus dem französischen Centralplateau.

und Kritzungen innerhalb der groben Conglomerate zu denken. Sicher spricht die Thatsache dagegen, dass in dem wohlerforschten Rothliegenden Deutschlands glaciale Kritzen und Schrammen durchaus fehlen, (wie ich auf Grund eigener Untersuchungen bestätigen kann.)

Hingegen ist die glaciale Entstehung der Gaisa-Schichten der nördlichen

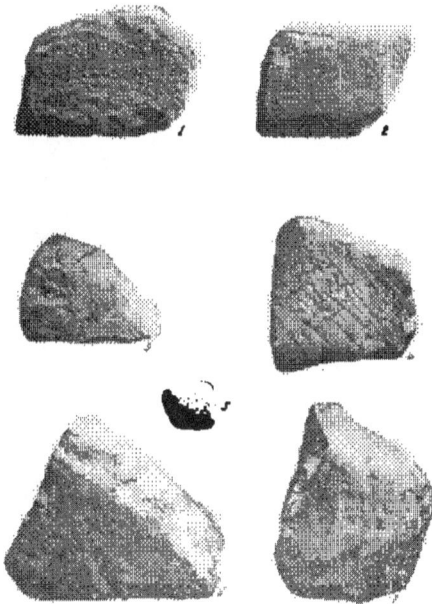

Geschrammte Geschiebe aus Moränenconglomerat im Osten von Bergeby, auf der Nordseite des Varangerfjordes.   N. Betnen.

norwegischen Küste mit ihren geschliffenen Geschieben und den Gletscherschrammen des Untergrundes sicher, die Altersdeutung aber umso weniger klar: In Betracht kommen die praecambrische oder eine jüngere palaeozoische Formation.

In dem ost-westlich verlaufenden Varanger-Fjord im nördlichsten Norwegen beobachtet man an der Grenze der krystallinen Schiefer und der wenig gefalteten quarzitischen Sandsteine, Grauwacken, Schiefer und Conglomerate der Gaisa-Schichten 3 m über der Basis der letzteren eine eigentümliche Einlagerung: Eine schichtungslose dunkle feinerdige Gesteinsmasse enthält eine Menge unregelmässig begrenzter, meist scharfkantiger Blöcke. Die bei Bigganjarga fehlenden Glacialschrammen wurden von Reusch an einem anderen Punkte beobachtet. Auch ist die Oberfläche der Sandsteine, denen die Einlagerung aufliegt, polirt und mit weithin ver-

Geschiebelehm eingelagert in Quarzsandstein (Gaisa Beds) in der Nähe von Bigganjarga, Ausblick nach Osten. (Q = Quarzsandstein, T = Geschiebelehm.)

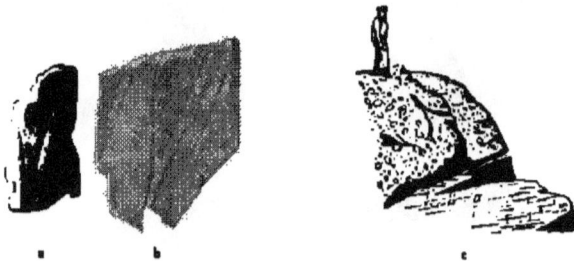

Fig. c. Moränenconglomerat auf Quarzit mit eingeschliffener Oberfläche (Fig. a u. b.) N. Reusch. Bigganjarga.

folgbaren Schrammen versehen (Fig. a, b). Die Schrammen können nicht auf tektonischem Wege erklärt werden, da Druckerscheinungen in den betreffenden Schichten nirgends nachweisbar sind.

Das Alter der nach allen Angaben als glacial anzusprechenden Schichten kann wegen des Fehlens von Versteinerungen nicht sicher bestimmt werden. Doch scheint eine gewisse Wahrscheinlichkeit für Praecambrium zu sprechen. Die unregelmässig kuppige Oberfläche des vom Torridon-Sandstein (p. 21) überlagerten

nordschottischen Gneisse, die weite Verbreitung ähnlicher Conglomerate in Spitzbergen, Grönland, Labrador und Sibirien, welche überall zwischen Palaeozoicum
und Urgebirge lagern, könnte vielleicht auf eine weitere Verbreitung dieser Eiszeit
hindeuten.[1] Noch näher liegt jedoch der Gedanke an eine jungpalaeozoische Vereisung, deren Alter der südlichen Eiszeit gleich stand.

Über die Bildungsweise der Sandsteine, Schiefer und Kohlen in der Gondwana- und Karroo-Formation.[2]

Abgesehen von den marinen Glacialschichten in Nordwestindien, Tasmanien und
Nordaustralien sind sämmtliche besprochenen Ablagerungen continentalen Ursprungs
und durch das Vorkommen von Landpflanzen und Reptilien, Süsswasser-
fischen und -Muscheln gekennzeichnet. Die Zusammensetzung und Farbe der
Sedimente, insbesondere das Vorhandensein oder Fehlen von Steinkohlen gestattet
einige Rückschlüsse auf die Bildungsweise dieser Schichten, welche an Ausdehnung
und Mächtigkeit alle Continentalformationen aus älteren und jüngeren
Abschnitten der Erdgeschichte übertreffen.

1. Vorwiegend aeolische Continentalbildungen, wie sie A. PENCK[3] als
bezeichnend für die Bildung der heutigen Ganges-Indus-Ebene und die Hochflächen
Afrikas (Ngami) schildert, treten in den Karroo- und Gondwana-Formationen zurück.
Der Charakterzug der modernen Sandbildungen ist das Vorwalten aeolischer Absätze vor den lacustren und fluviatilen Sedimenten, also die Häufigkeit von Löss-
oder (kalkigem) Flugsand, d. h. der Umlagerungsproducte der vom Fluss herbei-
geschafften Massen.

Für die derart gebildeten geologischen Schichten ist die grosse Seltenheit
von Süsswasserthieren, das Fehlen von Kohlenflötzen neben localer Häufigkeit von Pflanzenabdrücken und verkieselten Baumstämmen bezeichnend. (Rothliegendes des Sächsischen Erzgebirges, mittlere Ottweiler Schichten der Saarbrückener
Steinkohlenformation.) Die Farbe der Sandsteine ist sehr häufig roth (Grödener
Sandstein der Alpen) oder bunt (Buntsandstein und Keuper Deutschlands). Hingegen zeigen die Ablagerungen der gegenwärtigen Binnenseeen und Lagunen dunkle,
braungraue, niemals rothe Färbung (wie im II. Bande ausführlicher dargelegt
werden wird).

Bei dem Untertauchen der Continente unter das Meer sind die Bedingungen
zur Erhaltung dieser Bildungen nicht sonderlich günstig. Man wird von der Gondwanaformation nur die flötzleeren Panischet-Sandsteine mit ihren rothen thonigen
Zwischenlagern, sowie aus Südamerika die rothen Sandsteine von Sao Paulo,
Paraná und Paraguay mit ihren verkieselten Baumstämmen hierher rechnen
können.

[1] H. Reusch, Skuringmaerker og marinone gran i Finmarken fra en periode meget aeldere end „istiden" (Gletscherschrammen und Moränen in Finmarken aus einer Periode viel älter als die „Eiszeit"). Kristiania 1891. Vergl. auch H. Strahan, On glacial phaenomena of palaeozoic age in the
Varanger Fjord. Quart. Journ. Geol. soc. 1897. p. 137 ff.

[2] Zugleich Ergänzung zu dem Abschnitte Facierbildungen der Dyas p. 454.

[3] Zeitschrift der Berliner Gesellschaft für Erdkunde 1897. p. 9.

2. Binnenseebildungen, durch Häufigkeit von Süsswasser-Muscheln, -Krebsen und -Fischen als solche gekennzeichnet, hängen in der Bildungsweise unmittelbar mit den eigentlichen Continentalabsätzen zusammen; die aeolischen Sedimente treten zurück, Landpflanzen sind häufig, Kohlenflötze fehlen. Wenngleich die Binnenseeen der Jetztzeit (amerikanische und afrikanische Seen) vielfach süss sind, fehlen doch auch Binnengewässer von wechselndem Salzgehalt (Kaspi, Karabugas, Aral, Todtes Meer) keineswegs. Der alte rothe Sandstein des Devon ist die grossartigste Entwickelung dieses Typus.

In der Gondwanaformation sind der Hawkesbury-Sandstein Australiens, die Kota-Maléri-Schichten des Godavery-Thales, manche Bänke der Stormberg-Schichten (mit *Semionotus*) Beispiele dieser Entwicklungsform. Die rothen tatarischen Mergel Russlands gehören wohl vorwiegend zu der erstgenannten Gruppe, doch sind die an Süsswasser-Muscheln (Unioniden) reichen Bänke eber zu der zweiten zu rechnen.

Das vollkommene Fehlen von Kohlenflötzen — trotz relativer Häufigkeit von Landpflanzen — ist durch klimatische Verhältnisse bedingt und deutet darauf hin, dass ähnlich wie in den tropischen Tiefebenen oder in continentalen abflusslosen Steppengebieten die Möglichkeit der Anhäufung von fossilem Brennstoff nicht gegeben war. In der Indus-Ganges-Ebene und ihren continentalen Ablagerungen verhindert das tropische Klima mit seiner lebhaften Zersetzung der massenhaft producirten Pflanzenstoffe die Anhäufung und Bildung der Brennstoffe. In den trockenen Hochsteppen Innerasiens und Amerikas bedingt der schroffe Wechsel einer vegetationsreichen und einer trockenen Jahreszeit dieselbe Erscheinung.

Welcher Grund das Fehlen der Kohlenflötze in den erwähnten Schichten der Gondwana- oder Karrooformation bedingt hat, ist nur im Einzelfalle und stets schwer zu entscheiden. Wo Gyps- oder Salzschichten eingeschaltet vorkommen (Tatarische Mergel), wird man unbedenklich auf ein continentales, trockenes Steppen- oder Wüstenklima schliessen dürfen. Die Kennzeichen eines tropischen Klimas sind in der geologischen Vorzeit viel schwerer festzustellen.

3. Kohlenschichten sind unter allen Umständen als Produkte eines im Ganzen feuchten, gemässigten Klimas anzusehen. Die Thatsache, dass in der Gegenwart zwischen den Wendekreisen eine Anhäufung pflanzlichen Brennstoffs nirgends erfolgt, dürfte allein schon diese, in neuerer Zeit häufig hervorgehobene Ansicht als richtig erweisen.

Andererseits zeigt das Vorhandensein der Hochmoore in den Alpen und Norwegen sowie der interglacialen Schieferkohlen Europas, dass Gletscher die Kohlenbildung keineswegs ausschliessen. Vielleicht noch auffälliger ist das Nebeneinanderliegen von Gletschern und üppigem oceanischem Pflanzenwuchs in Neuseeland und im südlichen Theile von Südamerika. Die interglacialen Kohlen von Neusüdwales, die in enger Beziehung mit glacialen Schichten stehenden Flötze von Neu-Südwales und Tasmania, die im Hangenden der Talschir auftretenden Karharbâri-Schichten Indiens weisen auf eine Verknüpfung der Gletscher- und Kohlen-Schichten hin.

Die Mehrzahl der Kohlen der Karroo- und Gondwanaformationen sind wie die Flötze des europäischen Carbon in Niederungen, Mooren, Sümpfen und vertorften Wäldern an Ort und Stelle gewachsen oder — zum geringeren Theile —

durch Zusammenschwemmung in Seebecken entstanden. Feuchtes Klima war Vorbedingung, gemässigte frostfreie Witterung jedenfalls am günstigsten, aber keineswegs eine nothwendige Voraussetzung.

Die in Indien weitverbreiteten Kohlen der mittleren Gondwana- (oder Damoda-) Formation, die Flötze der Stormberg- und Beaufort-Schichten Südafrikas, die jüngeren triadisch-jurassischen Kohlen Australiens sind, wenn auch nicht in tropischem, so doch jedenfalls in frostfreiem Klima gebildet. Die üppige Entwickelung von landbewohnenden u. Th. grossen Reptilien und Amphibien in Südafrika und Indien deutet darauf ebenso hin, wie die, Continente umfassende Verbreitung einzelner Gruppen (Mesosaurus, Pareiasaurus, Dicynodon). In Südamerika und im Altai würde die enge Verbindung der Glossopteris-Flora mit den nördlichen Steinkohlenpflanzen ebenfalls auf ein gemässigtes, frostfreies Klima hinweisen. Jedenfalls entspricht die Blüthezeit der Gattung Glossopteris (16 Arten in Indien) schon dem vollständigen Verschwinden der Gletscher; Gangamopteris wird hingegen in glacialen Ablagerungen Australiens gefunden.

Die dyadische Kälteperiode der Südhemisphäre.
Zusammenfassung.

1. In Australien, Ostindien und Südafrika folgt am Schluss der palaeozoischen Aera (Dyas) auf das gleichmässige Klima der Steinkohlenzeit eine Kälteperiode: Grundmoränenartige Bildungen in Afrika, der ostindischen Halbinsel und Victoria, Ablagerungen schmelzender Eisberge mit marinen Fossilien im Pandschab und den übrigen Theilen Australiens sind die Beweise der Klimaänderung. Gleichzeitig und in ursächlichem Zusammenhang erfolgen grosse Umwälzungen in der Vertheilung der Meere und Continente.

2. In Neusüdwales sind zwei durch Bildungen eines gemässigten Klimas getrennte Driftablagerungen beobachtet. Die übrigen Gebiete enthalten nur die Überreste je einer Eiszeit, deren gleichzeitiges Auftreten nicht nachweisbar ist. In Südafrika, Victoria und der ostindischen Halbinsel liegt über einer Grundmoräne Schiefer mit übereinstimmender Gangamopteris-Flora.

3. Die Verdrängung der Steinkohlenflora durch jüngere Formen (Gymnospermen, Equisetaceen und grossblättrige Farne) erfolgt in der Nord- und Südhemisphäre fast gleichzeitig und im Zusammenhang mit geographischen und klimatischen Umwälzungen. Im Norden ist der Übergang allmählig und beruht wesentlich auf dem allmähligen Vordringen der Coniferen und Cycadeen. Im Süden finden sich in Gesellschaft von Gangamopteris und Glossopteris nur vereinzelte ältere Überreste, Sigillaria in Transvaal, Annularia in Australien und Sphenophyllum-Trizygia als einer der letzten Superstiten in den mittleren Gondwanaschichten. Am unmerklichsten scheint sich der Übergang in Südbrasilien zu vollziehen (Lepidodendron zusammen mit Gangamopteris).

4. Aus der Mischung der beiden selbständig entstandenen Dyasfloren [1] ent-

---

[1] Inhaltlich mit der obigen These stimmt die Angabe R. Zeiller's vollkommen überein, der hervorhebt, dass es durchaus unrichtig (tout à fait inexact) sei, von einem „secundären (mesozoïschen) Charakter" der Glossopteris-Flora zu sprechen. Bull. soc. géol. de France [3] Bd. 14, p. 463, 464.

wickelt sich, während die grossblättrigen Farne *Gangamopteris* und *Glossopteris* verschwinden, die geographisch wenig differenzirte rhaetisch-jurassische Flora der Erde, welche bis in die untere Kreidezeit ausdauert.

Uns ungewöhnliche Schwierigkeiten ergeben sich, sobald man der — neuerdings von PENCK erörterten Frage [1] — nach den geographischen Voraussetzungen der dyadischen Kälteperiode näher tritt.

Eine Verlegung des Südpols um 60°¼, in der Richtung des Äquators ergiebt zwar einen mathematisch in der Mitte zwischen den drei Gletschergebieten gelegenen Punkt, führt aber, wie PENCK gleichzeitig hervorhebt, zu einer Lage des Nordpols an der Grenze der nordmexikanischen Staaten Durango und Zacatecas. Der genannte Forscher weist selbst mit Recht darauf hin, dass keine geologische Beobachtung auf der Nordhemisphäre eine derartige Verlegung des Nordpoles rechtfertigen würde. Aber man kann weiter gehen und hervorheben, dass die polare Abplattung der Erde eine derartige bedeutende Verlegung der Pole überhaupt undenkbar erscheinen lässt. Wir entgeben dieser Hypothese, wenn wir für die zwei umfangreicheren südlicheren Glacialgebiete der Dyas den Pol um 35°—40° (statt 66°½, [?]) nach Norden verlegen.

Das würde etwa der Lage des heutigen Nordpoles zu den grönländischen (und sonstigen nordamerikanischen) Landeismassen und dem eisfreien Nordasien entsprechen.

Für die von dem supponierten Südpol weit abliegenden centralindischen Vorkommen (Thända) müsste man zu der hypothetischen Annahme eines vergletscherten jetzt durch Einbrüche erniedrigten — nordindischen Hochgebirges greifen, aus dem nach die driftenden Eisberge der Salzkette stammen.

Eine geringere, ca. 40° betragende nördliche Verlegung des dyadischen Südpoles etwa in der Richtung der heutigen Kerguelen-Inseln würde einerseits das Vorhandensein eines afrikanischen und australischen Landeises, andrerseits das Fehlen glacialer Spuren in Südamerika erklären.[2] Ein stark vergletschertes, nordindisches Hochgebirge in der Nähe des Äquators, dessen Annahme von dieser Hypothese untrennbar ist, erheischt allerdings ein Zusammentreffen klimatischer Factoren, wie sie in der quartären Eiszeit des unter entsprechender Breite[3] liegenden Himalaya kaum erreicht worden sind.

[1] Zeitschr. der Ges. f. Erdkunde. Berlin 1900, p. 251, 252.

[2] Der Nordpol fiele alsdann etwas südlich von dem Winnipeg-See d. h. in ein Gebiet, über dessen jungpalaeozoische Ablagerungen wir überhaupt nichts wissen.

[3] Der Himalaya liegt unter ca. 33° 27' nördlicher Breite; das supponierte dyadische Hochgebirge Indiens würde unter der obigen Voraussetzung allerdings unter ca. 15° südlicher Breite gelegen haben.

Die Grenze des marinen Palaeozoicum und Mesozoicum.

A. Zur Kenntnis der Ammoneen in den indischen Grenzschichten von Dyas und Trias.

Von Faira Faier.

Trias: Ceratitenschichten der Salt Range und Zone des *Prionolobus Noetlingi* im Himalaya.

Dyas: Obere Productuskalke, Zonen des *Otoceras Woodwardi* und *Ophiceras tibeticum*.

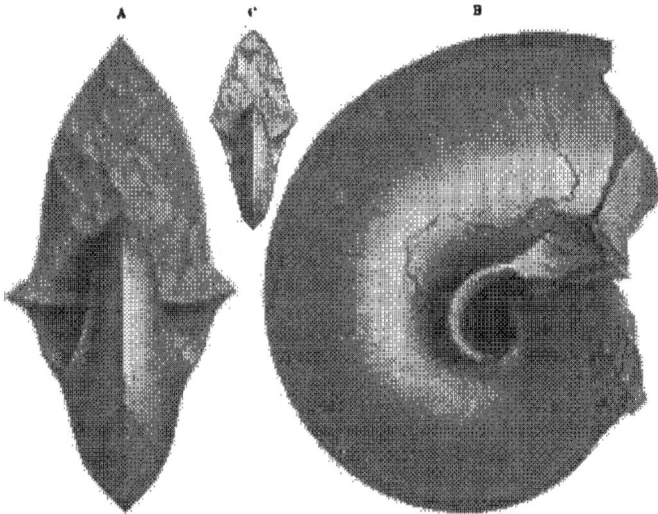

A. C. B.

A. *Otoceras Woodwardi* Griesbach. Zone des *Otoceras Woodwardi*. Schalschal Cliff bei Rimkin Paiar, Himalaya. N. Diener. ½.

B. Desgl. Exemplar mit Wohnkammer. N. Diener. Aus Palaeontologia Indica Ser. XV, vol. II. 1.

C. *Otoceras Clivei* Diea. Zone des *Otoceras Woodwardi*. Schalschal Cliff. Himalaya.

Die interessanten Ammoneenfaunen, welche einen allmähligen Übergang der palaeozoischen und mesozoischen Aera vermitteln, können nicht durchweg mit den in den vorliegenden Monographien angewandten Namen bezeichnet werden, sondern erheischen z. Th. eine Revision.

Der Ursprung der häufigsten und bezeichnendsten Ammoneen der Dyas-Trias-Grenze ist in den Djulfaschichten zu suchen, und wurde, soweit die Gattung *Otoceras* selbst in Betracht kommt, bereits p. 575 (Anm.) erörtert. Die in der Oberflächenform und der Suturentwickelung hoch differenzirte Gattung *Otoceras*, (deren wichtigste Arten hier wiedergegeben sind), erlischt allmählig, so zwar, dass im

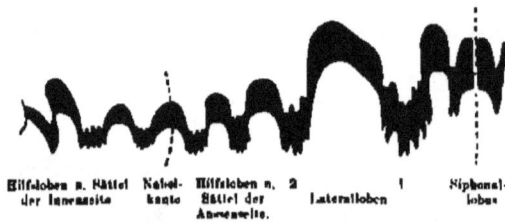

Hilfsloben u. Sättel   Nabel-   Hilfsloben u.   2   1   Siphonal-
der Innenseite   kante   Sättel der   Laterallloben   lobus
                                 Aussenseite.

Otoceras Woodwardi Griesb.

Gleichnamige Zone. Schalsebalkliff. Fast vollständige Lobenlinie entworfen vom Verfasser unter Benutzung der Zeichnungen Diener's. NB. Der Siphonallobus ist ohne bestimmte Regel ein- oder zweispitzig.

Otoceras tropitum An. Djulfa. Vergr. N. Anm. t. II f. 21.

Otoceras djulfense An. (*intermedium* An.). Djulfa. Copie nach Anm. t. II f. 22.

Otoceras productum Diener. Zone d. *Otoceras Woodwardi*. Schalsebalkliff. Himalaya.

Otoceras Draupadi Diener. von einem asymmetrischen Exemplar. Schalsebalkliff.

Otoceras undatum Griesbach. Zone des *Otoceras Woodwardi*. Schalsebalkliff.

Otoceras Feodoroffi Anm. Djulfa. Copie n. Abichiana.

Lobenlinien verschiedener *Otoceras*-Arten von Djulfa am Araxes (Zone des *Otoceras djulfense*) und vom Himalaya (Zone des *Otoceras Woodwardi*). Copien nach H. Abich, G. v. Arthaber u. C. Diener. Über den Zusammenhang der älteren und jüngeren Otoceren vergleiche man die Anm. p. 575.

Himalaya die Zone der *Ophiceras tibeticum* durch das Seltenerwerden, die des *Prionolobus Nodlingi* durch das Fehlen von *Otoceras* bezeichnet wird.

Die glatt- und rauhschaligen Ceratiten der Trias knüpfen an *Paraceltites* und *Hungarites* an; der Ursprung der übrigen im Himalaya und am Usuri vorkommenden Ammoneen (*Usuria*, *Medlicottia* und *Pseudosageceras*) ist im einzelnen verschieden, aber durchweg palaeozoisch: Die nach C. Diener mit *Thalassoceras* verwandte Gattung *Usuria* Dien. bildet den letzten Ausläufer einer palaeozoischen an *Gephyroceras* anknüpfenden Gruppe. Auch *Medlicottia* weist auf ältere dyadische Schichten hin, während *Pseudosageceras* auf *Prosageceras* (*Propinacoceras* p. 470) zurückgeht.

Bemerkenswerth ist die Seltenheit neodyadischer Vertreter von *Popanoceras* (Zone des *Cyclolobus Oldhami* der Salt Range) und *Cyclolobus* (gleichnamige Zone im Himalaya und in der Salt Range). Die wenigen (2 oder 3) bisher bekannten Arten stimmen durchaus mit palaeodyadischen Vertretern (p. 472) überein und sind in den obersten Grenzzonen der Dyas[2] ebensowenig wie in der untersten Trias nachgewiesen worden.

Während dieser Zeit erfolgt die Differenzirung der auf *Popanoceras* und *Cyclolobus* zurückgehenden Arcestiden und Phylloceratiden (p. 477). Da auch die andern palaeodyadischen Gattungen wie *Medlicottia*, *Pseudosageceras*,[3] *Usuria* nur bis in die obere Dyas hinaufreichen und der etwas jüngere Typus *Otoceras* nicht darüber hinausgeht, liegen in den Zonen des *Ophiceras tibeticum* und *Otoceras Woodwardi* bioreichende palaeontologische Anhaltspunkte für die Unterscheidung von Palaeozoicum und Mesozoicum vor.

Sehr viel gleichmässiger ist die Entwickelung der Ceratitiden (in erweitertem Sinne[4]). Die deutlich verfolgbare stammesgeschichtliche Entwickelung dieser Gruppe schränkt ihre Verwerthung für stratigraphische Unterscheidungen wesentlich ein:

Ein vergleichendes Studium der älteren Ammoneen der Ceratitenschichten des Pandschab ergab zunächst das Fehlen natürlicher Grenzen zwischen Ceratitiden (*Trachyostraca*) auf der einen, Meekoceratiden und Ptychitiden („*Leiostraca*") auf der anderen Seite. Eine Gattung *Meekoceras*[1] und eine Familie *Meekoceratidae* ist überhaupt nicht festzuhalten, während die Differenzirung der Ptychitiden erst im Muschelkalk abgeschlossen ist. *Proptychites* Waag. ist weder von *Aspidites* zu trennen, noch als unmittelbarer Vorläufer von *Ptychites* anzusehen.

Meekoceras Hyatt[4] begriff in der ursprünglichen Fassung Hyatt's heterogene Dinge wie *Holotalites* (Otouis v. B., *Xenodiscus carbonarius* Waag., *Doryecanites baptlosmus* M. V. K., sowie endlich glatte Ceratitiden (*Meekoceras* s. str. späterer Autoren).

[1] Diese Gattung soll in einigen vereinzelten Formen bis in die Buchensteiner und Wengener Schichten der Trias hinaufgehen.
[2] Zonen des *Otoceras Woodwardi* und *Ophiceras tibeticum* im Himalaya, Zonen des *Bellerophon impressus*, d. *Medlicottia Wynei* und *Euphemus Indicus* der Salt Range.
[3] Aber ausschliesslich der früher abgezweigten Gruppe *Otoceras*.
[4] Hyatt bei C. A. White „on Jura-Trias Fossils of southeastern Idaho" p. 11 ff. in Bull. U. S. geological survey of the territories. 1879, vol. 5. Die (späteren) Abbildungen in C. A. White: Triassic fossils of Idaho, XII. Ann. Rep. of the U. S. geological survey for 1878, pt. I p. 112. Washington 1883. Vergl. auch C. Diener. Triadische Cephalopodenfaunen der ostsibirischen Küstenprovinz. Mém. com. géologique XIV. 3, p. 49 (1895).

[handwritten] [5] *Pseudosageceras* ... in the Lower Trias, ... of Idaho + California.

Wollte man nur die von A. Hyatt als *Merkoceras* beschriebenen und später abgebildeten Ammoneen auf schärfer begrenzte Gattungen verteilen, so würde 1. das aus zwei Arten oder Varietäten (l. c. p. 118, t. 51 f. 1 a bezw. 1 c) bestehende *M. applanatum* auf *Ophiceras* Griesb. (= *Gyronites* Waag., s. die Abb.), 2. *Merkoceras gracilitatis* (l. c. t. 51 f. 2) und *M. Muschbischianum* (l. c. 52 f. 1) auf *Prionolobus* zu beziehen sein. Dass die Unterschiede von 1. *Ophiceras.—Gyronites* einerseits und 2. *Prionolobus* andererseits nicht mehr bedeutend sind, wird unten ausgeführt werden.

a.

b.

c.

d.

e.

a. *Merkoceras gracilitatis* Hyatt. Zu *Prionolobus*.
Trias. SO.-Idaho.

b. *Merkoceras maturum* Mojs. Zu *Ptychites*. Muschelkalk.
Trinodosus-Sch. Schreyer Alp. Balatonseergut.

c. *Merkoceras Muschbischianum* Hyatt. Untere Trias.
Zu *Prionolobus*. SO.-Idaho.

d. *Merkoceras caprilense* Mojs. Werfener Schichten.
Caprile, Venetien. Zu .*Aspidites*.(involut).

e. *Merkoceras applanatum* Hyatt. Untere Trias.
Zu *Ophiceras* (ganz evolut). SO.-Idaho.

Lobenlinien einiger zu der Sammelgattung *Merkoceras* gerechneter Ammoniten.
Copien nach Hyatt und Mojsisovics.

Immerhin wird man diese „Gattungen" als Gruppen oder als Untergattungen festhalten können.

Eine Unterscheidung von *Prionolobus* Waag. und *Merkoceras* Hyatt s. str. ist schlechterdings ausgeschlossen. In der ursprünglichen Fassung ist weder die eine noch die andere Gattung klar begründet; da jedoch *Prionolobus* zu eng, *Merkoceras* aber viel zu weit gefasst ist und mit der Auffassung von *Merkoceras* die unhaltbare Familie *Merkoceratidae* zu ihne fällt, halte ich diesen letzteren Ausweg für empfehlenswerther.

Einem viel höheren Stadium der Naturentwickelung als die bisher besprochenen Formen gehören die in den Alpen (Schreyer-Alm), in Bosnien (Han Bulog, ebenfalls Zone des *Ceratites trinodosus*) und die im Himalaya vorkommenden Merkoceratiden an, deren vortreffliche Abbildungen wir E. von Mojsisovics und C. Diener verdanken.[1] Diese flachen Formen sind generisch besser mit *Ptychites* zu vereinigen und erinnern besonders an *Ptychites indistinctus* Mojs. (l. c. t. 87 f. 1, 2; Schreyer Alp). *Merkoceras maturum* etc. unterscheidet sich zwar andererseits auch von den aufgeschwollenen Arten wie *Ptychites Emerici* Diex. durch einfacheren Leben, könnte aber nicht mit den oben unter 1 und 2 aufgeführten älteren, viel einfacher gebauten Gattungen zusammengestellt werden, sondern ist höchstens als eine Gruppe der echten Gattung *Ptychites* anzusehen.

Die Hauptunterschiede zwischen diesen „Muschelkalk-Merkoceraten" (*Ptychites*) einerseits und *Aspidites*, *Prionolobus*, *Ophiceras* etc. andererseits sind:

a) der Besitz durchweg gezackter („brachyphyller") Sättel bei *Ptychites*,

b) die Differenzirung ausgeprägter Auxiliarloben und -Sättel bei *Ptychites*;
Prionolobus, *Aspidites* etc. besitzen nur kleine Auxiliarzacken.

[1] Etwas evolutere Form und dadurch bedingtes Fehlen von Auxiliar-Elementen, sowie zuweilen Spiralsculptur bei b.

[2] E. von Mojsisovics, Cephalopoden der mediterranen Triasprovinz. *Merkoceras maturum* Mojs. t. 50 f. 3, 4. C. Diener, Cephalopoda of the Muschelkalk (Palaeont. Indica) t. 8 und t. 9. Zweifelhaft bleibt *Merkoceras Nuwla* Diex. (l. c. t. 9 f. 5), das wahrscheinlich zu *Ceratites* s. str. gehört.

Geologisch wichtig ist die Thatsache, dass das einzige in dem alpinen Buntsandstein gefundene *Meekoceras* (s. Abb.) durchaus auf der Lobenentwickelung der altindischen indischen Formen verblieben ist. Bei Einführung der subtilsten Unterscheidungen würde die Art zu der involuten Gruppe von *Ophiceras* d. h. zu *Kymatites* Waag. zu rechnen sein. (Die Lobenlinie der nächstverwandten Art *Oph. ponterum* (*Kymatites*) ist p. 635 abgebildet.) Das Vorkommen derselben im Ceratitensandstein (Zone des *Flem. Flemingianum*) ist einer der wenigen palaeontologischen Hinweise auf den Vergleich derselben mit den alpinen Werfener Schichten.

Einen weiteren, indirecten Beweis für die Einheitlichkeit der genannten drei „Familien" bilden die Convergenzerscheinungen, welche einige indische Dyasformen mit bekannten Ceratiten des deutschen Muschelkalkes erkennen lassen:

1. *Aspidites superbus* Waagen (Salt Range Fossils II, t. 23), eine grosse, involute, scheibenförmige Art mit scharfem Rücken besitzt dieselbe Gestalt wie *Ceratites semipartitus* aus dem oberen Muschelkalk und lässt wie dieser auf dem äusseren Umgang ausgewachsener Stücke keinerlei Sculptur erkennen. Man konnte versucht sein, die beiden Arten für ident zu halten; jedoch zeigt *Ceratites*

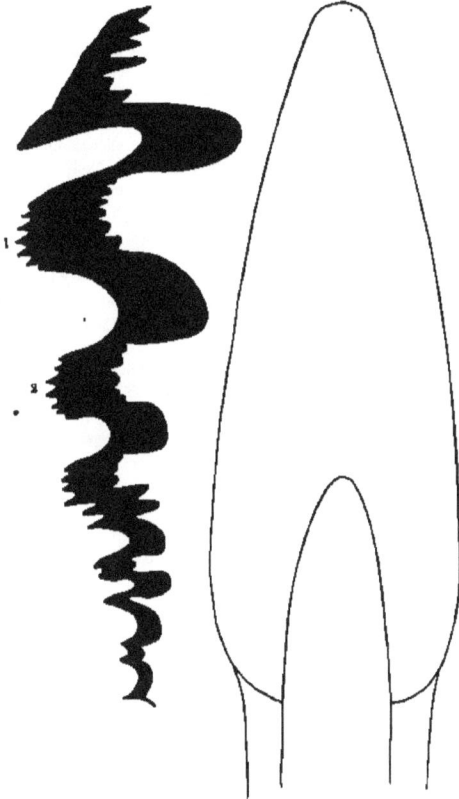

Aspidites superbus Waag. Chidern. Salt Range. *Flemingites*-Schichten. (Ceratiten-Sandstein.) Lobenlinie 1, 2, (erster u. zweiter Laterallobus) and berichtigter Querschnitt nach dem Gypsabguss des Originals. Vergl. Waagen, Vol. II, t. 24 f. 1 a.

semipartitus (wie alle übrigen Muschelkalkceratiten) einen deutlich ausgeprägten dritten Lateralsattel (meist als 1. Auxiliarsattel bezeichnet). Unterhalb diesem folgen erst die undeutlich differenzirten Auxiliarzäckchen, wie bei *Aspidites superbus*.

9. Eine ähnliche Convergenz besteht zwischen *Aspidites gigas* Waag. sp. (*Koninckites* Waagen l. c. t. 31 f. 2) und *Ceratites dorsoplanus* Philippi. Im Bau der Sutur bestehen dieselben Unterschiede; ausserdem ist bei der Muschelkalkform die ursprüngliche, aus externen Knoten und dichotomen Rippen bestehende Jugendsculptur stets wahrnehmbar, die bei *Aspidites Konincki* von Anfang an fehlt.

9. Auch der ereignete *Ceratites laevigatus* Philippi zeigt gewisse Anklänge an ereignete glatte Formen des Salt Range wie *Prionolobus rotundatus* (Waagen l. c. t. 34 f. 1--3) oder *Aspidites Verchérei* Waag. sp. (*Koninckites* Waagen l. c. t. 30 f. 1; Lehre s. unten). Doch ist hier -- abgesehen von den stets vorhandenen Suturunterschieden -- die Form der Schale nicht vollkommen die gleiche.

Abgesehen von den erwähnten Convergenzerscheinungen zwischen den deutschen und den wesentlich älteren nordindischen Ceratiten ist eine weitere Eigentümlichkeit beider Faunen hervorzuheben: Die eigentlichen *Leiostraca* d. h. die Medlicottiiden (*Sageceras*), die Arcestiden nebst verwandten Gruppen (*Pinacoceras*, *Phylloceras*, *Cladiscites*) fehlen hier wie dort gänzlich.[1] Beiden Thatsachen liegt wahrscheinlich die gleiche Ursache zu Grunde. Die genannten Ammoneen waren aus biologischen — uns unbekannten — Gründen nicht zur Einwanderung in Binnenmeere befähigt. Die allein zu dieser Immigration geeigneten Ceratitiden änderten zu verschiedenen Zeiten und in verschiedenen Gebieten unter dem Einfluss der gleichen biologischen Faktoren in den Binnenmeeren in gleicher Weise ab. Daher die Convergenz von phylogenetisch verschiedenen Gruppen.

Sieht man von der nicht aufrecht zu erhaltenden Unterscheidung trachyostraker und leiostraker Ceratitiden (p. 030) ab, so entwickeln sich aus *Hungarites* und *Paracelties* in der folgenden dyadischen Zone den *Ophiceras tibeticum*, sowie vor allem in der unteren Trias 5 Hauptgruppen,[2] die sich kurz folgendermassen kennzeichnen lassen:

---

[1] „*Sageceras*" *Haueri anum* bildet die einzige Ausnahme, da die Art nach Noetling in den Ceratiten-Schichten des Pamdschah vorkommt.

[2] Man wird gegen die folgende Vereinfachung der Classification W. Waagen's zunächst einwenden, dass bei 1 und 2 evolute und involute Formen vereinigt, bei 3 und 4 getrennt seien. Diese scheinbare Inconsequenz beruht darauf, dass 1 und 2 durchweg kleine und mittelgrosse Gehäuse umfasst, bei denen der Wachstumsunterschied keine weiteren Abweichungen im Lebensbau hervorruft. Hingegen bedingt bei den grossen Exemplaren von *Aspidites* (3) und *Prionolobus* (4) das verschiedene Wachstum auch weitere Unterschiede im Lebensbau und in der Form der Schale: die evoluten Formen besitzen — entsprechend ihrem verschiedenen Ursprung — einen zweikantigen oder gerundeten, die involuten einen gehöhlten oder schwach gerundeten Rücken. Die nachstehende Unterscheidung macht keinen Anspruch darauf, eine vollständige Revision der Formen durchzuführen, was nur durch eine Neubearbeitung der Originalexemplare möglich wäre. Doch sind ohne einen solchen Versuch die Namen und Abbildungen Waagen's nicht verwendbar.

A. Sutur einfach:

Externlobus meist zugespitzt, Hilfselemente (-Loben und -Sättel) fehlen oder beschränken sich auf einen kleinen Nahtlobus.

1. Laterallobon rund: *Lecanites* Mojs. Untere Trias.

Lecanites s. str. umfasst evolute Formen; kaum abtrennbar ist der involute *Ambites* Waag.

2. Laterallobon gezackt: *Ophiceras* Griesb. 1880 ?. *Gyronites* Waag. ex parte 1892—95.[1]

Kaum verschieden sind die etwas involuten als *Kymatites* Waag. bezeichneten Formen der Salt Range. *Ophiceras* Griesb. s. str. kennzeichnet die oberste Dyas des Himalaya und Caussri.

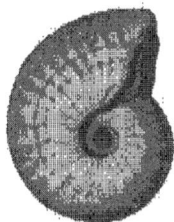

Ambites (Lecanites) Simon Waag. Triadischer Ceratiten-Mergel. Amb. Salzkette. Orig. Waag's neu gezeichnet.

B. Sutur complicirter:

Externlobus gezackt; Hilfszacken (Hilfsloben und -Sättel) stets vorhanden (bei involuten Formen zahlreich, zuweilen auch durch einen deutlichen Hilfslobus vermehrt, bei evoluten Formen weniger entwickelt):

3. Involut, scheibenförmig: *Aspidites* Waag. emend. Unt. Trias.

Nicht zu trennen von *Aspidites* sind: *Kingites* (Jugendformen von *Aspidites*), *Meekoceras* e. p. und *Koninckites*.

Nur wenig abweichend sind die Gruppen: *Clypites* (Externlobus breit, stark gezackt, mit Adventivloben) und *Proptychites* (die Zacken steigen an den Flanken der Sättel empor).

4. Evolut, ganz glatt oder mit undeutlichen Querrippen: *Prionolobus* Waag. (+ *Prionorites* Waag.). Unt. Trias.

Hierher *Meekoceras* der meisten Autoren und *Gyronites* Waag. zum Theil.

5. Evolut mit deutlicher Spiralsculptur und Querrippen: *Flemingites* Waag., phylogenetisch direkt aus dem älteren *Ophiceras* abzuleiten. Unt. Trias.

Die Stammesgeschichte der älteren Ceratitiden steht mit dem geologischen Auftreten in bestem Einklang:

1. *Lecanites* (incl. *Ambites*) schliesst sich direkt an den palaeodyadischen (bei Djulfa noch nicht gefundenen) *Paraceltites*[2] an. Der einzige Unterschied der sehr nahe verwandten Formen besteht darin, dass der kleine an der Naht gelegene Zacken von *Paraceltites* bei dem jüngeren *Lecanites* zu einem deutlichen zweiten Laterallobus umgebildet erscheint.

[1] C. Diener hat die Vermutung Waag's, dass *Ophiceras* einen gezackten Externlobus besitzt, widerlegt und somit fällt letzterer Gattung wahrscheinlich *Gyronites* ex parte zu. *Ophiceras* Griesb. 1880 unterscheidet sich allerdings von *Gyronites* Waag. 1892—95 durch Andeutung schwacher Spiralsculptur bei einigen Arten (O. tibeticum; Übergang zu *Flemingites*). Doch ist dies Merkmal wahrscheinlich bei der schlechten Erhaltung der Pandschab-Ammoniten nicht sichtbar.

[2] *Paraceltites* Diener. Abbildungen auf Taf. 59 Fig. 13 und Taf. 67 Fig. 8—10.

Zu p. 684.

Die dyadischen Ceratitiden.

Die gegenüberstehende (p. 634) Eintheilung der neodyadischen Ceratitiden
wird durch die während des Druckes eingetroffenen Mittheilungen und Beobachtungen Noetling's in einigen Punkten geändert und präcisirt. Die „Hungariten"
von Djulfa (p. 636 n. 567) sind besser als Vertreter einer Nebenreihe anzusehen;
Ophiceras (1) und die untertriadischen Lecaniten fallen wahrscheinlich zusammen,[1]
während ich über nahe Beziehung der genannten Gattung zu *Xenodiscus* (s. Ahh.)
aus eigener Anschauung urteilen kann. Es ergiebt sich zunächst folgende Gruppirung der am einfachsten gebauten Ceratitiden (Unt.-Familie Xenodiscinen):

Zwei gezackte (in der Jugend glatte) Laterallohen. Antisiphonallobus
zweispitzig. Auxiliar-Elemente schwach entwickelt. Schale mehr oder weniger
involut.

1. *Xenodiscus* Waag. 1879 mit kräftigen Rippen oder Knoten (hierher
Danubites ex parte).
2. *Ophiceras* Griesb. 1880 mit feineren Anwachsstreifen oder schwach ange-
deuteten Rippen und Andeutung von Spiralsculptur
Xenaspis Waag. 1893 („lange" Wohnkammer[2])
Gyronites Waag. 1893 + *Kymatites* Waag. 1893 (letztere „Gattung"
ist etwas involuter)
— *Lecanites* Waag. non Mojs. (angeblich ungezähnte Loben) + *Ambites* Waag. (letztere etwas involut).

Ein Blick auf die Abbildungen zeigt die nahe Verwandtschaft, genauer gesagt die generische
Zusammengehörigkeit von „Xenodiscus" plicatus und „Xenaspis" carbonarius, sowie die geringfügige
Verschiedenheit von Ophiceras. Die bisherige Annahme weitgehender Unterschiede beruht wohl z. Th.

---

[1] An dem Originalexemplar von *Lecanites psilogyrus* Waag. erkannten Noetling und v. Krafft
die gezackten Loben von *Ophiceras* bezw. *Xenodiscus. Lecanites psilogyrus* ist specifisch ident mit
Gyronites frequens Waag. und wahrscheinlich besitzt keiner der untertriadischen „Lecaniten" die
Merkmale der mittelriadischen Rückschlagsform *Lecanites planorsa.*

[2] Die Hinfälligkeit der Diagnose „mit langer Wohnkammer" hat Fr. Noetling treffend gekennzeichnet. Dazu kommt noch, dass bei den mir vorliegenden Exemplaren von *Xenodiscus carbonarius* die letzten 5—10 Kammerwände bis auf geringe, leicht zu übersehende Reste zerstört sind.
Die „lange" Wohnkammer ist somit auch bei dem Originalexemplar Waagen's wahrscheinlich auf die
Eigenthümlichkeit der Erhaltung zurückzuführen. Von den übrigen bei Diener (Himalayan Fossils
Lower Trias p. 83—87) als *Xenaspis* bezeichneten Arten ist bei *Xenaspis Middlemissi* die Wohnkammer
unbekannt. Nur *Xenaspis orientalis* (tiefste Trias, Ost-Sibirien) scheint wirklich eine lange Wohnkammer (mehr als ½ Umgang) besessen zu haben. Höchstens könnte man für diese Species die Auf-
rechterhaltung der Gattung in Frage kommen. Allerdings ist die Selbständigkeit zweifelhaft. Auch
bei den Ammoneen des Devon zeigt im Beginn der Stammes-Entwickelung die Wohnkammerlänge die
grössten Schwankungen (Gomiaclymenia — Oxyclymenia; Tornoceras; Aulatoceras — Aphyllites). Aus
demselben Gründen verweise ich auch vorläufig die Selbständigkeit von *Viohmites* Dien. l. c. Diese
Untergattung von *Xenaspis* soll eine Wohnkammer von mindestens ⅔ Umgangslänge besitzen, was
eine Abtrennung von *Prionolobus* oder *Aspidites* (Wohnkammer ½–⅓ Umgang) noch nicht rechtfertigen würde. Die Beschärfung der Externseite der äusseren Windungen von *Viohmites* ist ferner
ein gutes Speciesmerkmal, kann jedoch abweichend zur Begründung einer Untergattung verwendet
werden, wie etwa bei *Psyibites Smithea* Dien. Wollte man die zugeschärfte Aussenseite als Merkmal
einer Untergattung ansehen, so würden bei Goniatiten und Clymenien allein 7–8 neue Subgenera
notwendig.

auf der Altersbestimmung, welche *Xenodiscus "carbonarius"* dem „Carbon“ oder der älteren Dyas, *Ophiceras* hingegen der Trias zuwies.

Auch nach der durch NOETLING erfolgten Berichtigung dieser Auffassungen wäre nichts gegen die Annahme einzuwenden, dass in der unteren Neodyas (Virgal-Gruppe) *Ophiceras* und *Xenodiscus* noch nicht generisch getrennt sind, dass jedoch *Xenodiscus carbonarius (Xenaspis)* der direkte Vorfahr des wenig jüngeren *Ophiceras* ist. Erst in der oberen Neodyas (Otoceras-Gruppe, Zone des *Otoceras Woodwardi* und *Ophiceras tibeticum*) trennt sich durch stärkere Entwickelung der Auxiliarelemente[1] und Ausbildung von Spiralsculptur *Ophiceras* als Subgenus von *Xenodiscus* ab. In der Untertrias sind dann *Xenodiscus (? Danubites* s p.) und *Ophiceras (= Gyronites + Ambites Larenites* s. p. + *Kymatites)* als Genera bestimmt zu trennen, wie die Abb. des dem *Xen. plicatus* nahestehenden *Xen. perplicatus* zeigt.

Eine schärfere Trennung der unmittelbaren Vertreter ist schon deshalb erforderlich, weil sich aus dem trachyostraken *Xenodiscus* zunächst *Celtites* (evolut, ohne Auxiliarelemente[?]), und weiterhin die Ceratitiden s. str. entwickeln.

An *Ophiceras*[1] knüpfen ebenfalls *Flemingites* (mit stark entwickelter Spiralsculptur und Querrippen, also trachyostrak), andererseits *Prionolobus* (evolut mit stärker entwickelten Auxiliarzacken) und *Aspidites* (involut) an; die beiden letzteren besitzen keine Spiralsculptur und sind wohl als Ausgangspunkt von *Gymnites* und *Ptychites* anzusehen.

Die wegen der Seltenheit des Materials bisher nur ungenügend bekannte Suturentwickelung der ältesten Ceratitiden ergänzt und bestätigt die durch die Stratigraphie und die Untersuchung erwachsener Formen gewonnenen Ergebnisse:

Dem bei 3 Arten[1] beobachteten „Paraceratites“-Stadium (α) mit glatten Laterallobus, gerundetem Antisiphonal- und ungetheiltem Externlobus folgt ein wenig verschiedenes „Paralecanites“-Stadium (β) mit getheiltem Externlobus.[4] Das folgende

Sutur-Entwickelung der älteren Ceratitiden (Xenodiscinen).

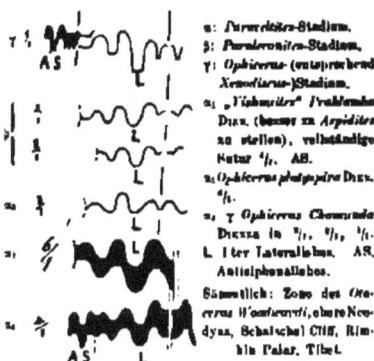

α: *Paraceratites*-Stadium.
β: *Paralecanites*-Stadium.
γ: *Ophiceras*- (entsprechend *Xenodiscus*-)Stadium.
α₁ „*Vishnuites*“ Problematus Dien. (besser zu *Aspidites* zu stellen), vollständige Sutur ⁴/₁. AS.
α₂ *Ophiceras platypleura* Dien. ⁴/₁.
α₃ γ *Ophiceras Chamunda* Diener in ⁹/₁, ⁶/₁, ⁴/₁.
L. I ter Laterallobus. AS. Antisiphonallobus.

Sämmtlich: Zone des *Otoceras Woodwardi*, obere Neodyas, Schalschal Cliff, Rimkin Palar, Tibet.

sich nur durch die stärkere Entwickelung der Auxiliarzacken. Die Mannigfaltigkeit von *Ophiceras* wird besonders durch die neue Art mit ihrem Labialwulst illustrirt.

[1] Die schwierige Grenzbestimmung zwischen *Celtites*, dem Subgen. *Danubites* und *Xenodiscus* würde hier zu weit führen.

[2] *Paraceltites paradapsalinus* (p. 578) erinnert, wie kaum bemerkt zu werden braucht, äusserlich durchaus an „*Ambites*“ dieser, ist aber wegen Fehlens der Loben nicht näher bestimmbar.

[3] *Ophiceras platypleura*, *Chamunda* und „*Vishnuites*“.

[4] Die zweite Figur des als β bezeichneten Stadiums lässt bereits die Anlage von Auxiliarloben erkennen. Ich halte   entgegen der Ansicht Diener's   die im Laufe eines knappen Umganges erfolgende Theilung des Externlobus nicht für erheblich genug, um *Paraceltites* und *Paralecanites* als „Gattungen“ zu trennen. Jedenfalls entspricht der Wachsthumsunterschied der geologisch aufeinander folgenden Gruppen nicht, wie C. Diener angiebt, der Verschiedenheit der Gattungen *Bruncerras*

[1] Die ovale Varietät von „*Ophiceras Sakuntala*“ stimmt in der äusseren Form vollkommen mit „*Xenodiscus*“ *carbonarius* überein, und unterscheidet

Ophiceras-Stadium (γ) zeigt eine Zähnelung der Loben und die bekannte Zweispitzigkeit des Antisiphonallobus.

Erst die Gattung *Ophiceras* würde also der herkömmlichen Definition der Ceratitiden entsprechen.

Die weitere Differenzirung der Sutur bei den im Wesentlichen[1] alttriadischen Gattungen *Prionolobus* (δ, ε) und *Aspidites* betrifft vor allem die Zähnelung des Externlobus, die Auxiliarzacken der Aussenseite und der seitlichen Internloben (ε₁ ε₂).

Neben dem gerippten (trachyostraken) *Xenodiscus* und der geradlinigen Entwickelung der „leiostraken" Formen *Paracellites* (Palaeodyas) — „Paralecanites" (Neodyas) — *Ophiceras* (obere Dyasgrenze) — *Prionolobus* und *Aspidites* (von der oberen Dyasgrenze an, besonders aber in der Untertrias) treffen wir noch in der Neodyas zwei Nebenreihen:

1. eine rückläufige mit unterzähligen Loben (1 Laterallobus; für andere Auffassung vergl. p. 636 u. 667: „Huagsrites" *Roddei* und *peanoides*, wohl besser als *Dinarites* zu bezeichnen).

2. Eine der Entwickelung vorauseilende Nebenreihe mit Seitenohren und zahlreichen deutlich differenzirten Auxiliarloben[2] — *Otoceras*, eine Gattung, die in der obersten Dyas ausstirbt.[4]

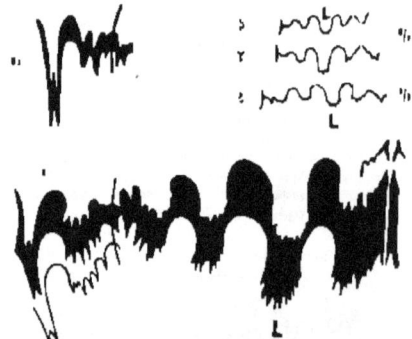

δ ε *Prionolobus ambirosis* Waag. Sutur-Entwickelung.
) *Paralecanites*-Stadium, γ *Ophiceras*-Stadium, δ, ε *Prionolobus*-Stadium (mit stark variabler Innensutur) ⁶/₁.
Zone des *Aspidites* („Koninckites") *rotulatus*, Virgal. Salt Range.
ε₂ *Prionolobus rotulatus* Waag. Rhondaher.

(bezw. *Agaoides*) und *Glyphioceras*: Bei *Agaoides* und *Glyphioceras* sind die ältesten Arten am meisten in mehr als einer Hinsicht verschieden, während jüngere Glyphioceren (*Gl. retiradatum* u. s.) eine Convergenz zu den älteren Agaoiden aufweisen.

[2] *Prionolobus Hodgsoni* Diex., „Kingites" *Varaha* Diex. (*Aspidites* vergl. p. 637) und eine noch unbeschriebene Art (sämmtlich in der Zone des *Otoceras Woodwardi*) vermitteln die Abtrennung von *Ophiceras*, der sie in ähnlicher Weise nahe stehen wie *Xenodiscus* (? *Ophiceras*) *carbonarius*.

[3] Die genannten dreilobigen Djulfa-Arten stehen den untertriadischen Arten *Dinarites nodus* Mois. und besonders *D. Muchianus* ausserordentlich nahe; die übrigen „Dinarites" gehören anderen Entwickelungsreihen an.

[4] Die „überzählige" Entwickelung der Auxiliarloben wird erst wieder bei dem typischen Muschelkalk-Ceratiten (excl. *Balanatites* E. Phil.) erreicht.

[5] Die kleine, durch geringere Grösse und schwache Entwickelung der Ohren von der Hauptform (p. 628) unterschiedene mut. *epigonus* tritt in der Zone des *Ophiceras tibeticum* (p. 636) hinter dieser Gattung durchaus zurück.

Wir erhalten also die folgende ausführliche Diagnose und den nachstehenden Entwurf eines Stammbaumes der ältesten Ceratitiden, der „Xenodiscinen":

Xenodiscinae: Primitive Ceratitiden mit unentwickelter Sutur, Aussenseite mit Anwachsstreifen oder weniger ausgebildeten Rippen, Wohnkammer wahrscheinlich durchweg kurz, Neodyas und Untertrias. Ältere Formen und die Embryonalsuturen jüngerer Gattungen zeigen ungezähnte Seitenloben und einspitzigen Antisiphonal-

1 *Otoceras Woodwardi* Griesb. mit. nov. *spigneum* und 2 *Ophiceras gibbosum* Griesb.   Oberste Dyas. Zone des *Ophiceras tibeticum* Griesb. Schalschni Cliff, Tibet. ¹/₁.

lobus. Die jüngeren Formen mit gezähnten Loben leiten zu den glatten Ptychiti-den[1] und den stärker sculpturirten Ceratitiden über, ohne dass eine scharfe Grenze vorhanden wäre (*Xenodiscus* zu *Robustites*, *Aspidites* (?*Proptychites*) zu *Ptychites*).

Die besten Leitformen stellen vornehmlich die ohne Nachkommen aussterben-den Seitenzweige dar, so *Otoceras* für die Neodyas, *Flemingites* und *Hedenstroemia* für den oberen Theil der Untertrias. Ebenso bezeichnend ist das Aussterben von *Ophiceras* (= *Leconites* Waag. = *Gyronites* Waag.) im tieferen Theile der Untertrias.

---

[1] Die durch einfachere Loben und scheibenförmige, schon im Embryonalstadium ausgeprägte Schalenform ausgezeichnete Gruppe, zu der *Meekoceras praenuntium* (p. 631) *rectinus* Beyr. und andere Meerbelkalkarten gehören, wird als besondere Gattung *Beyrichites* Waag. zu den *Meekoceratidae* gerechnet. Ich halte dieselbe nur für eine Section oder Untergattung von *Ptychites*, von denen typischen Vertretern sie sich durch die erwähnten Merkmale unterscheidet, während die Abweichungen von der *Meekoceras*-Sutur (bezw. von *Proptychites*) beträchtlicher sind. Wichtig ist ferner die nahe Verwandtschaft von *Beyrichites* und *Ceratites*. Manche Ceratiten des oceanischen unteren Muschelkalkes könnten fast ebensogut zu *Beyrichites* gerechnet werden, so *Ceratites Atavus* Dittm. (vergl. Dittm., Himalaya, Lower Trias p. 78, Muschelkalk p. 17 und Arthaber, Reiflinger Kalke p. 278).

² Die obige Abbildung der Sutur von *Aspidites superbus* ist, wie eine erneute Untersuchung zeigt, am Externantel incorrect.

Entwurf eines Stammbaumes der ältesten Ceratitiden (Xenodiscinen) in der Dyas und Untertrias.

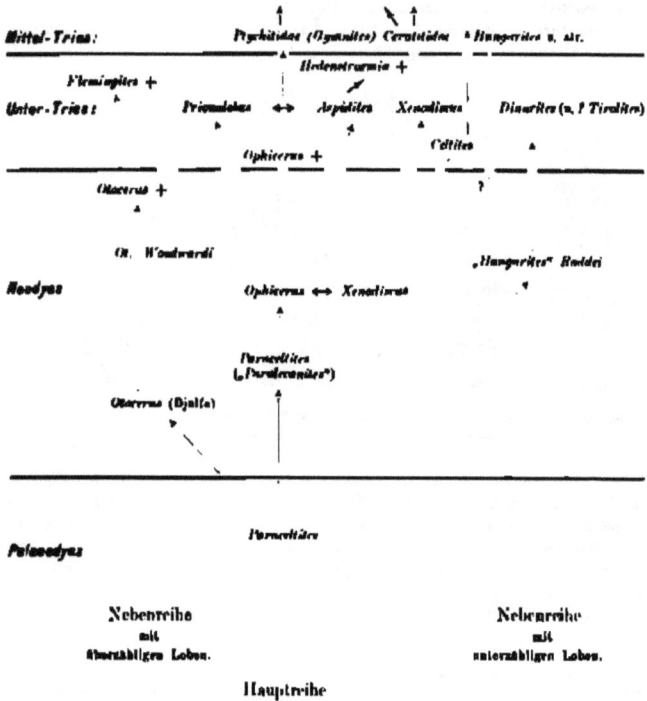

Mittel-Trias: Psychitidae (Dynnites) Ceratitidae ͮ Hungarites u. alr.

Unter-Trias: Flemingites +   Hedenstroemia +

Priomolobus ↔ Aspidites   Xenodiscus   Dinarites (u. ? Tirolites)

Ophiceras +   Celtites

Olacerus +   ?

Ct. Woodwardi   „Hungarites" Ruddei

Nowdyas   Ophiceras ↔ Xenodiscus

Paracelites (‚‚Paralecanites")

Glacerus (Djulfa)

Palaeodyas   Paracelites

Nebenreihe   Nebenreihe
mit   mit
überzähligen Loben.   unterzähligen Loben.

Hauptreihe

Anm. Das Kreuz bezeichnet das Aussterben einer Gattung.

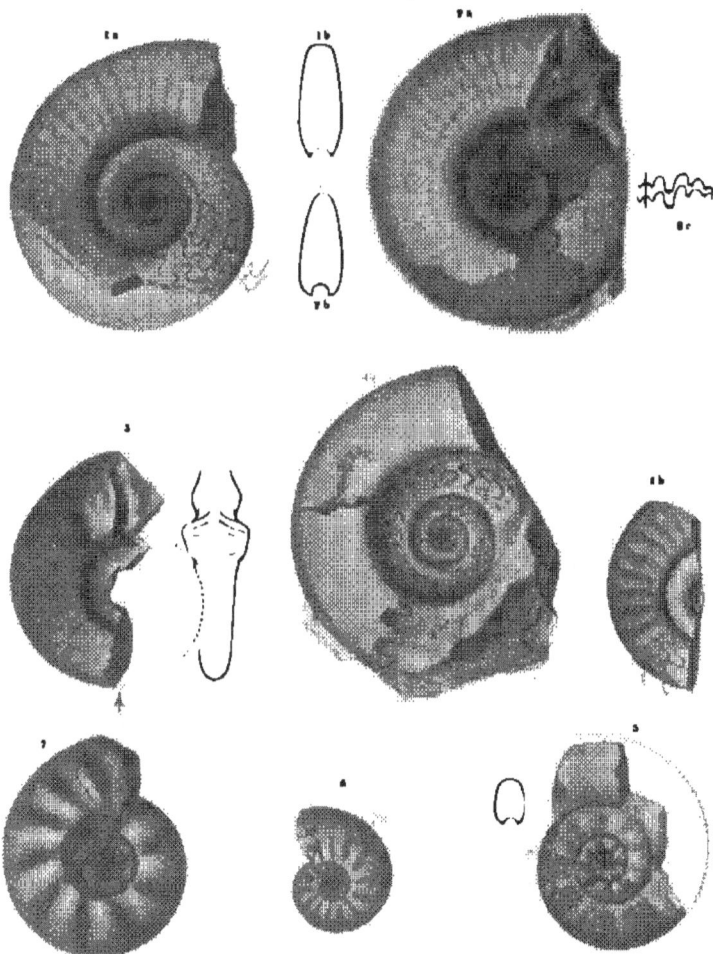

1 a, b. *Ophiceras Sakuntala* var. *costata* Fliegel et Noetling. ²/₃. 2. *Ophiceras Sakuntala* Diener. Typ. ¹/₁. a, Ausguss der vollständigen (mit Mündung?) erhaltenen Wohnkammer. b, Querschnitt c. Lobenlinie eines jüngeren Exemplars. 1—3, Zone des *Otoceras Woodwardi.* Schalschal Cliff. Tibet. — 3. *Ophiceras striatum* Fliegel et Noetl. Ebendaher. Der Pfeil bezeichnet die Lage der ersten Kammerwand. — 4. *Xenodiscus carbonarius* Waag. ¹/₁. a Grosses Exemplar. b Kleineres Stück mit Sculptur und Sutur. Zone des *X. carbonarius.* Mittlerer Productuskalk. Chidru. — 5. *Xenodiscus plicatus* Waag. Combinationsfigur von 2 gleich grossen Stücken. Mittlerer Prod.-Kalk. Zone d. *X. carbonarius.* Chidru. — 6. *Xenodiscus* nov. sp. aff. *X. plicatus* Waag. Zone des *Ot. Woodw.* Schalschal Cliff. ²/₁. — 7. *Xenodiscus perplicatus* Noetl. et Furch. Unterste Trias. *Ceratites*-Zone. Virgal. Salt Range. Der Pfeil bezeichnet die Lage der letzten Kammer.

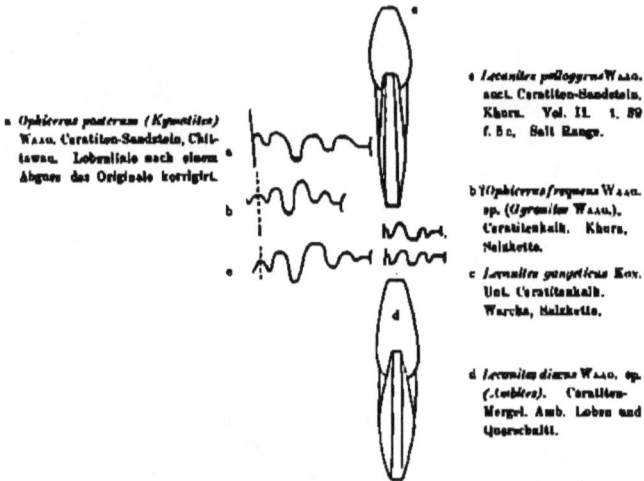

a *Ophiceras posterum (Kymatites)*
Waag. Ceratiten-Sandstein, Chit-
tawan. Lobenlinie nach einem
Abguss des Originals korrigirt.

e *Lecanites psilogyrus* Waag.
anct. Ceratiten-Sandstein,
Khura. Vol. II. 1. 89
f. 5 c. Salt Range.

b ? *Ophiceras frequens* Waag.
sp. (*Gyronites* Waag.),
Ceratitenkalk. Khura,
Nalzkette.

c *Lecanites gangeticus* Kon.
Unt. Ceratitenkalk.
Warcha, Nalzkette.

d *Lecanites discus* Waag. sp.
(*Ambites*). Ceratiten-
Mergel. Amb. Loben und
Querschnitt.

Lobenlinien und Querschnitte von Ceratitiden aus den dyadо-triadischen Grenzschichten.
1. *Lecanites (+ Ambites)* u. 2. *Ophiceras (?Gyronites + Kymatites + Meekoceras* u. p.)

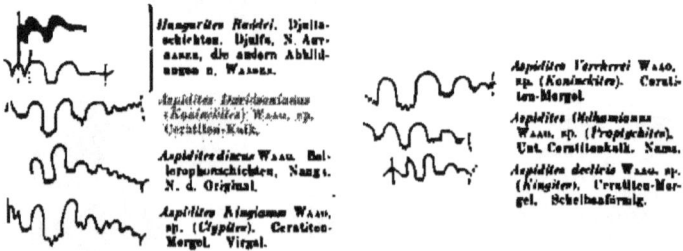

Hangurites Noddei. Djulfaschichten, Djulfa, N. Arm-
aanen, die andern Abbild-
ungen b. Waagen.

Aspidites Davidsonianus
(*Koninckites*) Waag. sp.
Ceratiten-Kalk.

Aspidites discus Waag. Bel-
lerophonschichten, Nangs.
N. d. Original.

Aspidites Kingianus Waag.
sp. (*Clypites*). Ceratiten-
Mergel. Virgal.

Aspidites Vercherei Waag.
sp. (*Koninckites*). Ceratiten-Mergel.

Aspidites (Hehamianus
Waag. sp. (*Proptychites*).
Unt. Ceratitenkalk. Nams.

Aspidites declivis Waag. sp.
(*Kingites*). Ceratiten-Mergel. Schelhaalförmig.

Hangurites (Djulfaschichten) u. 3. *Aspidites* aus den Grenzschichten von Ilyas u. Trias.
Aspidites em. umfasst *Aspidites* Waag., *Koninckites* W., *Kingites* W., *Proptychites* W., *Clypites* W.
und *Meekoceras* anct. e. p.; *Proptychites* u. *Clypites* sind als Vertreter besonderer Gruppen anzusehen.

2. Auch das in der obersten Dyas auftretende *Ophiceras* dürfte indirekt auf die palaeodyadischen Formen von *Paraceltites* zurückzuführen sein. Allerdings sind die Unterschiede — Zackung der Loben, ein zweiter Laterallobus und Spiral-

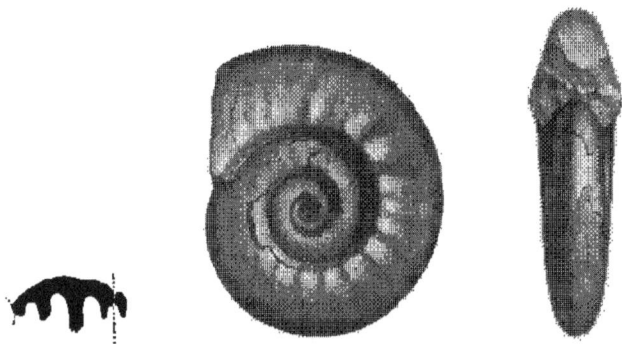

Ophiceras tibeticum GRIESB. Gleichnamige Zone der obersten Dyas. Kiamiang-Lagerplatz, Himalaya.
N. DIENER. Palaeontologia Indica Ser. XV, vol. II. 1.

sculptur — sehr viel erheblicher. Aber die Ähnlichkeit mit den Arten des Sosio-kalkes (Taf. 67, Fig. 10) ist unverkennbar, während die Form des Bellerophon-kalkes (*Paralecanites* Taf. 67, Fig. 8) einen in anderer Richtung divergirenden Zweig darstellt. Als Zwischenform von *Ophiceras* und den älteren Paraceltiten kann wohl *Xenodiscus plicatus* aus dem mittleren Produktuskalk (Taf. 57 b, Fig. 2) bezeichnet werden.

3. Die neben *Otoceras* bei Djulfa auftretende Gattung *Hungarites* ist wohl der unmittelbare Vorläufer der mannigfach entwickelten A s p i d i t e n. *Hungarites* besitzt einen, *Aspidites* zwei, der mitteltriadische *Ceratites* drei [1] deutlich ausgeprägte Seitenloben.

Als Ausgangspunkt ist der scheibenförmige, enggenabelte *Hungarites Raddei* ARTH. p. 567, nicht der eigentümlich differenzirte *H. pessoides* anzusehen. Der Formunterschied zwischen *Hungarites* und *Aspidites* besteht in dem Verschwinden der den Mittelkiel begleitenden Seitenkanten und der Ausbildung eines einfachen Rückenkiels.

Die äussere Form der Aspiditen ähnelt *Hungarites Raddei* viel mehr als den obertriadi-schen Arten *Hungarites Mojsisovicsi* Bukow. Emiliae Muss. etc. (Mojsisovics, Ammonen der medi-terranen Triasprovinz I. 2, I. 3, 4). In directer Linie schoinen an die älteren Hungariten die jüngeren Formen des Muschelkalkes mit starkem Kiel und einem zweiten Laterallobus und Sattel anzuknüpfen.

Wenn der Versuch gemacht worden ist, die scheibenförmigen jüngeren Ceratiten auf *Hungarites*, die evoluten Formen auf *Paraceltites* und *Lecanites* zurückzuführen, so ist, wie bei allen phylogene-tischen Spekulationen, ein Punkt im Auge zu behalten: Jeder neue Fund in den immerhin noch wenig erforschten Schichten kann das Bild verschieben. Ferner habe ich von der Besprechung der mir nur

—————————
[1] Gewöhnlich als zwei Laterallobon und ein Hilf-lobon gezählt.

e 637.

pionus.
Locm'mhen
Fig. 3 h.

aus Abbildungen bekannten „Gattungen" *Xenodiscus* und *Xenaspis* abgesehen, wie auch sonst die Darstellung keinen Anspruch auf Vollständigkeit macht. Der Ausgangspunkt war die Fixirung der geologisch wichtigen Formen, das Hauptergebnis der enge, fast untrennbare Zusammenhang, in dem die älteren raub- und glattschaligen Ceratitiden der Neodyas und der älteren Trias mit einander stehen.

Über einige Einzelheiten ist nach dem Studium der Abgüsse der Originalexemplare Waagen's das Folgende zu bemerken:

1. *Lecanites* Mojs. stimmt in dem allgemeinen Umriss der Sutur mit *Gyronites* Waag. überein, besitzt jedoch gerundete, nicht gezahnte Loben. Das Fehlen der Lobenzäckchen erklärt sich jedoch nicht, (wie G. von Arthaber mir nach Untersuchung der Waagen'schen Originale freundlichst mittheilte), durch ungünstige Erhaltung der Steinkerne, sondern ist ursprünglich vorhanden. Directer Vorläufer von *Lecanites* bei *Paraceltites sextensis* Diex. sp. (*Paraceltites* Taf. 67, Fig. 8) aus dem Bellerophonkalk der Ostalpen, der einen Laterallobus weniger besitzt. Mit dem devonisch-carbonischen *Prolecanites* Mojs. besteht keine Verwandtschaft, sondern nur eine entfernte Ähnlichkeit der Schalenform (*Prol. humilicosta*) sowie der Laterallobus bei einigen Arten. Jedoch ist die Sutur am Sipho ebenso verschieden, wie die Sculptur und die Form der Mündung.

2. *Ophiceras* Griesb. 1880 em. Diexer (*Merkoceras* auct. ex parte + ? *Gyronites* Waag. 1892—95) umfasst nach Diexer evolute Formen mit Spiralsculptur, bildet also den Übergang zu den jüngeren *Flemingites*, stimmt aber in den meisten Merkmalen mit *Prionolobus* überein; nur fehlen die kleinen Auxiliarloben und -Sattel. (Vergl. C. Diexer, l. s. c. p. 49).

Das Vorkommen beschränkt sich nach Nöetling und v. Kraffy auf die Zonen mit *Otoc. Woodwardi* und *Ophiceras tibeticum* des Himalaya und die gleichalten Schichten an der Ussuri-Bucht (Ostsibirien). Die Ähnlichkeit von *Ophiceras* und *Gyronites* Waag. ist bemerkenswert; doch berechtigen die Stücke, auf welche Waagen die Gattung *Gyronites* begründet hat, zu keinen bestimmten Schlüssen.

3. *Aspidites* Waag. (Familie *Merkoceratidae* Waagen) ist ident mit:

a) *Kingites* Waag. (Fam. „*Merkoceratidae*"). *Kingites* entspricht den Jugendformen von *Aspidites*. Hierher gehören auch manche schreibenförmige kleine Merkoceraten, so *Merkoceras radiatum* Waag.

b) *Koninckites* Waag. Der einzige Unterschied von *Koninckites* und *Aspidites* — die geringere Zahl der Auxiliarzacken bei ersterem beruht auf der Verschiedenheit der Involution. *Koninckites* umfasst Arten, die etwas weniger schreibenförmig sind als *Aspidites* und daher den für die Entwickelung der Auxiliarzacken nothwendigen Raum nicht besassen. Die Zahl der Grundelemente und der Verlauf der Sutur ist bei den beiden „Gattungen" gleich, wie die Abbildungen erkennen lassen.

c) *Proptychites* Waag. (Fam. *Ptychitidae* Waag.) ist in der Sutur, Sculptur und der inneren Form den beiden vorgenannten, insbesondere *Koninckites* gleich. Das einzige, (bei *Ceratites* als unwesentlich anzusehende) Merkmal von *Proptychites* ist das Anfsteigen der Ebnelung an den Flanken der Sattel (brachyphylle Sutur). *Ptychites* ist von *Aspidites* ähnlichen Formen abzuleiten, ob aber grade von *Proptychites*, dürfte zum mindesten zweifelhaft sein. Der Unterschied der Sutur von *Ptychites* und *Proptychites* besteht nicht sowohl in der vollkommnen Zähnelung der Sattel als vielmehr in der Ausbildung zahlreicher deutlich differenzirter Auxiliarloben und -Sättel. Bei *Aspidites* bezw. *Proptychites* sind von den Auxiliarelementen nur kurze Zäckchen vorhanden.

d) *Clypites* Waagen (Lobenlinie p. 635) ist vielleicht als Gruppe oder Untergattung von *Aspidites* getrennt zu halten, von dem er nur durch geringfügige Abweichungen des Externtheiles der Sutur verschieden ist. Doch ist ein geringer Unterschied nur bei *Clyp. evolvens* (p. 632) ausgeprägt, während *Clypites Kingianus* von *Aspidites* diexus generisch nicht verschieden ist.

4. Evolute Formen ohne Spiralsculptur (mit kleinen Auxiliarzacken an der Naht) hat W. Waagen als *Prionolobus* bezeichnet. Zu *Prionolobus* gehört *Merkoceras falcoides* Waag., dessen äussere Form, Sculptur und Sutur vollkommen mit *Prionolobus rotundatus* übereinstimmt; allerdings zeigt die Anwinnende Rippen, die sich aber nur als Verstärkung der Sculptur darstellen.

Die Ausbildung einer etwas complicirten Lobenlinie bei *Paranorites* Waag. (Abb. in der Beilage) dürfte kaum die Abtrennung einer Gruppe rechtfertigen.

Von dem älteren *Ophiceras* unterscheidet sich der jüngere *Prionolobus* durch stärkere Entwickelung und Complication der Auxiliarelemente, sowie durch das Fehlen der Spiralsculptur. Die besondere kräftige Ausbildung dieser letzteren, sowie der Querrippen kennzeichnet andrerseits die Elementformen des palaeotriadischen *Flemingites*. *Ophiceras* ist also die dyadische Stammform, aus der einerseits *Prionolobus* (*Meekoceras* incl.), andrerseits *Flemingites* als triadische Nachkommen in divergirender Richtung hervorgehen.

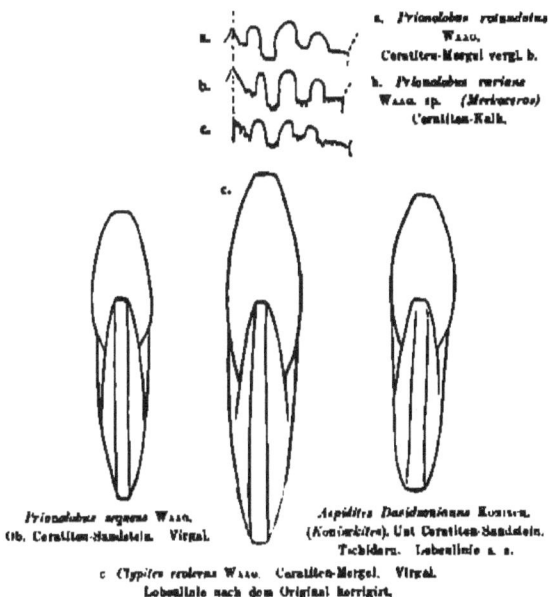

a. *Prionolobus rotundatus*
   Waag,
   Ceratiten-Mergel vergl. b.

b. *Prionolobus variens*
   Waag. sp. *(Meekoceras)*
   Ceratiten-Kalk.

Prionolobus arquens Waag.
Ob. Ceratiten-Sandstein. Virgal.

Aspidites Dasidmuianum Kossm.
(*Koninckites*). Unt Ceratiten-Sandstein.
Tschidara. Lobenlinie a. s.

c *Clypites enolens* Waag. Ceratiten-Mergel. Virgal.
Lobenlinie nach dem Original korrigirt.

3. *Prionolobus* (= *Meekoceras* s. p.) umfasst evolute Formen, *Aspidites* (+ *Clypites*) involute Formen, die im Jugendzustand nur geringe Unterschiede zeigen. Untere Trias. Salzkette.

Die stratigraphisch wichtigen Ergebnisse der vorangegangenen palaeontologischen Revision sind kurz die Folgenden:

1. Leiostrake und trachyostrake Ceratitiden sind in der oberen Dyas und der unteren Trias noch nicht als unterscheidbare Gruppen differenzirt.

2. Die älteste, in bemerkenswerther Weise differenzirte Gattung dieser ceratitenähnlichen Ammoneen ist *Otoceras*, das wegen seiner einzigartigen Form das beste Leitfossil der Neodyas bildet.

3. *Ophiceras*, eine weniger scharf charakterisirte Gattung der obersten Dyas geht auf den palaeodyadischen *Paracelites* sowie den neodyadischen *Xenodiscus* zurück, während als alt-triadischer Nachfolger *Flemingites* anzusehen ist.

4. Die übrigen, die oberste Dyas (Zone des *Otoceras Woodwardi*) bevölkernden Ammoneen sind palaeodyadischen (*Medlicottia* und [illegible]) oder noch älteren Ursprungs: *Thalassoceras* entsendet als Ausläufer *Ussuria*. *

5. Ebenso wie *Flemingites* (3) gehen die wichtigsten und weit verbreiteten ceratitischen Leitformen der ältesten marinen Trias: *Aspidites* Waag. em., *Prionolobus* Waag. em. (= *Meekoceras* auct.) und *Lecanites* Mojs. aus dyadischen Ceratitiden hervor. *Aspidites* knüpft an *Hungarites* (unt. Neodyas), *Prionolobus* wahrscheinlich an die palaeodyadischen Paraceltiten, *Lecanites* an den neodyadischen *Paraceltites* („*Paralecanites*") des Bellerophonkalkes an.

Der folgende, aus der Feder F. Noetling's hervorgegangene Abschnitt enthält den ausführlichen Nachweis, dass die unabhängig gewonnenen Ergebnisse palaeontologischer Untersuchungen mit den mühevoll errungenen geologischen Beobachtungen im besten Einklange stehen.

B. Die Dyas in Indien.

Von Fritz Noetling.

Wenn wir Indien im Sinne seiner politischen Grenzen als einen einheitlichen geographischen Begriff auffassen, so besitzt innerhalb dieses gewaltigen Areals die Dyas ohne Frage die grösste Entwickelung unter den Formationen der palaeozoischen Zeit. Diese Erkenntnis hat sich erst in neuerer Zeit Bahn gebrochen, denn ein gutes Theil dessen, was als Dyas aufzufassen ist, wurde früher als Carbon betrachtet.

Wir finden die Dyas in weiten Gebieten der ostindischen Halbinsel, wo sie die ergiebigsten Kohlenfelder enthält. Im nördlichen Teile Indiens begegnen wir derselben in der Salt Range,[1] im Sefid Kuh, in Kaschmir, wahrscheinlich in der ganzen Länge des Himalaya, ungefähr vom 72. bis zum 96. Grad östlicher Länge; ferner sind in Birma Schichten, die wahrscheinlich die südliche Fortsetzung der Dyas des Himalaya bilden, bis hinab zum 20. Grad nördlicher Breite nachgewiesen.

Die geographische Verbreitung zeigt den wichtigen Gegensatz, dass die nichtmarinen Schichten, d. h. die glacialen und postglacialen Ablagerungen, sowie die limnischen und fluviatilen Schichten eine centrale Lage einnehmen und von den marinen Bildungen umgürtet werden. Selbst die Entwicklung der Dyas in der Salt Range, wo wir neben glacialen Schichten solche marinen Ursprunges finden, spricht nicht gegen diese Beobachtung, sondern ist geradezu eine wesentliche Stütze derselben, denn die nichtmarinen Bildungen der Pandschabischen Stufe sind auf den östlichen, d. h. den nach dem Vereisungszentrum zu gelegenen Theil der Salt Range beschränkt, während die marinen Bildungen nur im westlichen Theil vorkommen, d. h. peripherisch in Bezug auf den letzteren, wenn wir die dyadischen Ablagerungen Centralindiens als den Mittelpunkt ansehen.

[1] Das angebliche Vorkommen von Productus, welche nach Fleming (Quart. Journ. vol. IX, p. 348) am östlichen Gehänge des Takht-i-Suleiman vorgefunden worden, ist bisher nicht bestätigt worden und kann daher ausser Betracht bleiben.

[illegible] is quite common in the [illegible] beds of [illegible], and [illegible] California, where there are at least two species of it. [illegible] is also found in the same beds!

Allein nicht nur in Bezug auf räumliche Entwickelung, sondern auch hinsichtlich verticaler und facieller Gliederung zeigt die indische Dyas bemerkenswerthe Gegensätze: Auf der einen Seite haben wir eine ununterbrochene Schichtenfolge von der tiefsten Dyas bis hinauf zur Trias, und zwar so ungestört, dass man im Zweifel sein kann, wo die Dyas aufhört und wo die Trias beginnt, auf der andern Seite haben wir eine reiche Mannigfaltigkeit von glacialen, postglacialen, marinen und limnischen Bildungen mit der Einschränkung jedoch, dass die glacialen Schichten stets zu unterst lagern, während die marinen resp. limnischen Schichten jüngeren Alters sind. Es liegt auf der Hand, dass unter den oben geschilderten Bedingungen das Verständniss der dyadischen Schichtenfolge ganz ungemein erschwert ist, und dass irrige Auffassungen und Deutungen nur gar zu leicht mit unterlaufen konnten. Man hatte eben kein Mittel in der Hand, um die marinen Ablagerungen des Productuskalkes mit den kohlenführenden Schichten Centralindiens zu vergleichen und erst spät hat sich die Überzeugung Bahn gebrochen, dass der Blocklehm der Salt Range das gleiche Alter wie die Talschir von Centralindien besitzen.

Für das Verständniss der Dyas in Indien bildet die Betrachtung der Salt Range, d. h. des am mannigfaltigsten entwickelten Gebietes den Ausgangspunkt. Nach der Salt Range ist die Dyas in Centralindien am besten bekannt, die jedoch im Zusammenhang mit der Dyas der südlichen Hemisphäre (p. 608 ff.) besprochen wurde und daher hier nur kurz erwähnt werden kann. Einigermassen gut ist die Dyas des Himalaya bekannt, dagegen fehlen ausführlichere Beobachtungen über ihre Entwickelung in Kaschmir vollständig und bezüglich ihres Auftretens im Gebid Kuh, in Hazara, Afghanistan und Birma liegen nur vereinzelte Angaben vor.

1. Die Entwickelung der Dyas in der Salt Range.

Die im westlichen Theil des Pandschab gelegene Salt Range überspannt im Allgemeinen den Winkel zwischen den Flüssen Dschelam im Osten und Indus im Westen, ungefähr im 33. Grad nördlicher Breite. Nach Norden hin sanft abdachend, bildet das südliche Gehänge einen steilen Absturz, der sich scharf gegen die davor liegende Alluvialebene absetzt und die prächtigsten Profile zeigt. Begrenzt von zwei gewaltigen Discordanzen, deren untere der Periode vom Mittelcambrium bis zum Obercarbon entspricht, während die obere zeitlich vom Muschelkalk bis zum mittleren Jura reicht, findet sich hier in ununterbrochener Reihenfolge ein Schichtenkomplex von etwa 500 m (1600 engl. Fuss) maximaler Mächtigkeit, den wir als Äquivalent der europäischen Dyas plus der unteren Trias (Buntsandstein) ansehen können.

Eine Eintheilung dieses einheitlichen Schichtenkomplexes ist insofern schwierig, als die natürliche Gliederung durchaus nicht mit den auf europäischem Boden erwachsenen historischen Formationsgruppen zusammenfällt.

In natürlicher Weise gliedert sich die der Dyas und Trias entsprechende Schichtenreihe in drei grosse Gruppen, nämlich

c) eine obere thonig-kalkige Abtheilung in einer Gesammtmächtigkeit von etwa 500 engl. Fuss,

b) eine mittlere Abtheilung von hartem, massig gebanktem Kieselkalk etwa 300 engl. Fuss mächtig,

a) eine untere, thonig-sandige Abtheilung in einer Gesammtmächtigkeit von etwa 600 engl. Fuss.

Während die beiden oberen Abteilungen einheitlich marinen Ursprunges sind, mit der Einschränkung jedoch, dass die unteren 200 m (600 engl. Fuss) Tief-seebildungen, die oberen 60 m (200 engl. Fuss) Flachseebildungen darstellen, ist die untere Abtheilung mehr komplexer Natur. Die untersten Schichten im Maximum von etwa 50 m (150 engl. Fuss) sind ganz unzweifelhaft glacialen Ursprungs; darüber folgen etwa 150 m (450 engl. Fuss) von Schichten, welche möglicher Weise ihre Entstehung den Schmelzwassern der dyadischen Gletscher verdanken, möglicher-weise aber auch Schichten marinen Ursprunges eingelagert enthalten.[1] Die obersten 60 m (200 engl. Fuss) sind dagegen ganz unzweifelhaft marinen Ursprunges und aus ihrer Brachiopodenfauna lässt sich der Schluss ziehen, dass dieselben als eine Tief-seebildung anzusehen sind.

Wir können ihrer Entstehung nach somit zwei grosse Abtheilungen unter-scheiden, nämlich

I. Eine obere, ausschliesslich marine Gruppe, zerfallend in eine
a) obere Flachsee-Facies mit zahlreichen Ammoniten, aber ohne Brachiopoden,
b) eine untere Tiefsee-Facies mit wenig Ammoniten, aber zahlreichen Brachiopoden.

II. Eine untere Gruppe, theilweise glacialen Ursprunges, zerfallend in eine
a) obere Abtheilung, deren Entstehung zumeist den Abschmelzwassern zuzuschreiben ist, die aber möglicher Weise auch marine Einlagerungen enthält,
b) untere Abtheilung, rein glacialen Ursprunges.

Das umstehende schematische Profil bringt die oben dargelegte Gliederung in graphischer Weise deutlich zum Ausdruck.

Wir können unter diesen Umständen den ersten Schnitt da legen, wo die Brachiopoden zum ersten Male auftreten. Es liegt nun, wie Noetling gezeigt hat, kein Grund vor, für diese Brachiopodenfauna ein höheres Alter als Zechstein an-zunehmen. Daraus folgt naturgemäss, dass wir die sämmtlichen Schichten unter-halb dieses Horizontes in einer Gesammtmächtigkeit von 200 m als Rothliegendes oder Pandschabische Stufe anzusehen haben, und die einzige Frage, die eventuell noch aufzuwerfen wäre, wäre die, ob nicht in diesem Schichtkomplex noch ältere Schichten vertreten seien. Für diese Annahme liegt auch nicht der geringste An-

[1] Mit absoluter Sicherheit lässt sich hierüber nichts sagen; über die Lebensweise der etwa mythischen Eurydesmen (= ? Lebmyalinen p. 600) wissen wir überhaupt nichts, diese können ebenso gut Süsswasser- wie Seebewohner gewesen sein. Die einzige Stütze für einen marinen Ursprung sind die Conularien, über deren Lebensweise wir ja eigentlich auch nichts sicheres wissen, und die Mög-lichkeit, dass diese ursprünglich marinen Lebewesen Süsswasserbewohner wurden, bevor sie ausstarben, ist nicht undenkbar. [Einen deutlicheren Hinweis auf marinen Ursprung der Schichten giebt der zuerst aus Australien beschriebene Spirifer Darwini, Taf. 57 c, Fig. 6. Anm. des Herausgebers.]

haltspunkt vor und bis entgültige Beweise für das Gegentheil beigebracht werden, sind wir berechtigt, die oben begrenzte Schichtgruppe als Äquivalent des Rothliegenden anzusehen.

Was nun die jüngere Gruppe angeht, so wissen wir, dass die tiefste Fauna derselben in ihrem Alter dem Zechstein entspricht. Höher hinauf, etwa in den obersten 66—70 m (220 engl. Fuss) treten Ammoniten in immer grösserer Häufigkeit auf. Den zweiten Schnitt empfiehlt es sich dann da zu legen, wo die Brachio-

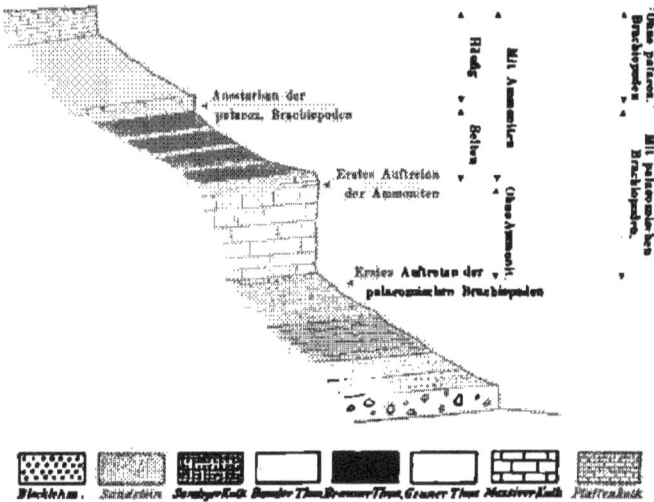

paden aussterben und die Tiefsee-Brachiopodenfacies augenscheinlich durch eine Flachseefacies mit Ammoniten ersetzt wird.

Wenn wir alles unterhalb der letzteren als Zechstein auffassen, so ergiebt sich als natürliche Schlussfolgerung, dass die überlagernden Schichten als triadisch anzusehen sind. Einen direkten Beweis hierfür haben wir jedoch nicht, denn trotzdem dieselben eine reiche Ammonitenfauna führen, ist dieselbe durchaus von der Ammonitenfauna der europäischen Trias verschieden (p. 632).

Noetling hat darum auch früher[1] die Ansicht vertreten, dass diese Gruppe in Folge ihres inneren stratigraphischen Verbandes mit den eine Zechsteinfauna führenden Schichten noch in die Dyas einzureihen sei und hierfür den Namen Baktrische Stufe vorgeschlagen, die er als oberstes Glied der Dyas ansieht. Aus Zweckmässigkeitsgründen empfiehlt es sich jedoch, diese Anschauung, so berechtigt dieselbe auch für die lokalen Verhältnisse in der Salt Range sein mag, nicht beizubehalten, sondern mit dem Aussterben der palaeozoischen Brachiopoden die Trias beginnen zu lassen. Dieser Auffassung ist Noetling auch in einer späteren Arbeit beigetreten.

[1] Neues Jahrb. für Mineral. etc. 1900, Bd. I, p. 189 (s. auch p. 601).

Auf Grund der hier dargelegten Beobachtungen gliedert sich die Dyas in der Salt Range in folgender Weise:

Übersicht der Dyas der Salt Range.

(Eingehendere Angaben p. 601.)

Die Pandschabische Stufe (Rothliegendes).

Wie bereits oben erwähnt, ist die Pandschabische Stufe so komplexer Natur, dass wir eine erhebliche Verschiedenheit in der lithologischen Zusammensetzung von vorn herein erwarten durften. So begegnen wir denn auch echtem Geschiebe-lehm, Sanden, die durchweg zu Sandsteinen verhärtet sind, Conglomeraten, deren Gerölle fast durchweg gequetscht sind, Thonen, die entweder in Gestalt von oliven-farbigen Thonen oder grellfarbigen rothen und grauen Bänderthonen (Lavender-clay) entwickelt sind. Untergeordneter Natur und nur in den oberen Horizonten auftretend sind dünne Kalkstein- oder Dolomitbänke.

Das interessanteste Schichtglied ist unzweifelhaft der Blocklehm,[2] ein echter Geschiebemergel mit zahlreichen Geschieben, im Habitus ununterscheidbar vom typischen Geschiebemergel Norddeutschlands. Die gekritzten Geschiebe sind jedoch höchst merkwürdiger Gestalt und, was besonders hervorgehoben zu werden ver-dient (s. Abb. auf nächster Seite), durch ihre facettirte Form[3] von ähnlichen ge-schrammten Geschieben aus modernen Glacialablagerungen durchaus verschieden. Das Rätsel dieser merkwürdigen Form ist noch nicht gelöst und vorläufig ist es

---

[1] Mit Ausnahme der direkt über dem Blocklehm liegenden Zone des *Conularia laevigata* und des *Eurydesma globosum*.

[2] Noetling, Beiträge zur Kenntnis der glacialen Schichten permischen Alters in der Salt Range. Neues Jahrb. f. Min., Geol. u. Pal. 1896, vol. II, p. 64. (s. daselbst auch Literaturnachweise.)

[3] Wobei die einzelnen Facetten stets in scharfen Kanten zusammenstossen.

schwer, eine befriedigende Erklärung zu geben. Häufig ist der Blocklehm, namentlich da, wo er stark gequetscht wurde, vollständig verhärtet und vielfach bemerkt man, dass derselbe den Untergrund aufgewühlt und Schollen des letzteren in sich aufgenommen und entweder verarbeitet oder eingeknetet hat. Der Blocklehm ist namentlich dort blutroth gefärbt, wo das Eis sich über die Schichten der Bhaganwalla-Gruppe hinbewegt hat, und enthält die leicht kenntlichen Bhaganwalla-Dolomite in Form von Geschieben.

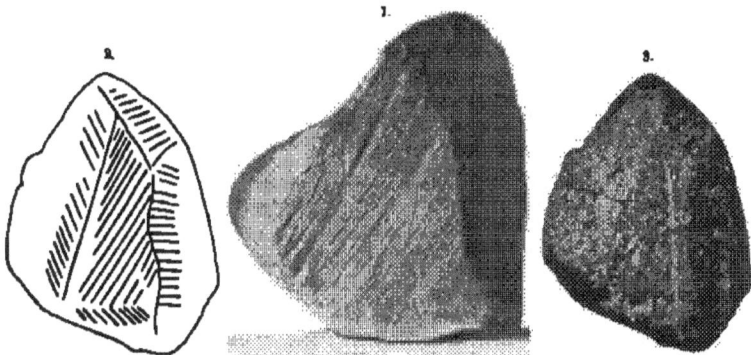

Fig. 1. Glacialgeschiebe aus den Dyas-Ablagerungen von Dunbar, in der Nähe von Berwhes Marsh, (ungefähr ¹/₂ natürlicher Grösse).

Fig. 2 u. 3. Geschrammte Geschiebe aus blaugrauem Porphyr mit 8 Facetten; gequetscht und wieder verkittet. Aus dem dyadischen Blocklehm von Khussak in der Salt Range, Pandschab, Indien. ¹/₁. Nach NOETLING.

Die eingezeichneten Linien in Figur 2 geben die Schrammenrichtung in schematischer Weise wieder. (Die Entstehung der in Ostindien und Australien verbreiteten Geschiebe erscheint weniger räthselhaft, nachdem F. FRECH im Geschiebelehm von Trebnitz zwei Porphyrgeschiebe gefunden hat, deren facettirte Oberfläche mit Abb. 2 und 3 übereinstimmt. Die Form der schliesslichen Facettengeschiebe wird offenbar durch die Absonderungsklüfte des graugrünen Porphyrs bedingt.)

Über die anderen Schichtglieder ist nichts besonderes zu sagen, doch scheint es, dass im östlichen Theil der Salt Range olivenfarbige Sandsteine und Thone (Olive series z. Th.) vorherrschen, während im westlichen Theil Bänderthons (Lavenderclay) und rother oder weisser Fleckensandstein (Speckled sandstone) überwiegen.

Der Blocklehm lagert überall, wo er bis jetzt beobachtet wurde, an der Basis und wird überlagert von der Olive series z. Th. im Osten, und der Lavender series nebst Speckled sandstone im Westen.

Das Verhältnis der Olive series zum Speckled sandstone und der Lavender series ist noch nicht ganz klar gestellt. Es ist möglich, ja sogar wahrscheinlich, dass die Olive series den Fleckensandstein, sowie die Lavender series unterlagert.[1] In diesem Falle ist dann aber ein deutliches Anschwellen

---

[1] MIDDLEMISS, Notes on the Geology of the Salt Range etc. Records Geolog. Survey of India 1891, vol. XXIV, p. 90., WAAGEN, On the identity of the Olive series in the East with the Speckled sandstone in the West of the Salt Range in the Punjab. Ibid. vol. XX, p. 217.

der Olive series von Osten nach Westen und ein ähnlichen Verhalten des Speckled sandstone + Lavender series von Westen nach Osten zu vermuten. Andererseits mag aber die gesammte Olive series nur die östliche Facies einer Ablagerung sein, die im Westen in der Form des Fleckensandsteines und des Lavenderclays auftritt. Wie gesagt, diese Verhältnisse sind noch ganz klar gestellt, so viel aber steht fest, dass im Osten die Olive series, im Westen der Fleckensandstein + Lavender series mächtiger entwickelt ist.

Fossilien sind ungemein selten und bisher nur im östlichen Theil der Salt Range, unmittelbar über dem Geschiebelehm in thonigen Lagen, die dem Oliven-sandstein eingelagert sind, gefunden worden.[1] Über das Vorkommen der Conularien hat sich eine längere Discussion entsponnen, ob dieselben auf primärer Lagerstätte vorkommen oder nicht; die Frage ist schliesslich aber zu Gunsten ersterer Ansicht entschieden worden.

Man kann zwei Horizonte unterscheiden, nämlich einen höheren, der die Conularien führt und einen tieferen mit Steinkernen von Bivalven. NOETLING bezeichnet dieselben als

Zone der *Conularia laevigata* und
Zone des *Eurydesma globosum.*

WAAGEN hat eine ganze Reihe von Arten aus diesen beiden Horizonten beschrieben und namentlich auf Grund der Fauna der Zone des *Eurydesma globosum*[2] die weitgehendsten Schlüsse bezüglich des Alters dieser Schichten gezogen. Die Erhaltung des Materiales ist jedoch nicht eine derartige, dass diese Schlüsse begründet erscheinen.

Der Productuskalk (die Thüringische Stufe).

Der Productuskalk ist seinem Ursprung nach weniger complexer Natur als die Pandschabische Stufe und enthält durchweg marine Tiefseeablagerungen, die durch einen grossen Reichtum an Brachiopoden ausgezeichnet sind. In Einklang mit ihrer Entstehung sind Kalke vorwaltend, doch überwiegen in der oberen Abtheilung thonige Ablagerungen.

Die Kalke sind meist licht oder gelblich braun, und in der mittleren Abtheilung in Form von dickbankigem, sehr harten Kieselkalken ausgebildet (Siliceous limestone WAAGEN). Sie treten in der oberen und unteren Abtheilung in Form von Plattenkalken, die durch thonige Mittel getrennt sind, auf. In der unteren Abtheilung ist der Kalk vielfach sandig und durch beigemengtes Bitumen dunkelschwarz, in der oberen dagegen stets braun gefärbt.

Die Thone sind in den unteren Lagen dunkelgrau, in der oberen Abtheilung dagegen stets lehm- oder rostfarben und im Allgemeinen kann der Unterschied in der Farbe der thonigen Mittel sehr gut zur Abtrennung gegen die Trias benützt werden.[3]

[1] WAAGEN, Salt Range Fossils, vol. IV, Geological Results Palaeontologia Indica Series XIII, 1889/91.

[2] Immerhin dürfte die Verwandtschaft des anvollkommen bekannten *Eurydesma globosum* (DANA) WAAG. mit den gut bestimmten australischen Isiomyaliten (p. 600) wahrscheinlich sein. (Anmerkung des Herausgebers.)

[3] Dies ist jedoch nicht immer der Fall, bei Virgal sind den oberen Schichten der Neodyas dunkelgrüne Thone eingelagert, die sich in nichts von dem jüngeren Ceratitenmergel unterscheiden.

Der Productuskalk (Thüringische Stufe Noetling's) lässt sich in drei lithologisch und palaeontologisch wohl unterscheidbare Abtheilungen gliedern, nämlich von oben nach unten:

3. Chidera-Gruppe oder Oberer Productuskalk.
2. Virgal-Gruppe oder Mittlerer Productuskalk.
1. Amb-Gruppe oder Unterer Productuskalk.

Die Chidera-Gruppe kennzeichnet sich durch eine Folge von braunen, erdigen Plattenkalken, welche durch dickere, thonige Mittel von rost- oder lehmbrauner Farbe geschieden sind. Diese Verhältnisse wechseln local ungemein, doch ist stets die rost- oder lehmbraune Farbe charakteristisch. Die Mächtigkeit mag im Maximum 100 m (300 engl. Fuss) betragen. Fossilien sind häufig; unter ihnen verdienen besonders die Ammoniten unsere ganze Aufmerksamkeit.

Mit Sicherheit sind bisher die folgenden Arten in der Chidera-Gruppe nachgewiesen worden:

Medlicottia Wynnei Waagen, Taf. 67 b, Fig. 1 a und 1 b, Fig. 9 a. p. 656.
Cyclolobus Oldhami Waagen.
Popanoceras priscum Waagen sp.

eventuell noch

Popanoceras antiquum Waagen.
Xenodiscus plicatus Waagen, Taf. 67 b, Fig. 7 a—c.

Unter den Gastropoden kommen namentlich Vertreter der Genera *Bellerophon* und *Euphemus* in ungeheurer Anzahl in den obersten Lagen vor; es sind zu erwähnen:

Bellerophon impressus Waagen.
Bellerophon jonesianus Koninck, p. 574, Fig. 2 a. 1 b.
Bellerophon affinis Waagen.

Cyclolobus Oldhami Waagen.
Gleichnamige Zone des oberen Productuskalkes.
Jabl. Salzkette. N. Waagen.

Euphemus indicus Waagen.
Bucania ornatissima Waagen. p. 574, Fig. 1.

ferner das etwas zweifelhafte Fossil

Entalis herculea Koninck,

das in zahllosen Exemplaren die obersten Lagen bevölkert.

[1] *Medlicottia Wynnei* Waag., *Medlicottia primas* Waag. und *M. Daedalcasus* Diener sind als ident anzusehen. A. v. Krafft, Centralblatt f. Geologie 1901 p. 376.
[2] Es steht nicht ganz fest, ob nicht *Popanoceras antiquum* und *priscum* als ident anzusehen sind, ebenso können gewisse Bedenken gegen die Herkunft des *Xenodiscus plicatus* geltend gemacht werden, der möglicher Weise aus den untersten Lagen der Trias stammt.

Von Pelecypoden sind hervorzuheben:

Myophoria subvitgosa Waag., p. 571, Fig. 3.
Pleurophorus complanatus Waag., p. 574, Fig. 4a, b.
Schizodus truncatus King, p. 574, Fig. 5.
Schizodus pinguis Waag., p. 574, Fig. 6.
Schizodus rotundatus Brown, p. 574, Fig. 7.
Avicula chidruensis Waag., p. 574, Fig. 8.
Lucina progenitrix Waag., p. 574, Fig. 9.
Gonilia primaeva Waag., p. 574, Fig. 10.

Von Brachiopoden sind zu nennen:

Derbyia hemisphaerica Waag.
Strophalosia indica Waag., Taf. 65, Fig. 1.
Productus Purdoni Kon., p. 499.
Productus indicus Waag., Taf. 57b, Fig. 13.
Productus lineatus Waag.
Productus Abichi Waag., p. 570.
Productus serialis Waag., Taf. 57b, Fig. 8
Spirigerella grandis Dav. sp., Taf. 67a, Fig. 4a, b.

ferner das interessante Fossil

Oldhamina decipiens Kon., Taf. 67b, Fig. 10a c.

und viele andere mehr.

Wir können mit Leichtigkeit drei grössere Gruppen scheiden, von denen sich die beiden oberen wieder in drei, resp. zwei Zonen zerlegen lassen.[1]

Entalis hercuica-Schichten	Zone des *Euphemus indicus.* Zone der *Medlicottia Wynnei.* Zone des *Bellerophon impressus.*
Derbyia hemisphaerica-Schichten	Zone des *Cyclolobus Oldhami.* Zone der *Derbyia hemisphaerica.*
Zone des Productus lineatus.	

Die Virgal-Gruppe, mit einer Gesammtmächtigkeit von etwa 100 m (300 engl. Fuss), kennzeichnet sich durch das Überwiegen eines massigen, dickgebankten Kieselkalkes; jedoch werden sowohl nach oben wie nach unten die Schichten dünner, und sind dann durch thonige Mittel getrennt. Vielfach tritt eine Korallen- oder Crinoidenkalkfacies auf, die dann gewöhnlich sehr reich an Fossilien ist, anderwärts sind die Kalke massiv und dann fossilarm. Der grösste Reichtum von wohl erhaltenen Fossilien findet sich hauptsächlich in den oberen Lagen.

Die Ammoniten sind nur noch durch eine Art

Xenodiscus carbonarius Waag., Taf. 57b, Fig. 9.

vertreten, der sich allerdings in zahlreichen Individuen in den obersten Lagen der

[1] Waagen hält dieses Fossil für ein Brachiopod, eine Ansicht, der ich mich durchaus nicht anschliessen kann, denn ein Schloss in dem Sinne, wie Waagen meint und abbildet, existirt nicht. Ich halte diese Form für ein Bryozoë und möchte, um Verwechslungen mit Oldhamina vorzubeugen, die bei dem Gleichklang der Namen sehr leicht mit unterlaufen, den Namen Bioyrospora vorschlagen.

[2] In der auf S. 501 gegebenen Gliederung ist ungücklicher Weise die 12. Zone ausgelassen und es möchte sich darum ein Widerspruch zwischen meiner jetzigen und früheren Auffassung insofern konstatiren lassen, als ich früher unmittelbar über der Zone des Cyclolobus Oldhami die Trias folgen liess. Dieser Widerspruch ist jedoch durchaus nicht vorhanden.

Virgal-Gruppe findet.[1] Auch Gastropoden und Pelecypoden sind selten; zu erwähnen wäre nur

> Pseudomonotis grandis Waagen.
> Pseudomonotis garforthensis Kiest.

Dagegen ist die Brachiopodenfauna ganz ungemein reich und mannigfaltig. Zu erwähnen sind:

> Camerophoria Purdoni Davids., Taf. 47b, Fig. 11. Vergl. auch Taf. 57d, Fig. 9.
> Rhynch. (Unc.) timorensis Beyr. (~ Uncinulus Theobaldi Waag., Taf. 57d, Fig. 13.)
> Nothothyris inflata Waag., Taf. 57a, Fig. 7.
> Nothothyris subrosicularis Waag., Taf. 57a, Fig. 8.
> Hemiptychina himalayensis Dav., Taf. 57a, Fig. 9.
> Entelea latesinuatus Waag., Taf. 57a, Fig. 10.
> Eumetria grandicosta Dav. sp., Taf. 57b, Fig. 6a—c.
> Spirigerella Derbyi Waag., (sehr häufig).
> Athyris Roysaii Lev.
> Athyris globulina Waag., Taf. 57a, Fig. 6, 6a.
> Athyris subexpansa Waag., Taf. 57d, Fig. 11.
> Spirifer N'ganni Waagen, Taf. 58d, Fig. 6.
> Spirifer musakheinensis Dav., Taf. 47c, Fig. 8.
> Spirifer alatus Schloth. (Waagen).
> Spiriferina cristata Schloth.
> Derbyia grandis Waagen.
> Derbyia Vercheret Waagen, Taf. 57a, Fig. 5.
> Streptorhynchus pectiniformis Davidson, Taf. 57a, Fig. 1a—c.
> Productus lineatus Waagen.
> Productus spiralis Waagen.
> Productus indicus Waagen, Taf. 57b, Fig. 10.
> Productus gratiosus Waagen.
> Productus tumidus Waagen, Taf. 57d, Fig. 5.
> Productus Abichi Waagen, p. 670.
> Productus serialis Waagen, Taf. 57b, Fig. 3.
> Productus opuntia Waagen, Taf. 57b, Fig. 4.
> Chonetes semiovalis Waagen, Taf. 57a, Fig. 8.
> Chonetes grandicosta Waagen, Taf. 57b, Fig. 2a, b.
> Chonetella nasuta Waagen, Taf. 57b, Fig. 8.
> Productus (Marginifera) typicus Waagen, Fig. 57d, Fig. 2.
> Richthofenia lawrenciana Waagen, Taf. 57a, Fig. 2a—c.

ferner die beiden Arten zweifelhafter Stellung:

> Lyttonia nobilis Waagen, Taf. 57b, Fig. 11.
> Oldhamina decipiens Kon. sp., Taf. 57b, Fig. 10a—c.

Von Bryozoen wären zu nennen:

> Fenestella perelegans Meek.
> Polypora Koninckiana Waag.
> Polypora gigantea Waagen.

Von Crinoiden:

> Cyathocrinus goliathus Waagen.

Von Anthozoen:

Lonsdaleia salinaria WAAGEN.
Michelinia indica WAAGEN.
Dybowskiella grandis WAAGEN.
Araeopora ramosa WAAGEN.
Heragonella ramosa WAAGEN.
Amblysiphonella tesiculosa KON.

Von Foraminiferen:

Fusulina kattaensis SCHWAGER.

Die Anzahl der Arten ist natürlich erheblich grösser, aber die oben genannten Arten mögen als die am häufigsten vorkommenden, als Leitfossilien der Virgal-Gruppe angesehen werden.

Palaeontologisch und lithologisch lässt sich die Virgal-Gruppe in drei Abtheilungen gliedern, nämlich von oben nach unten:

Mit Ammoniten, ohne Fusulinen. Zone des *Xenodiscus carbonarius*. Gelbliche Plattenkalke.

Ohne Ammoniten, ohne Fusulinen. Zone der *Lyttonia nobilis*. Massive und Korallenkalke.

Ohne Ammoniten, mit Fusulinen. Zone der *Fusulina kattaensis*. Dunkle Plattenkalke.

Die Amb-Gruppe wird charakterisirt durch dunkle, vielfach sandige Kalke mit dunklen thonigen Zwischenmitteln in einer Mächtigkeit von etwa 60 m (200 engl. Fuss). Fossilien sind zwar häufig, aber noch nicht so massenhaft auftretend, wie in der Virgal-Gruppe. Ammoniten sind nicht vorhanden, dagegen sind Fusulinen ungemein häufig, auch die Brachiopodenfauna zeigt eine ganz erhebliche Verschiedenheit gegen die jüngeren Faunen, es ist namentlich das massenhafte Vorkommen der Genera *Anloosteges* und *Marginifera*, welches diese Gruppe charakterisirt. Von Arten wären zu nennen:

Spirifer Marcoui WAAGEN.
Chonetes ambiensis WAADLN.
Aulosteges Medlicottianus WAAGEN, Taf. 47c, Fig. 16.
Productus spiralis WAAGEN.
Marginifera ovalis WAAGEN.
Richthofenia lawrenciana KON.
Terebratula (Hemiptychina) sublaevis, Taf. 47c, Fig. 1.

Eine Gliederung der Amb-Gruppe ist bisher noch nicht versucht worden, obschon ich nicht zweifle, dass selbe sich wird ausführen lassen. Palaeontologisch kann man diese Schicht als Zone des *Spirifer Marcoui* bezeichnen.

Unter Zugrundelegung der obigen Darstellungen gliedert sich die Dyas der Salt Range somit von oben nach unten:

Die Gliederung der Dyas in der Salt Range.

Hangendes: Rhytische Stufe (Ceratiten-Schichten)					Lithologischer Charakter.	Mäch-tig-keit [1]
Productuskalk (Thüringische Stufe).	Kenijra (Zechstein).	Obere Abtheilung.	Chidera-Gruppe oder Oberer Productuskalk.	Zone des *Euphemus indicus*.		
				Zone der *Medlicottia Wynnei*.		17 m
				Zone des *Hellerophon impressus*.	Braune Thone und licht-braune Plattenkalke. Vielfarb auch lichtgelbe sandige Kalke.	
				Zone des *Cyclolobus Oldhami*.		60 m
				Zone der *Derbyia hemisphaerica*.		
				Zone des *Productus lineatus*.		26 m
	Marine Schichten.	Mittlere Abtheilung.	Virgal-Gruppe oder Mittlerer Productuskalk.	Zone des *Xenodiscus carbonarius*.	Lichte Plattenkalke mit braunen thonigen Mitteln.	6 m
				Zone der *Lyttonia nobilis*.	Dickbankiger, lichter Kieselkalk,	45 m
				Zone der *Fusulina kattaensis*.	Dunkler Plattenkalk mit dünnen, dunkeln thonigen Mitteln.	17 m
		Untere Ab-theilung.	Amb-Gruppe oder Unterer Productuskalk.	Zone des *Spirifer Marcoui*.	Dunkler, sandiger Platten-kalk mit dicken, thonigen Mitteln.	66 m
Productusche Stufe (Rothliegendes). Palaeodyas.		Obere Abtheilung.	Wartha-Gruppe.	Lavendelthon.	Grellfarbiger rother und grüner Bänderthon.	
				Fleckensandstein.	Rother oder weisser ge-fleckter Sandstein.	80 m
	Glaciale und periglaciale Schichten.	Mittlere Abtheilung.	Dandot-Gruppe.	Olivensandstein.		
				Zone der *Conularia laevigata*.		
				Zone des *Eurydesma globosum*.	Olivenfarbiger Sandstein mit olivenfarbigen Thonen.	66 m
				Olivensandstein.		
		Untere Ab-theilung.	Talachir-Gruppe.	Blocklehm.	Blocklehm.	bis zu 80 m

Liegendes: Mittel- oder Unter-Cambrium.

[1] Diese Angaben sind, weil in Meter umgerechnet, nicht ganz genau.

Die Verbreitung der Dyas in der Salt Range ist höchst eigenthümlich und es ist grösstentheils diesem Umstand zuzuschreiben, dass in der Geologie der Salt Range so arge Confusion herrschte. Bereits sehr früh hatte man konstatirt, dass der Productuskalk (Thüringische Stufe) nur im westlichen Theil der Salt Range auftrat, im östlichen aber vollständig fehlte. Daher erkannte man lange Zeit nicht die eigentliche Stellung der sogenannten Olive series und erst der glücklichen Auffindung von Fossilien ist es zu danken, dass man über die Stellung der Olive series ins Klare kam.

Aus Noetling's Beobachtungen geht hervor, dass wahrscheinlich ein Absinken der Basis der Pandschabischen Stufe von Osten nach Westen zu stattfindet. Auf der so gegebenen schiefen Ebene lagern die Schichten der Productuskalke (Thüringischen Stufe) derart, dass dieselben in der Richtung von Westen nach Osten staffelförmig auskeilen, d. h. die Amb-Gruppe reicht am weitesten nach Osten, die Virgal-Gruppe etwas weniger weit und am beschränktesten ist die Chideru-Gruppe. Man wäre versucht, aus dieser eigenartigen Verbreitung, die wohl kaum auf Denudation zurückzuführen ist, auf ein stufenweises Rückschreiten des dyadischen Meeresspiegels in der Salt Range zu schliessen.

Gerade dies Beispiel zeigt das regionale Auftreten der Dyas am deutlichsten. Die glaciale und postglaciale Palaeodyas ist auf das dem centralen Indien zugekehrte Gebiet beschränkt, während die marine Palaeodyas und die Neodyas peripherisch lagert. Ein Gleiches gilt für den Himalaya.

2. Central-Indien.
(Vergl. p. 608.)

Da die Dyas Central-Indiens p. 600 ff. ausführlicher behandelt wird, so sei hier nur kurz erwähnt, dass die Palaeodyas in Form von Glacialablagerungen (Taltschirs) und vielleicht auch in Form von limnischen Schichten (Kuharbari-Gruppe) ausgebildet ist. Die Fauna und Flora der von Oldiiam zur Dyas gerechneten mächtigen Ablagerungen der Damuda- und Pautschet-Gruppe sind nach Feich zweifellos triadisch.[1]

Sefid Kuh und Samana-Kette.

Nachdem bereits Griesbach das Vorkommen von dyadischen Schichten in Afghanistan konstatirt hatte, wies Hayden[2] zwischen dem Sefid Kuh und der Samana-Kette, im China- und Bazar-Thale Schichten nach, welche auf Grund ihrer Fauna ganz unzweifelhaft der Chideru- und Virgal-Gruppe entsprechen. Ob die Amb-Gruppe vorkommt, lässt sich vorläufig nicht sagen, möglich, dass die Schiefer von Walai derselben entsprechen; hierfür haben wir jedoch keine Anhaltspunkte.

[1] Records Geolog. Survey of India vol. XVIII, p. 63, vol. XIX, p. 40, 240, vol. XX, p. 17.
[2] On the Geology of Tirah and the Bazar Valley. Memoirs Geological Survey of India 1900, vol. XXVIII, p. 96 ff. Der Sefid Kuh (Safed Koh in englischer Orthographie) ist eine W-O auf Peschawar zustreichende Kette im östlichen Theile von Afghanistan und bildet die Grenze von Wadiristan (engl.) und Kafiristan (afghanisch).

Dagegen scheint es wohl sicher zu sein, dass die gesammte Pandschahische Stufe fehlt oder wenigstens nicht zu Tage tritt.

Was das weiter südlich gelegene Vorkommen von Productusfossilien am Vihova-Flusse [1] angeht, so ist solches durchaus nicht sicher konstatirt. Dr. FLEMING will angeblich in losen Blöcken derartige Fossilien gefunden haben, aber da diese Localität seither nicht mehr besucht wurde und nach allem, was wir über diese Gegend wissen, die ältesten dort anstehenden Schichten der oberen Kreide angehören, so mag dieses Vorkommen von Dyas als nicht sicher beglaubigt vorläufig ausser Betracht bleiben.

Auf der andern Seite schliesst sich die Dyas von Hazara [2] wohl enge an jene der Salt Range an. Nach MIDDLEMISS ist die Schichtenfolge von oben nach unten

Oberer Kalk	2000 Fuss,
Unterer Sandstein und Schiefer	150 Fuss,
Basales Conglomerat	50—100 Fuss.

Nach dem gleichen Autor ist es wahrscheinlich, dass das basale Conglomerat als Äquivalent der Talchir-Gruppe anzusehen ist, allein es wird ganz besonders betont,[?] dass die Gerschiebe weder gekritzt noch facettirt sind und dass das Conglomerat deutlich geschichtet ist.

Man könnte in diesem Falle eher annehmen, dass das Hazara-Conglomerat durch die Abschmelzwasser des dyadischen Gletschers abgesetzt wurde; es würde in diesem Falle mit den daraber lagernden Schiefern etwa der Daudate + Warcha-Gruppe entsprechen.

Unter diesen Umständen würde der Obere Kalk als Äquivalent des Productuskalkes anzusehen werden. Leider sind Fossilien nicht gefunden worden und diese Ansicht ist daher rein hypothetisch. Auffällig wäre es in diesem Falle, wenn in Hazara die Neodyas in der That eine so kolossale Mächtigkeit von 2000 engl. Fuss besitzen sollte, denn nirgends ist bisher ähnliches beobachtet worden. Die Möglichkeit, dass diese grosse Mächtigkeit auf Faltungen zurückzuführen ist, scheint daher nicht ausgeschlossen.

3. Afghanistan.

(F. FRECH.)

Höchst interessante Vorkommen von 1. liegendem Productuskalk, 2. kohlenführendem Conglomerat, Schiefer, Sandstein und 3. oberer Trias im Hangenden sind von GRIESBACH [4] im nordwestlichen Afghanistan gefunden worden. Leider befinden sich die Aufschlüsse in Afghanisch Turkestan, im Herat-Thale und im westlichen Khorassan, also in Gebieten, die für den Europäer nur bei gelegentlichen, eiligen Reisen zugänglich sind und wohl sobald nicht eingehender erforscht werden dürften. Offenbar ist jedoch hier die endgiltige Lösung des Problems der indischen

---

[1] Quarterly Journal of the Geolog. Soc. 1853, vol. IX, p. 348.

[2] MIDDLEMISS, Geologie of Hazara and the Black Mountain. Mem. Geolog. Survey of India 1896, vol. XXVI.

[3] l. c. p. 191.

[4] Records of the geological Survey of India XIX, pt. 1 p. 48 ff., pt. 4 p. 235 ff. u. XX (1887) p. 94. (Texte Oldham, geology of India p. 196. Vergl. auch die sehr ausführliche über andererseitliche Zusammenstellung von FRUHAUSTAL, Sitz.-Ber. Böhm. Akad. d. Wissenschaften 1887, p. 93.)

Gondwana-Stratigraphie zu erwarten, da die marinen Kalke der oberen Trias mit pflanzenführenden Sandsteinen wechseln und ein jedenfalls palaeozoischer (carbonischer oder dyadischer) Productuskalk von älteren Kohlenschichten überlagert wird. Die nicht näher bestimmten Brachiopoden geben keine Anhaltspunkte für die Festellung des Alters. Die westlich von Khorassan, im Gebiet von Astorabad gefundenen untercarbonischen und dyadischen marinen Kalke können bei der Grösse der Entfernung nicht zum Vergleich herbeigezogen werden. Hingegen erinnern die Kohlen der oberen Stufe an die Liaskohlen in Nordpersien und Transkaukasien.

Die Schichtenfolge wird folgendermassen angegeben:

Oberste Trias—Lias: Helle Sandsteine und Schiefer mit Kohlenflötzen. Nordabhang des Karah Kuh, Schiecha Alang.

Ob. Trias.—Mittel Gondwana z. Th.	Ob. Stufe:	Mächtige marine Sandsteine. Kalke und Schiefer mit Kohlen. *Schizoneura* (wird mit der Barakarstufe verglichen). Tschahil, Schischa Alang (Afghan. Turkestan).
	Mittl. St.:	Brauner Sandstein und Schiefer mit Kohlen. *Equisetites columnaris*. Tschahil, nördlich von Bamián, NW. von Kabul.
	Unt. St.:	Marine Sandsteine und Kalke. „*Monotis salinaria*.“ „*Halobia Lommeli*.“ Tschahil.

Dyas
Unt. Gondwana, am vollständigsten im Afghanischen Turkestan

Metamorphe grüne Schiefer und graphitische u. anthracitische Schichten von Herat.
Schieferthon mit unreiner Kohle, durchbrochen von Hornblendegranit bei Ak Robát (in Turkestan).
Urobe Conglomerate durch Granit verändert. Palù Kotal, Ak Robát (beide in Afghanisch Turkestan).
Concordanz.
Massige dunkle Kalke mit Steinkernen von Brachiopoden (*? Productus*), östlich von Herat, Khorassan und Ak Robát (Afghanisches Turkestan).

4. Die Dyas des Himalaya

(F. Noetling)

ist palaeontologisch noch wenig im einzelnen bekannt, namentlich was die Fossilien der sogenannten Productusschiefer (p. 577) angeht; jedoch sind wir doch durch GRIESBACH's, DIENER's, HAYDEN's und KRAFFT's Untersuchungen in die Lage versetzt, uns eine gute Vorstellung über die geologische Entwickelung im Central-Himalaya zu machen.

Auf der andern Seite ist die Dyas des äusseren Himalaya, und namentlich jene von Kaschmir viel weniger gut bekannt, trotzdem eine ausführliche geologische Beschreibung von LYDDEKKER vorliegt. Es wird sich daher empfehlen, die Dyas im Central-Himalaya zunächst zu betrachten.

GRIESBACH[1] war der erste, der nachwies, dass im Central-Himalaya bei

[1] Geology of the Central-Himalaya, Memoirs Geological Survey of India 1891, vol. XXIII.

Niti und bei Spiti die Dyas in Gestalt von schwarzen bröckligen Schiefern ent-
wickelt sei, die discordant auf dem carbonischen Muth-Quarzite lagern. Guembach hat sich darauf beschränkt, die Productusschiefer im Allgemeinen als Perm
zu bezeichnen.

Durch Diener's[1] Untersuchungen wissen wir nun, dass die Fauna der Productusschiefer von Niti jedenfalls der Virgal- und unteren Chideru-Gruppe entspricht; ob

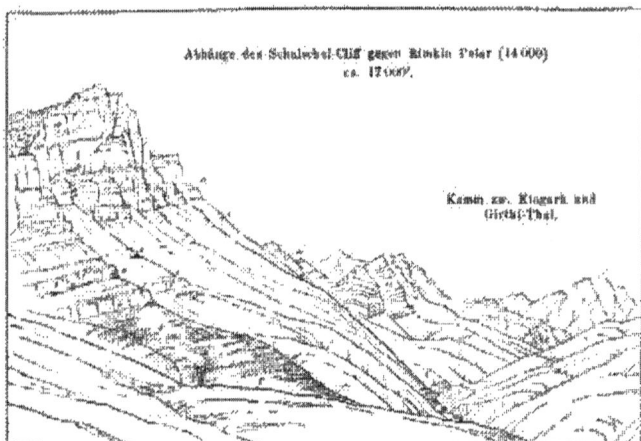

Abhänge des Schalshal-Cliff gegen Rimkin Paiar (14 000)
ca. 17 000?.

Kamin zw. Ringark und
Girthi-Thal.

1. Ältere Palaeozoicum.   4. Muschelkalk.   8. Sch. m. Spiriferina Gries...
2. Oberearbonische Muth-Quarzite.   5. Daonella Beds.   9. Sagenites Beds.   [beds].
3. Productus Shales, oberste Dyas   6. Halorites Beds.   10. Oberfriadische Hochgebirgs-
   und untere Trias.   7. Halorites Beds.   kalke.

N. C. Diener.

jedoch die Amb-Gruppe ebenfalls vorkommt, ist sehr zweifelhaft. Fest steht ferner,
dass im ganzen Central-Himalaya die glaciale (Pandschabische) Stufe fehlt. Auf
der andern Seite liegt wahrscheinlich eine Mischung verschiedener Faunen in der
anthracolithischen Fauna von Tschititschun vor.[2] Es muss betont werden, dass diese
Fauna aus einer Klippe stammt, und ein derartiges Vorkommen ist ganz besonders
geeignet, eine Vermischung verschiedener Faunen hervorzurufen. Jedenfalls müssen

---

[1] Ergebnisse einer geologischen Expedition in den Central-Himalaya von Johar, Hundes and
Painkhanda. Denkschr. d. Math. Naturw. Cl. der Kaiserl. Akademie der Wiss. 1895, Bd. LXII.
Permian Fossils of the Productus Shales of Kumaon and Ghorwal. Palaeont. Indica Ser. XV.
Himalayan Fossils vol. 1, pt. 4. 1897.
Anthracolithic Fossils of Kashmir and Spiti. Palaeont. Indica Ser. XV. Himalayan Fossils
vol. 1. pt. 2. 1899.
[2] The Permocarboniferous Fauna of Chitichun No. 1. Palaeont. Indica Ser. XV. Himalayan
Fossils vol. 1, pt. 3. 1897. (Vergl. Taf. 67 d und Aufzählung der Arten p. 501.)

noch eingehendere Untersuchungen darüber angestellt werden, ob im Himalaya in der That *Productus semireticulatus* (*boliviensis* p. 502) zusammen mit Formen des mittleren und oberen Productuskalkes, der Virgal- und Chideru-Gruppe vorkommt. Da sich, so weit wir wissen, die Äquivalente des Zechsteins im Central-Himalaya auf's innigste an die gleichalten Schichten der Salt Range anschließen, so ist eine derartige Vergesellschaftung von Faunenelementen wie die von Tschitischun höchst auffällig. Es ist ja möglich, dass die Tschitischunfauna[1] die marine Facies der Pandschabischen Stufe vertritt, die bei Niti sicher und bei Spiti mit grosser Wahrscheinlichkeit fehlt. Aber eine solche Annahme ist vorläufig mit grosser Vorsicht aufzufassen.

Bei Spiti hat HAYDEN[2] neuerdings gefunden, dass die Dyas viel mächtiger entwickelt ist, als nach STOLICZKA's und GRIESBACH's Untersuchungen zu erwarten war. Äusserst wichtig ist der Nachweis von Sandsteinen und Conglomeraten an der Basis der, augenscheinlich der Virgal-Gruppe entsprechenden, sandigen Kalke. Es ist möglich, dass wir in diesen Sandsteinen die Amb-Gruppe zu erblicken haben, ausgeschlossen ist jedoch nicht, dass dieselben die obersten Schichten der Palaeodyas, etwa die Warcha-Gruppe repräsentiren. Ferner hat HAYDEN *Xenodiscus carbonarius* und *Cyclolobus Oldhami* in den Productusschiefern aufgefunden. Bei der Kurzlebigkeit beider Arten müssen wir annehmen, dass die beiden Horizonte, die in der Salt Range durch die gedachten Arten repräsentirt sind, auch bei Spiti auftreten.

Wie dem auch sein mag, jedenfalls geht aus HAYDEN's Beobachtungen mit Bestimmtheit der Nachweis hervor, dass die Dyas bei Spiti erheblich umfangreicher auftritt als bei Niti.

Wenn wir somit nicht mehr im Zweifel sein können, dass die Virgal-Gruppe im Himalaya in beträchtlichem Umfange ausgebildet ist, dass möglicher Weise die Amb-Gruppe und dass mit Sicherheit die untere Abtheilung der Chideru-Gruppe vertreten ist, so wäre nur noch die Frage zu erörtern, welche Zonen haben wir als Äquivalente der Zone mit *Entalis herculea* aufzufassen?

Da kann es denn nun kaum mehr zweifelhaft sein, dass wir als solche die Zonen des *Otoceras Woodwardi* und des *Ophiceras tibeticum* ansehen müssen. NOETLING hat den Nachweis geführt, dass in der Salt Range das Genus *Prionolobus* (*Merkoceras*) die Unterkante der triadischen Schichten bestimmt; ein Gleiches gilt nach NOETLING's Untersuchungen am Schalschal Cliff und nach KRAFFT's Untersuchungen bei Spiti für den Himalaya. In beiden Fällen reicht das Genus *Prionolobus* nicht tiefer hinab als bis in die Zone des *Prionolobus lilangensis* bei Spiti und die Zone des *Prionolobus Noetlingi* bei Niti. Darunter liegen die Zonen des *Ophiceras tibeticum* und des *Otoceras Woodwardi*.

Nun hat DIENER[3] irrthümlicher Weise die Fauna dieser drei Zonen als ein

[1] Für ein höheres Alter von Theilen der Chitichun-Fauna spricht u. a. *Productus cancriniformis*, eine Leitform der Artaustufe.

[2] Progress report on the Survey of Spiti and adjoining areas. Gen. Rep. Geol. Sur 1899/1900. p. 164.

[3] Palaeont. Indica Series XV. Himalayan Fossils; the Cephalopoda of The Lower Series. vol. II. 1897. (Siehe auch „Ergebnisse einer geologischen Expedition in den Central-Himalaya".)

Ganzes beschrieben, eine Auffassung, die nach den neueren Untersuchungen nicht gerechtfertigt erscheint. In der Diener'schen Arbeit ist die Fauna von drei palaeontologisch scharf unterschiedenen Zonen enthalten, die sich leicht folgendermassen gliedern lassen:

Trias.   Ohne *Otoceras*, aber mit *Prionolobus* (= *Merkoceras*[1]):

3 Zone des *Prionolobus Noetlingi*.

Obere Neodyas.   Mit *Otoceras*, aber ohne *Prionolobus*:

2 Zone des *Ophiceras tibeticum* und
1 Zone des *Otoceras Woodwardi*.

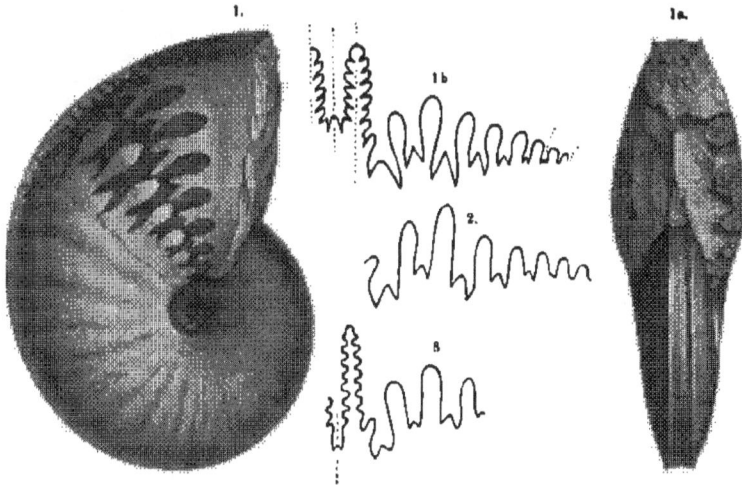

1 *Medlicottia Wynnei* Waag. *Medlicottia Dalailamae* Diener. Zone des *Otoceras Woodwardi*. Schalschal Cliff bei Rimkin Paiar, Himalaya. N. Diener, Ann. Palaeontologia Indica. Ser. XV, vol. II, 1. 2,3 Oberster Productuskalk (Z. der *Medlicottia Wynnei*) der Salt Range. Theile der Lobenlinie des Waagen'schen Originals a. A. v. Krafft. Vergl. Taf. 57b, Fig. 9.

Nach dieser Trennung, die Krafft ebenfalls bei Niti hat nachweisen können, ergiebt sich, dass in den Diener'schen Otoceras-beds drei verschiedene Faunen enthalten sind, von denen die oberste als Trias anzusehen ist, während die beiden unteren auf Grund des Vorkommens von *Medlicottia Wynnei*[2] und des bisher nur aus dyadischen Schichten bekannten Genus *Otoceras* zur obersten Dyas gehören und jedenfalls dem oberen Theile der Chideru-Gruppe entsprechen.

[1] Über die Namengebung s. p. 631.
[2] *Medlicottia Dalailamae* Diener ist als ident mit *Medlicottia Wynnei* Waagen anzusehen.

Es gestaltet sich daher die Entwickelung der Dyas im Central-Himalaya wie folgt:

Die Pandschabische Stufe fehlt gänzlich bei Niti; bei Spiti können gewisse Sandsteine und Conglomerate vielleicht der Warcha-Gruppe entsprechen. Sicher ist dies jedoch durchaus nicht. Jedenfalls ist bisher im Central-Himalaya die glaciale und postglaciale Facies der Pandschabischen Stufe nicht nachgewiesen, dagegen die Möglichkeit zuzugeben, dass die Tschititschnu-Fauna eine marine Facies der Palaeodyas repräsentirt; hierbei wird vorausgesetzt, dass in dieser Fauna nicht zwei thatsächlich getrennte Elemente vermischt wurden, eine Möglichkeit, die bei der Art der Lagerungsverhältnisse durchaus nicht abzustreiten ist.

Die Äquivalente des Productuskalkes sind in Form von schwarzen bröckeligen Schiefern entwickelt, in denen nach oben Bänke eines dunkeln, sehr harten Kalkes auftreten. Die Farbe der Schiefer wird gleichzeitig lichter, etwas mehr grünlicher. Eine scharfe Grenze gegen die jüngeren triadischen Schichten ist nicht zu ziehen und die Trennung beruht einzig und allein auf palaeontologischen Unterschieden, dadurch dass man wie in der Salt Range mit dem Auftreten von *Prionolobus* (= *Meekoceras*) die Trias beginnen lässt.

Auf Grund der obigen Darlegungen ergiebt sich somit die umstehende Gliederung.

Sehr wenig wissen wir über die Dyas von Kaschmir, trotzdem Lydekker ausgedehnte Untersuchungen daselbst angestellt und dieselben in einem umfangreichen Werke niedergelegt hat.[1] In Verbindung mit den Diener'schen[2] Untersuchungen lässt sich jedoch wohl mit einiger Bestimmtheit annehmen, dass mindestens der gesammte Productuskalk in Form von dunkeln Kalken, welche die Brachiopoden-Fauna der Salt Range führen, entwickelt ist.

Gleichfalls ist es wahrscheinlich, dass die Pandschabische Stufe in ihrer glacialen Facies entwickelt ist. Wenigstens deutet Oldham[3] das Pandschab-Conglomerat als Äquivalent der Talchirs.

Im äusseren Himalaya in der Gegend von Simla sind wohl die Blaini-Conglomerate als Äquivalent der Talchir-Gruppe aufzufassen und die darüber lagernden sogenannten Infra-Kol-Schiefer entsprechen wohl der oberen Abtheilung der Pandschabischen Stufe. Dagegen sind Schichten des Productuskalkes bisher noch nicht nachgewiesen worden.

In Birma ist die Dyas nach Middlemiss[4] in Form mächtiger Kalkablagerungen entwickelt, deren unterer Theil, der Pyinnyaung-Kalk, vielleicht auch der Thamakan-Kalk möglicher Weise als die marine Facies der Pandschabischen Stufe aufzufassen ist. Vielleicht gehört dann auch der Moulmein-Kalk hierher, dessen Fauna durch das Vorkommen von Fusuliniden (*Müllerina*) charakterisirt ist.[5]

[1] Memoirs Geological Survey of India 1893, vol. XXII.

[2] Anthracolithic Fossils of Kaschmir and Spiti. Palaeont. Indica Ser. XV. Himalayan Fossils vol. I, pt. 2.

[3] Manual of the Geology of India, 2. edition. p. 155.

[4] General Report, Geolog. Survey of India for 1899,00. p. 158.

[5] Noetling, Carboniferous Fossils from Tenasserim. Rec. Geolog. Survey of India 1893, vol. XXVI, p. 96.

Auf der andern Seite steht fest, dass der „Taung-gyi-Kalk", den MIDDLEMISS erwähnt, eine Fauna enthält, die ganz entschieden den Charakter der Fauna der Virgal-Gruppe zeigt. Möglicherweise ist auch die Chideru-Gruppe repräsentirt. Wir wissen, wie gesagt, noch sehr wenig über die Dyas in Tenasserim, dem Karenni-Land und den südlichen Schan-Staaten, aber das Wenige was wir wissen deutet darauf hin, dass in Birma wohl die ge s a m m t e Dyas in m a r i n e r F a c i e s entwickelt ist. Jedenfalls ist die glaciale Facies der Panduchabischen Stufe noch nicht nachgewiesen und kann wohl mit ziemlicher Bestimmtheit als fehlend betrachtet werden.

			Spiti.	Nili.	Tschhitischen.
Hang-endes.	Scythische Stufe.	Zone des Prionolobus Nortlingi (Meekoceras).	Dunkler Kalk mit Prionolobus lan-genesis. (Meekoceras).	Dunkle Kalke mit Prionolobus Nort-lingi (Meekoceras).	?
		Zone des Ophiceras ti-beticum.	Dunkler Kalk mit Ophiceras ti-beticum and Medlicottia Wynnei.	Dunkler Kalk mit Ophiceras ti-beticum.	?
Chideru-Gruppe		Zone des Otoceras Wood-wardi.	Dunkler Kalk mit Otoceras Wood-wardi.	Dunkler Kalk mit Otoceras Wood-wardi.	?
		Zone des Cyclolobus Old-hami.	Dunkle Schiefer mit Cyclolobus Oldhami.	Dunkle Schiefer mit Productus Abichi.	?
		Zone des Xenodiscus car-bonarius.	Dunkle Schiefer mit Xenodiscus carbonarius.		?
	Virgal-Gruppe.	Zone der Lyttonia nobilis.	Dunkle Schiefer mit Spirifer musakheilensis.	Dunkle Schiefer mit Spirifer musakheilensis.	?
	Amb-Gruppe.		Sandsteine und Conglomerate. (?)		
	Warcha-Gruppe				
	Dandot-Gruppe.		Fehlend.	Fehlend.	Marine Fauna der Tschitischen-Klippe. (???)
	Talchir-Gruppe.				

Die Sandsteine an der Ussuri-Bucht der Ostsibirischen Küsten-provinz[1]

sind auf Grund ihrer Cephalopodenfauna von C. DIENER[2] mit den Otoceras-Beds
des Himalaya verglichen worden und stellen zweifellos Grenzbildungen von Dyas
und Trias dar.

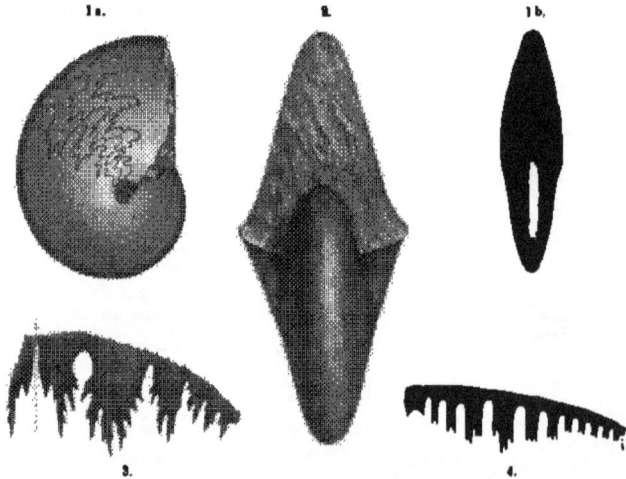

Fig. 1a, b. *Ussuria Schamarae* DIEN. Oberste ? Dyas. Halbinsel Murawiew, südl. Schamara. N. DIENER.
Fig. 2. *Otoceras otoceratoides* DIEN. sp.[3] *(Aspidites)*. Oberste Dyas. Russische Insel, Paris-Bucht. Ussuri-Gebiet.
Fig. 3. *Ussuria Iennssari* DIEN. Halbinsel Murawiew, Fl. Schamara.
Fig. 4. *Pseudosageceras* sp. ind. Lobenlinie. Oberste ? Dyas. Golf Ussuri, Halbinsel Murawiew, Fl. Schamara.
Sämmtl. Figuren sind aus "Mémoires du Comité géologique, St. Pétersbourg", vol. XIV, Nr. 3 copiert.

Die Conglomerate und Sandsteine, welche auf der Halbinsel Murawiew und
der Russischen Insel (unweit Wladiwostok) das Obercarbon discordant überlagern,
enthalten eine Fauna, welche man nach der im Himalaya (s. o.) durchgeführten
schärferen Sonderung der Faunen den Zonen

[1] Ebenso, wie alles Folgende, von P. Faren.
[2] Triadische Cephalopodenfaunen der ostsibirischen Küstenprovinz. Mém. Com. géologique St. Pétersbourg. XIV 3, 1895, besonders p. 56 ff. und p. 3 ff.
[3] Über die Gattungsbestimmung der vorliegenden Form *Otoceras* oder *Aspidites Prophy-chites* kann man im Zweifel sein; die äussere Form spricht für *Otoceras*. DIENER legte mehr Wert auf den gezackten Externlobus; da jedoch bei *Otoceras Woodwardi* zwei- und dreispitzige Externloben nachgewiesen sind, wird man diesem Merkmal keine besondere Bedeutung beimessen können.

1. des *Prionolobus Noetlingi* und
2. des *Ophiceras tibeticum*

wird zuweisen können. Zwar liegen keine schichtenweise gesonderten Faunen vor, aber die Übereinstimmung der Gattungen und zum Theil auch der Arten ist so gross, dass eine Gruppirung nach den sorgfältigen Beschreibungen[1] und Abbildungen C. Diener's unschwer möglich erscheint.

Auf die Zone des *Ophiceras tibeticum* Dien. verweist zweifellos *Ophiceras* cf. *Sakuntala* Dien., eine Art des Himalaya, sowie *Otoceras otoceratoides* Dien. sp., deren Loben am meisten an *Otoceras Draupadi* Dien. (s. o.) erinnern. Möglicherweise sind ferner die altertümlichen Typen *Usuria (Thaluxoceratinae)* und *Pseudosageceras (Medlicottiidae)* der Dyas zuzurechnen.

Hingegen verweisen auf die älteste triadische Zone des Himalaya die auch dort vorkommenden Arten

Prionolobus borealis Dien. *(Meekoceras)* und

Aspidites Varaha Dien. *(Kingites)*,

sowie die typischen Triasgattungen *Dinarites, Danubites* und *Ceratites*, sowie die übrigen zu *Aspidites (Proptychites)* bezw. *Prionolobus (Meekoceras)* gehörenden Arten. Auch die neuerdings beschriebenen Zweischaler tragen Triashabitus.

Meere und Continente der Dyaszeit.

a) Meere der Dyaszeit.

Die marinen Schichten der älteren Dyas besitzen mit Ausnahme des Pandschab[1] und von Birma dieselbe Verbreitung wie das oberste Carbon in Kleinasien, so Darwas, Ural, Spitzbergen, Texas, (vergl. p. 309 u. 403); die Übersicht des Zusammenhangs der drei grossen Meeresbecken wird hierdurch wesentlich erleichtert.

1. Das Grosse Mittelmeer besitzt ungefähr dieselbe Ausdehnung wie in der Carbonperiode und geht in den meisten Gebieten unverändert in die Triaszeit über. Eine Vergrösserung des Umfanges ist nur in der Salzkette des Pandschab und in Birma mit voller Sicherheit[1] nachgewiesen.

Während bei Naoking der Wechsel mit Kohlenflötzen auf die Nähe des Landes verweist, sind in den centralasiatischen Gebirgen (Yünnan, westl. Kwen-Lun, Himalaya), in Birma und auf den Inseln (Timor) nur rein marine Schichten bekannt. Die Kalke in Persien gehören wahrscheinlich (Turbalchane und Djilin-Bilin im östlichen Alburs) oder sicher (Djulfa) der Neodyas an.

---

[1] Auf die Irrthümlichkeit der Frech'schen Begrenzung der „Gattung" *Meekoceras* hat C. Diener (p. 47) zuerst hingewiesen und die Bedeutung der Waagen'schen Gattungen *Aspidites, Koninckites, Kingites* etc.," ebensowenig überschätzt (p. 49). Jedoch behält C. Diener ebenso wie A. v. Krafft — den Namen *Meekoceras* bei, der dem hier gebrauchten ebenfalls nur in verändertem Sinne brauchbaren — Namen *Prionolobus* entspricht.

[1] Eine wahrscheinlich mit scheinbarer Ausnahme bilden die isolierten Fundorte Centralasiens (Fl. Gansu — Tibetanische Transgression —, Tschilitschun), an denen entweder die Lücke unbedeutend ist oder die angrenzende Kenntnis des geologischen Baus das Vorkommen des Oberearbons bisher verschleiert hat.

Jedoch sprechen die südeuropäischen Vorkommen der marinen Palaeodyas (Sicilien, Ostalpen, Ariège) für eine freie Verbindung mit den asiatischen Theilen des Mittelmeeres. Die eigentümlichen Coralliopsiden (*Richthofenia* etc.), die Lyttoniiden und Orthotetinen[1] sind auf diese beiden Gebiete beschränkt und fehlen z. B. am Ural gänzlich.

Das isolirte Vorkommen in Texas bildet wahrscheinlich die transatlantische Fortsetzung des alten Mittelmeeres.

2. Das Uralisch-arktische Meer wird im Vergleich zu der Ausdehnung zur Carbonzeit ("Russisches Meeresbecken") im Westen (Centralrussland) so sehr eingeengt, dass eine Namensänderung nothwendig erscheint. Ablagerungen desselben sind bekannt von Spitzbergen (Südcap und Südwesten), dem Büren-Eiland und dem ganzen Westabhang des Ural (besonders im Plateau von Ufa). Im östlichen Buchara (Darwas) deutet ein vereinzeltes Vorkommen auf einen directen Zusammenhang mit dem grossen Mittelmeer hin.

3. Der Fortbestand des Pacifischen Weltmeeres wird weniger durch directe Beobachtungen (marine Dyas in Ostaustralien, Timor, Nanking und ?Californien) als durch einen Wahrscheinlichkeitsschluss erwiesen: Ein Ocean von der Ausdehnung des Pacific, dessen Vorhandensein für das Obercarbon und die untere Trias sicher nachgewiesen ist, kann in der Zwischenzeit nicht einfach verschwinden.

4. Den einzigen, sicher nachweisbaren Zuwachs erfährt das Pacifische Meer in Australien; besonders aus dem Osten und Südosten von Neuholland liegen marine Fossilien vor, deren faunistische Beziehungen auf Timor (z. B. *Spir. tasmaniensis* Taf. 57c, Fig. 2) und das nordwestliche Indien (*Spir. Darwini* l. c. Fig. 0) verweisen. Doch überwiegen trotz mancher Beziehungen zu den mediterranen und arktischen Meeren auch in Australien die eigentümlichen faunistischen Merkmale.

Das australische, vielfach mit driftenden Eisbergen erfüllte Meer scheint während einer kurzen Episode weit in die Binnengewässer des indoafrikanischen Festlandes eingedrungen zu sein; das Erscheinen einzelner australischer, von der mediterranen Marinfauna abweichender Typen in der Salt Range dürfte palaeontologisch sicher gestellt sein. Auch in allgemeiner erdgeschichtlicher Hinsicht ist diese Erscheinung nicht auffallend, da in Australien und im Pandschab dieselben organischen Reste in der Eisdrift-Facies erscheinen. Die Meeresverbindung, welche im Westen von Vorderindien gesucht werden müsste, ist jedoch mit dem Vorkommen einer ungefähr gleichalten, rein mediterranen Fauna auf Timor schwer in Einklang zu bringen.[2]

Die Differenzirung der Meeresfaunen und das Auftauchen grosser Landmassen ist auf dieselbe Ursache zurückzuführen: Theils direct, theils indirect bedingt die postcarbonische Gebirgsbildung (Cap. IX des Carbon) das Zurückweichen des Meeres in den genauer bekannten Gebieten der Erde.

Nur in wenigen Gegenden (Karnische Alpen und Pyrenäen, ?Japan) wird durch die Faltung der Meeresboden trocken gelegt. Meist tritt die Gebirgsbildung innerhalb der schon bestehenden Festländer auf. Doch liefert die rasch vorschreitende

----

[1] Zusammen 9 Gattungen und Untergattungen.

[2] Aus diesen und anderen Gründen würde der Versuch einer kartographischen Reconstruction der dyadischen Continente und Meere noch verfrüht sein. Die oben berührte Schwierigkeit besteht vor allem in dem nur ungefähr festgestellten geologischen Alter der australischen Dyas-Fauna (Taf. 57c).

Abtragung der Gebirge das Material für die Erhöhung und Trockenlegung des Meeresbodens. Das diesen negativen Bewegungen complementäre Ansteigen des Meeres dürfte in den antarktischen (Neuholland, Tasmania bis Pandschab) und vor allem in arktischen Gegenden stattgefunden haben. Aus den letzteren stammt auch die einzige grössere, Nordeuropa theilweise überflutende Transgression, welche der jüngeren Dyaszeit angehört.

b) Continente der Dyaszeit.

Der gewaltige, aus dem Carbon stammende indo-afrikanische Continent (p. 404) umfasst zur Dyaszeit Theile des nördlichen Neuholland und des östlichen Südamerika (die brasilianische Masse und das angrenzende Argentinien). Die Vereisung Australiens, Südafrikas und der ostindischen Hochgebirge sowie die darauf folgende Kohlenbildung ist in theoretischer und praktischer Hinsicht von gleichem Interesse.

Die vorangehenden Darlegungen lassen erkennen, dass für die Zurechnung der palaeozoischen Eiszeit zur Dyas allgemeine erdgeschichtliche Erwägungen ebenso sprechen wie die Thatsachen der Verbreitung fossiler Landpflanzen und Meeresthiere. Auch die Gleichzeitigkeit der Vereisung mit geographischen Umwälzungen sowie mit Änderungen der Thier- und Pflanzenwelt dürfte sicher sein. Über den Verlauf der geographischen Änderungen, die Lage des oder der Südkontinente, der gletschergepanzerten Hochgebirge und der Inlandeismassen zu philosophiren, ist eine verlockende Aufgabe. Mir scheinen vorläufig noch die Lücken der Kenntniss so gross zu sein, dass jedes auf dieser schwankenden Grundlage errichtete Gebäude mit baldigem Einsturz droht.

Nur eine eigentümliche Thatsache ist hervorzuheben, das Vorkommen mariner dyadischer Fossilien inmitten der den Grundmoränen ähnelnden Bildungen. Die Schichten mit Glacialblöcken sind frei von marinen Resten in Südafrika, der ostindischen Halbinsel und Victoria, mehr oder weniger reich an eingebetteten Meeresthieren (besonders Conularien) im Pandschab, in Queensland, N.S.-Wales und Tasmania. In Südamerika sind bisher nur Pflanzenreste, keine marinen Thiere und Glacialspuren gefunden worden.

Aus der nahen Übereinstimmung der fossilen Floren in den vier Hauptgebieten möchte man ebenso gern auf einen Landzusammenhang schliessen, wie aus dem Vorkommen australischer Meeresthiere im Pandschab auf eine oceanische Verbindung.

Angesichts der Unklarheit, welche noch über dem Alter der australischen Dyas ruht, wäre es vermessen, ein Fragezeichen vermittelst eines zweiten Fragezeichens entfernen zu wollen. Aber jedenfalls darf darauf hingewiesen werden, dass die marinen Glacialschichten des Pandschab mit ihrer australischen Meeresfauna im Alter nicht wesentlich von der rein terrestrischen Grundmoräne der Taltschira abweichen. Denn die den australischen Arten ähnelnden Pflanzen liegen in Sandstein und Schiefer über dem Taltschir-Conglomerat. Man braucht also nur anzunehmen, dass vor oder während der Bildung der Driftablagerungen des Pandschab eine Meeresbedeckung im centralen und südlichen Indien fehlte und dass auf dem nur theilweise mit Gletschern bedeckten Continent doch die Möglichkeit der Verbreitung von *Gangamopteris* und anderen Pflanzen vorhanden war.

Noch weniger lässt sich über die Gestaltung der **beiden arktischen Continente** zur Dyaszeit (p. 404) sagen, die mit ihren Annexen fortbestehen. Von den letzteren bleibt — entsprechend dem engen Zusammenhang von Obercarbon und Rothliegendem in Mitteleuropa — die armorikanische Landmasse unverändert. Die **pontische Halbinsel** erfährt einen bedeutenden Landzuwachs im Osten Russlands. Dem Ende der Dyaszeit entspricht der Rückzug oder die Verdampfung der Binnengewässer in diesen Gebieten. Die fossilarmen oder fossilleeren Tatarischen Mergel und die Steinsalzlager des Donjetzgebietes enthalten die Beweise für diesen Vorgang.

Geographische Veränderungen zur Zeit der Neodyas.

Die Veränderungen zur Zeit der oberen Dyas sind nur in einigen Gebieten sicher festzustellen.

1. Bemerkenswerth ist vor allem das **Verschwinden des australischen Meeres**: im Osten und Südosten von Neuholland überlagern Triasschichten mit Landpflanzen und Kohlen die Dyas und deuten auf die Angliederung dieser Gebiete an den indoafrikanischen Continent.

2. Der Schauplatz verwickelter Erscheinungen war das europäische Russland und Mitteleuropa.

Die **nordische Transgression des Zechsteins** reichte bis in die Gegend von Heidelberg, bis an den Südrand des Thüringer Waldes, den Nordrand des Erzgebirges und der Sudeten, in östlicher Richtung aber bis Russisch Polen (Kajetanowo bei Kielce) und Kurland.

Der **Fortbestand des Grossen Mittelmeers** während der oberen Dyaszeit wird durch eine Reihe zerstreuter Vorkommen bewiesen, die von China (? Ngan-whei) über den Himalaya (Kuling-Schiefer), Kaschmir (*Xenodiscus* bei Wonhjülga am Karakorum), die Salzkette nach den nordiranischen Grenzgebirgen (östl. Alburs, Djulfa) bis zu den südlichen Ostalpen (Bellerophonkalk) reichen. Eine Vereinigung der Transgression nördlicher Zechsteingewässer und des Mittelmeers erfolgte an keinem Punkte. Ganz am Schlusse der Dyas ist an zwei Punkten Ostasiens, an der Mündung des Jang-tse-kiang (Nganwhei) und bei Wladiwostok eine Transgression nachgewiesen. Ob dieselbe localen oder allgemeinen Charakter besessen hat, kann nur durch künftige Forschungen entschieden werden.

Es scheint, dass die Wende der palaeozoischen und mesozoischen Aera durch eine Vertheilung von Festland und Meer gekennzeichnet wird, die manche Ähnlichkeit mit der heutigen besitzt:[1] Der afrikanisch-ostindische Continent war schon

---

[1] Vielfach findet sich die Angabe, dass an der Wende von Palaeozoicum und Mesozoicum ein allgemeiner Rückzug des Meeres erfolgt sei. Diese Auffassung würde von ebenso unrichtigen Voraussetzungen ausgehen, wie die Annahme einer allgemeinen Transgression zur oberdevonischen, mitteldevonischen oder oberkretacischen Zeit. Es wurde schon früher betont, dass die Angabe der allgemeinen Verbreitung derartiger Ereignisse sich stets nur auf das Gebiet der heute zu-

Längst dem Meere entstiegen; aus Australien sind nur Festlandsbildungen bekannt. Im Bereich von Europa, Nordasien und den bisher genannten (südlichen) Theilen von Nordamerika bereitet sich ein allmähliger Rückzug des Meeres vor. Aus dem Norden von Südamerika liegen keine genauen Beobachtungen vor; im Süden sind nur Landpflanzen (*Glossopteris*) bekannt.

gänglichen und genauer bekannten Festländer, d. h. vornehmlich auf die Nordhemisphäre bezieht. — Es braucht kaum besonders bemerkt zu werden, dass der Hauptunterschied der juraglacialischen und der gegenwärtigen Vertheilung von Festland und Meer das Vorhandensein eines grossen Südkontinentes war.

Rückblick auf das palaeozoische Zeitalter.

A. Das Klima der palaeozoischen Aera.

Die gleichmässige geographische Verteilung der Organismen während der palaeozoischen Aera hat von selbst die Annahme eines gleichförmigen Klimas (oben p. 111, 258, 681) hervorgerufen. Als Erklärung dieser Gleichförmigkeit wurde häufig die Vermutung ausgesprochen, die innere Erdwärme heize die Oberfläche in derselben Weise, wie etwa in einem Warmbeet der sich zersetzende Dünger eine höhere Temperatur erzeugt. Obwohl diese Hypothese wohl kaum mehr Anhänger zählt, so sei doch — auf Grundlage neuerer Berechnungen[1] — das ungewöhnlich geringe Wärmeleitungsvermögen der Gesteine hervorgehoben: Um der Erdoberfläche dieselbe Wärmemenge von innen zuzuführen, die sie jetzt durch die Sonne von aussen empfängt, müsste in einer Tiefe von 30 Meter volle Rothglut, d. h. eine Wärme von 1000° C. herrschen. Hierbei wird der verhältnissmässig gut leitende Granit als Grundgestein angenommen; Sandstein oder Kalk besitzen eine dreimal geringere Wärmeleitungsfähigkeit und zur Erzielung des obigen Ergebnisses müsste also Rothglühhitze schon in einer Tiefe von 10 Metern herrschen.

Auch die zweite naheliegende Annahme, dass die Sonne früher unserem Planeten grössere Wärmemengen zugesandt habe, wird durch astrophysikalische Erwägungen nicht bestätigt. Vielmehr hat seit der Entstehung organischen Lebens auf der Erde die Wärmeproduction der Sonne keinen erheblichen Wechsel erfahren.

Der Grund für palaeoklimatische Änderungen wird demnach auf der Erde gesucht werden müssen, falls man nicht unkontrollirbare Annahmen über wärmere und kältere Gebiete des Weltraums machen will, die das Sonnensystem durcheilt. Eine neuere Theorie von S. Arrhenius[2] sieht den Grund des klimatischen Wechsels während der geologischen Perioden in der verschiedenen Wärmeleitungsfähigkeit der Atmosphäre. Der wechselnde Gehalt der Atmosphäre an Kohlensäure ist, wie sich experimentell nachweisen lässt, bestimmend für die grössere oder geringere Ausstrahlung der von der Sonne stammenden Erdwärme in den Weltraum.

[1] N. Ekholm. On the variations of climate, Quart. journ. Royal meteorological soc. Jan. 1901. Bd. 27, p. 6.

[2] Ekholm, l. c. p. 2.

[3] Über den Einfluss des atmosphärischen Kohlensäuregehalts auf die Temperatur der Erdoberfläche. Bihang till. Kongl. Svensk Vetensk. akademiens handl. Bd. 22, R, 1. Stockholm 1896.

Die Atmosphäre gewährt — ähnlich wie das Glas eines Treibhauses — den wärmenden Lichtstrahlen der Sonne verhältnismässig leicht Durchgang und absorbirt gleichzeitig einen grösseren Theil der von dem Boden ausgehenden dunklen Wärmestrahlen.[1] Die Kohlensäure, welche für die Sonnenstrahlen ebenso durchlässig ist wie die Luft, besitzt jedoch andererseits die Eigenschaft, die vom Boden ausstrahlende Wärme zum Theil zurückzuhalten. Mit dem procentualen Wachstum des atmosphärischen Kohlensäuregehaltes vermehrt sich also nach der Theorie von ARRHENIUS (l. c. p. 70) die Wärme der Erdoberfläche und der unteren Schichten des Luftmeeres. Dieser Einfluss der Kohlensäure wird durch ein zweites Agens verstärkt. Der Wasserdampf besitzt dieselbe Eigenthümlichkeit wie die Kohlensäure, d. h. er ist durchlässig gegenüber den von der Sonne stammenden, Licht und Wärme bringenden Strahlen und undurchlässig gegenüber den von der Erde ausgehenden dunkeln Wärmestrahlen. Die Menge des Wasserdampfes, welchen die Luft zu enthalten vermag, steigt mit der Temperatur und wird, wenn diese unter den Thaupunkt sinkt, zu Wasser, d. h. zu Wolken oder Regen verdichtet. Wasserdampf überwiegt also im Allgemeinen in Gegenden mit warmer Atmosphäre und dient hier als Agens für eine weitere Steigerung der Temperatur.

Die jetzige in der Luft enthaltene Kohlensäuremenge beträgt nur 0,03 Volumprocente des Luftmeeres.

Eine Abnahme derselben auf 0,02 bis 0,55, im Mittel auf 0,0 des heutigen Betrages würde nach den Berechnungen von S. ARRHENIUS Temperaturverhältnisse schaffen, die zu einer neuen Vereisung Nordamerikas und Mitteleuropas führten; d. h. es würde zwischen dem 40. und 60. Breitegrad eine Temperaturerniedrigung um 4—5° eintreten.

Die tropische Temperatur einer Eocaenzeit, in der die polaren Gegenden um 8—9° wärmer waren als jetzt, würde eine Vermehrung des Kohlensäuregehaltes um das 2½- bis 3fache des jetzigen Betrages voraussetzen.[2] Diese Veränderung des Kohlensäuregehaltes geht nicht über die Grenzen der Wahrscheinlichkeit hinaus und beeinträchtigt das Gedeihen höherer Thiere in keiner Weise (wie Herr Prof. HOCHTULE mir auf meine Anfrage mittheilte). Änderungen des Kohlensäuregehaltes werden nun bekanntlich vor allem durch die grössere oder geringere Zufuhr bedingt, welche vulkanische Ausbrüche und die als Folgeerscheinungen auftretenden Kohlensäureexhalationen dem Luftmeer zuführen.[2] Ein Blick auf die folgenden vier Tabellen zeigt nun die gewaltigen Änderungen, welche die Intensität und Ausbreitung der vulkanischen Thätigkeit während des Palaeozoicum erfahren hat. Auf die enormen Massenausbrüche des Praecambrium folgt das Cambrium als Zeit der Ruhe. Silur und besonders Devon sind durch ein erhebliches Wiedererwachen gleichzeitiger Vulkan- und Masseneruptionen gekennzeichnet. In der Steinkohlenzeit findet ein sehr merkliches Nachlassen der Eruptivthätigkeit statt — denn die Intrusion der Granite dürfte ohne Einfluss auf das Luftmeer geblieben sein. Die Theorie des wechselnden Kohlensäuregehaltes begegnet hier also keinen Schwierigkeiten in ihrer

[1] KNOPF, l. c. p. 19.
[2] S. ARRHENIUS l. c. p. 65.

1. Geographische und physikalische Änderungen während des Cambriums und der Praecambrischen Aera

	Meeresbewegungen	Tektonische Tätigkeit im Cambrium wenig entwickelt	Vulkanische Tätigkeit im Cambrium wenig entwickelt
Obercambrium	Transgression des Potsdam-Sandsteins in Nordamerika. Regression im europäischen Mediterrangebiet und Mitteleuropa. Verschiedene Fauna u. abweichende Gliederung im nordatlantischen und im westamerikanischen Gebiet. (*Paltura-Olenus* bezw. *Dicellocephalus*.)	? Beginn der Appalachischen Faltung	Extrusionen in Wales
Mittelcambrium	Rückzug des Meeres aus dem Pandschab. (Auswürfe und Bildung von Salzlagern in der Salt Range.) Vermischte Fauna im nordatlantischen, böhmischen und pacifischen Gebiet (*Paradoxides* bezw. *Dorypyge*).		Eruptivgesteine in Mitteldeutschland
Untercambrium	Transgression in Nordeuropa und im Appalachischen Gebiet: Übergang in praecambrische Schichten im circumpacifischen Gebiet. (Sinische Formation im westl. Nordamerika.)		
Praecambrische Aera	Transgressionen und Regressionen deutlich verfolgbar (z. B. Sinische Formation, Colorado, Lake Superior.) Genauer Vergleich der einzelnen Vorkommen und wegen Fehlen der Versteinerungen nicht möglich.	Wiederholte sehr energische Faltungen in allgemeiner Verbreitung	Die Mächtigkeit (Lake Superior) u. Verbreitung der Masseneruptionen (z. B. Colorado, Schweden, England) übertrifft das Vorkommen in allen jüngeren Formationen

2. Geographische und physikalische Änderungen aus der Zeit des Silur.

Hauptgliederung.		Meeresbewegungen.	Tektonische Ereignisse.	Vulkanische Thätigkeit.
Ober-Silur	Obere	Beginn des im Unterdevon ausgeprägten Meeresrückzuges in der Nordhemisphäre: England (m. Ausn. von Devonshire), Unterdevonisches Deutschland, Karnten, Balticum, Podolien, Nordrussland u. nördlichen Uralgebiet, Spitzbergen, Grönland, Westamerika (z. B. Colorado, Nevada).	Fortdauer der Faltung der skandinavischen Gebirge.	Ausbruch mächtiger Diabasdecken im mittleren Böhmen.
	Mittlere	Grösste Ausdehnung der Oceane der Nordhemisphäre und gleichartige Vertheilung der marinen Fauna.	Faltung und grossartige Überschiebungen im nördlichen Schottland.	
	Untere	Fortdauer der verwickelten Transgressionen, z. B. Nordwestdeutschland (Kellerwald und Harz) und Amazonas-Gebiet.		
Unter-Silur	Obere	Beginn der Transgression in der Nordhemisphäre (Europa u. Appalachisches Gebiet). Austausch der früher getrennten Meeresfaunen (z. B. Norwegen, Bornholm, Böhmen; Bretagne; Himalaya).	Schwache Discordanz in Wales. Erste Faltung des Kernsbodens im Christiania-Gebiet.	Tufflager der Bretagne. Effusivdecken in Neu-Schottland u. Neu-Braunschweig. Mächtige Effusivdecken u. -Tuffe im westlichen England, Wales und vor allem in Schottland.
	Mittlere	Verschiedenheit der Meeresfaunen und der Schichtengliederung in den einzelnen Gebieten.	Weitere Faltung der Appalachen.	
	Untere	Transgression des armorikanischen Sandsteines im böhmisch-mediterranen Gebiet (Iberische Halbinsel, Frankreich, Böhmen). Locale Transgressionen im östl. Balticum. Meervorrückung in Texas und in den südlichen Rocky Mountains (z. B. Arizona).		Effusivdecken (Porphyrite) und Syenitdecke in Neu-Schottland u. Neu-Braunschweig. Diabasdecken in Mittelböhmen.

3. Geographische und

Oberdevon Ob. (Clymenien-) Stufe		Vollständige Regressi lichen Nordamerika In Ostamerika: Bildu Scammanae Bay, Acad
Unt. (Intumascens-) Stufe.		Grösste Ausdehnung Verbreitung der a in den Osten Nordam Gleichzeitiger Meeres wie aus Mittelböhn
Mitteldevon Ob. (Stringocephalen-) Stufe		Weitausgreifende Tra Nord- und Innern (*Stringocephalus* in b heitliche Meeresfauna Beginn der Regress
Unt. (Calceola-) Stufe		Beginn der Transgre Russland, Hocharn und im ? Kwen-lu
Unter- devon	Oberes	Locale Transgression
	Unterm	Regression in der N· Stelle des obersilu im östlichen Nordam Grönland, Spitzbergen Ausprägung geogra berg-Meer). Transgression in Süd land-Inseln), local im linksrhein Vollständiger Meer Das tiefste Devon s Thüringen, Frankreic

Faltungen sind im Devon nicht mit voller
(Kwen-lun, Tsinlingschan) sind wahrscheinlich devonise

4.

Neo- | jü
dyas |
           | al

Palaeodg

Ohne genann
bestimmt

Anwendung auf die geologischen Thatsachen. Der aus dem Praecambrium stammende bedeutende Überschuss an CO, wird zwar während der cambrischen Zeit vermindert, im Silur und Devon aber derart wieder ergänzt, dass in den älteren Abschnitten der palaeozoischen Zeit ein im Wesentlichen warmes und gleichmässiges Klima herrscht.

Der Verlust an Kohlensäure, welche dem Luftmeer durch die Bildung der ungewöhnlich mächtigen und weitverbreiteten Kohlen- und Fusulinenkalke, die Flötzbildung, sowie die Festlegung von CO, bei der Umwandelung der Silicate in Carbonate entzogen wird, wird durch die ganz erhebliche Abnahme der Gas-Exhalationen während der Steinkohlenzeit potenzirt (Tabelle 4).

Der raschen Entstehung der carbonischen Hochgebirge folgt eine ebenso schnelle Erniedrigung; Hand in Hand mit der mechanischen Abtragung geht die chemische Umwandelung der massenhaft von den Gebirgshöhen in die feuchten Niederungen herabgeschafften Gesteine, deren Hauptbestandtheil Silicate bildeten. Das feuchte Klima bedingt eine rasche Carbonatisirung der zerkleinerten Silicate und somit — im Verein mit der Kalk- und Kohlenbildung — einen Verbrauch an Kohlensäure, wie er wohl selten in der Erdgeschichte stattgefunden hat.

Wenn von grösserem Kohlensäurereichtum der Atmosphäre und einem Verschwinden desselben infolge von Kohlen- und Kalkbildung die Rede ist, so involvirt diese Annahme selbstverständlich nicht ein Zurückgreifen auf ältere Phantasien über die praecarbonische oder carbonische Atmosphäre der Erde, deren bis 50% betragender Kohlensäuregehalt erst in Kohlensäure umgewandelt werden musste, bevor die Continente für höhere Thiere bewohnbar wurden. Der Widerlegung dieser Hypothesen, wie sie z. B. Neumayr[1] gegeben hat, ist nichts hinzuzufügen. Die Theorie von S. Arrhenius operirt mit sehr viel geringeren Kohlensäuremengen.

Ferner bedingt die geographische Gestaltung der Nordhemisphäre die Fortdauer eines feuchten und gleichmässigen Klimas bis über die Mitte der Carbonzeit.

Das allmählig ungünstiger werdende Klima erklärt andererseits den allmähligen Rückgang der Flötzbildung im obersten Carbon der nördlichen Hemisphäre sowie die rapide Verminderung im Unterrothliegenden.

Die rasche Abnahme des Kohlensäuregehaltes würde ferner die Ausbildung der südlichen Eiszeit am Beginne der Dyasperiode in den Bereich der Verständlichkeit rücken.

Diese Altersbestimmung ist am wahrscheinlichsten, wenn man bedenkt, dass in der Salt Range die Grundmoränen und postglacialen Sande noch von Fusulinenkalk (Z. d. Fus. kattanensis), d. h. echt palaeodyadischen Schichten überlagert werden. Giebt man von der erdumspannenden Ausdehnung der pleistocaenen Eiszeit aus, so wäre andererseits eine auf die Südhemisphäre beschränkte Verbreitung der jungpalaeozoischen Vereisung sehr auffallend. Die Versuche, auch auf der Nordhemisphäre, im Rothliegenden Englands Glacialspuren nachzuweisen, sind also durchaus verständlich, aber nicht als gelungen zu bezeichnen. Eine unzweifelhafte Grundmoräne enthalten hingegen die palaeozoischen Oolite-Schichten des Vorangerfjords (s. o.) und es wäre jedenfalls am naheliegendsten, denselben ein dyadisches Alter zuzuschreiben.

Legen wir die Schwankungen des Kohlensäuregehaltes der Atmosphäre auch den Erklärungsversuchen der Eiszeit zu Grunde, so würde die überall nachgewiesene jüngere (quartäre) Eiszeit wenigstens keine principiellen Schwierigkeiten bereiten.

Die auf die postcarbonische Faltung folgenden Masseneruptionen der Nordhemisphäre (Tab. 4) bereichern die Atmosphäre wieder mit Kohlensäure und bereiten der südlichen Eiszeit ein verhältnismässiges rasches Ende. Da das Maximum der Ausbruchsthätigkeit in das europäische Mittelrothliegende fällt, würde auch aus

---

[1] Neumayr-Uhlig, Erdgeschichte. 2. Aufl. II. Bd. p. 151.

diesen allgemeinen Gründen die Vereinung der Südhemisphäre der älteren Palaeodyas [1] entsprechen.

Die rothen Sandsteine mit Kieselstämmen, deren Hauptentwickelung im Norden mit dem Mittelrothliegenden einsetzt, deuten auf wärmeres, aber trockenes Klima hin. Die gänzliche Änderung der geographischen Verhältnisse (Tab. 4) macht aber in den früheren Centren der nördlichen Flützentwickelung eine Wiederkehr des feuchten, für die Kohlenbildung nothwendigen Klimas unmöglich. Vielmehr wird nach dem Rückzug der Vereinung die südliche Neodyas (New Castle, Karrharburi) sowie die ältere Trias zu der wichtigsten „Steinkohlenformation" dieser Gebiete.

B. Die Meeresbewegungen der palaeozoischen Aera.

Die vorliegende Übersicht der palaeozoischen Formationen gestattet die Beantwortung der oben (p. 49) gestellten Frage, ob einzelne grosse Transgressionen durch allgemeine kosmische oder irdische Ursachen hervorgerufen wurden, oder ob die positiven und negativen Bewegungen der Oceane sich gegenseitig ausgeglichen haben? Von besonderer Bedeutung ist ausserdem die Erwägung, in wie weit die Entstehung und Abtragung der Gebirge die Gestaltung des Weltmeeres beeinflusst hat.

Man kann, wie schon früher ausgeführt wurde,[1] nach der Entwickelung der Meeresbewegungen zwei grosse Gruppen von Formationen unterscheiden:

1. Epochen, in denen auf derselben Hemisphäre eine Reihe von gleichzeitigen kleineren Transgressionen und Rückzugsbewegungen des Meeres einen gegenseitigen Ausgleich herbeiführen — Oscillationen im weitesten Sinne; So steht der Transgression des nordamerikanischen Obercambrium eine Rückzugsbewegung in Mitteleuropa und im Mediterrangebiet entgegen und noch deutlicher als im Cambrium prägen sich diese gleichzeitigen Oscillationen während der Zeit des Carbon, der Dyas und Trias aus.

2. Im Silur, Devon, (ebenso in Jura und Kreide) findet ein nur z. Th. unterbrochenes Zurückfluthen der Meere auf der Nord-Hemisphäre am Beginn, ein Ansteigen gegen Mitte und Ende des Weltzeitalters statt. Der Rückzug am Anfang ist nur in der Nordhemisphäre allgemein ausgeprägt,[2] das Anschwellen der Meere im oberen Theile erfolgt etappenartig und erreicht eine scheinbar grössere Ausdehnung, da positive Meeresbewegungen an der Facies vereinzelter Denudationsreste leichter constatirbar sind als Regressionen.

So fehlt — um die vielcitirte cenomane Transgression auf ihre regionale Bedeutung zurückzuführen — die obere Kreide (Cenoman und Turon) vielfach auch dort, wo die untere nachgewiesen ist, so in dem Cordilleren-Gebiet Südamerikas, in S. Afrika, Australien,[3] im nördlichen Russland, sowie in ausgedehnten Theilen Nord-

---

[1] = Artaststufe + Sosiohalk = Unterrothliegendes oder Oppenauer + Cassler Schichten.

[1] Farw. Über Abgrenzung und Benennung der geologischen Schichtengruppen. Mém. présentés au septième Congrès géologique. St. Pétersbourg. 1897, p. 81.

[2] Daher liegt in der Nordhemisphäre, von der die geologische Forschung ausging, hier immer die Grenze zweier Formationen: 1. Cambrium– Silur, 2. Silur–Devon, 3. Devon–Carbon, 4. Dyas–Trias, 5. Trias–Jura, 6. Jura Kreide (Wealden) und 7. Kreide–Eocaen.

[3] Abgesehen von einem vereinzelten Funde bei Melbourne.

asiens (excl. Kamtschatka). Die Bedeutung der SUESS'schen Idee von der Wichtigkeit grosser Transgressionen wird durch diese neuere Erweiterung unserer Kenntnisse nicht berührt. Hingegen kann die unrichtige Vorstellung eines allgemeinen sintflutartigen Ansteigens des Cenoman-Meeres nicht als Gegengrund der hier angenommenen Compensirung der Meeresbewegungen geltend gemacht werden.

E. HAUG[1] kommt auf Grund einer eingehenderen Durcharbeitung der Thatsachen der Stratigraphie zu folgenden Schlüssen:

Jeder Transgression einer bestimmten stratigraphischen Gruppe über den Continentalgebieten entspricht eine gleichzeitige Regression in den Geosynklinen und umgekehrt.

Jedesmal wenn eine Transgression in den Geosynklinen wahrnehmbar ist, lässt sich eine Regression auf den Continentalgebieten nachweisen.

Die wichtigsten Transgressionen erfolgen gleichzeitig auf beiden Hemisphären — z. B. im Oberalter und Oberdevon — und finden gleichzeitig in polaren und äquatorialen Gebieten statt, besitzen aber keine allgemeine Verbreitung über die ganze Erde.

Für die palaeozoische Zeit stützt sich HAUG (l. c. p. 681) wesentlich auf die Darstellung des vorliegenden Bandes; er betont die einander entsprechenden Bewegungen, Rückzug des obercambrischen Meeres in Mitteleuropa und die Potsdam-Transgression in Nordamerika (p. 56), die Gleichzeitigkeit der grossen Transgression des Oberalter und der Regression in den Rocky Mountains (p. 110), Spitzbergen und Ostgrönland (letzteres noch neueren Entdeckungen), endlich das Zusammenfallen des Vordringens der Meere im höheren Devon und des Rückzug aus dem Old-Redgebiet des peristlantischen Gebiets (p. 258) und aus Südamerika.

Ebenso lässt sich für die Carbonzeit der Nachweis erbringen, dass die Trans- und Regressionen von einander abhängig sind. Gleichzeitig mit dem Rückzug des mittelcarbonischen Meeres aus Australien, Mittel- und Westeuropa beobachten wir am Timan, auf Spitzbergen, N.-Semlja und wahrscheinlich noch in weiteren arktischen Gebieten die Transgression des Fusulinenkalkes mit *Spirifer supramosquensis*. Immerhin ist eine absolute Altersübereinstimmung dieser Meeresbewegungen nicht vorhanden: Am Beginn des Obercarbon (p. 403) überwiegen die Rückzugserscheinungen, im obersten Carbon sind Erweiterungen der Meeresflächen in ausgedehntem Maass beobachtet. Da aber auch die mittlere Tiefe der Oceane periodischem Wechsel unterliegen kann, so ist ein Austausch Zug um Zug nicht unbedingt erforderlich. Vielmehr wäre es sehr begreiflich, wenn das Meer des unteren Obercarbon (*Sp. mosquensis*) im Durchschnitt tiefer aber weniger ausgedehnt, das des höchsten Carbon flacher und räumlich entwickelter gewesen sei.

Der Grundgedanke der HAUG'schen Ausführungen, welche wesentlich aus dem Studium des Mesozoicum erwachsen sind, deckt sich mit meinen auf Grund palaeozoischer Vergleichungen entstandenen Ideen: Wir begegnen in der geologischen Überlieferung nicht erdumspannenden Transgressionen, die auf kosmischen Ursachen beruhen, sondern den durch sehr complexe terrestrische Gründe bedingten Componentionsbewegungen der Meere. Nur in einer Hinsicht halte ich eine Einschränkung der oben niedergeschriebenen HAUG'schen Gesetze für erforderlich. Während der älteren palaeozoischen Zeiten blickt die tief in das Devon hinein und dann wieder während der Dyasperiode mit ihrer unvollkommen Überlieferung vermögen wir nur die Grenzen von Festland und Meer hin und da mit einiger Sicherheit anzugeben. Eine einigermassen unverblasste Entscheidung darüber, ob das Meer einer Geosynkline entspricht oder den Rand der Continentalsockel (wie in der Nordsee und den ostasiatischen Randmeeren) überflutet, ist jedoch meist unthunlich. In dieser Richtung wären also die Ausführungen E. HAUG's (vergl. l. c. p. 654) für die palaeozoische Aera etwas einzuschränken.

I. Verschiedentlich ist die Gebirgsfaltung und Aufrichtung der Schichten der Anlass für den Rückzug des Meeres gewesen: Der Abschluss des nordatlantischen Beckens während des Endes der cambrischen und des Beginnes der silurischen Periode deutet wahrscheinlich auf eine ältere Faltung des appalachischen Gebietes hin. Möglicherweise bildet die östliche aus uraltem, westlich fallendem Gneiss be-

---

[1] Les Géosynclinaux etc. Bull. soc. géol. de France (3) XXVIII, p. 683 (1900).

stehende Zone des „Piedmont-Plateaus" den Überrest des cambro-silurischen Fal-
tungsgebirges.

Die aus palaeozoischen gefalteten Schichten bestehenden Appalachien werden im SO, von dem
aus zwei tektonischen Zonen zusammengesetzten „Piedmont-Plateau" begrenzt. In der westlichen Zone
desselben treffen wir halbkrystalline nach O. einfallende ?palaeozoische Gesteine; die östlichen, nach
W. fallenden Gneisse, Glimmerschiefer, Marmore und Quarzite besitzen viel höheres Alter. Die zwischen
beiden Zonen entger stehenden Schichten bedingen den Eindruck einer einheitlichen Fächer-Structur.
Jedoch sind beide Hälften der Appalachien durch ein bedeutendes Zeitintervall und eine eingreifende
Discordanz getrennt; die Westzone entspricht einer älteren, vielleicht der cambro-silurischen Faltung.

Der beginnende Rückzug des nordamerikanischen Meeres während des Carbon
und das vollständige Verschwinden desselben am Ende des palaeozoischen Zeitalters entspricht den ersten Zuckungen und dem späteren Höhepunkt der zweiten
appalachischen Gebirgsbildung.

Ganz analoge Ereignisse spielten sich gleichzeitig in Europa ab: Die schwächere
Faltung vor Ablagerung des Untercarbon, die Aufrichtung der gewaltigen Ketten-
gebirge während des Mittelcarbon im Herzen von Europa bedingen den Rückzug
der älteren Meere. Nach Absatz des unter- bis mittelcambrischen Durnesskalkes zieht
sich in Nordschottland das Meer zurück. Die gewaltigen Überschiebungen des Nordwestens sowie die Faltung der südlicheren caledonischen Gebirge erfolgten erst am
Schluss der Silurzeit.[1]

Auch in Skandinavien fand in praedevonischer Zeit eine Faltung statt; gewaltige Überschiebungen, durch die auf eine Strecke von 9 Breitegraden eine bis
100 km breite Zone über die normale praecambrisch-palaeozoische Schichtenfolge
hinwegbewegt wurde, haben die Mitte des Landes betroffen. Das jüngste über-
schobene Schichtenglied gehört dem Obersilur[2] an. Bei Christiania lagert der als
Old Red gedeutete Sandstein flach, während Cambrium und Silur auch hier
mannigfache z. Th. hochgradige Störungen aufweisen.

Die postcarbonischen Faltungen bedingen im SO. von Europa, in ausgedehnten
Theilen von Centralasien, Japan und Sumatra ein Zurückweichen des Oceans. Die
geographischen Umwälzungen im Verlauf der Dyaszeit bestehen vornehmlich in der
endgiltigen Abtragung älterer Hochgebirge: Mittel-, West-Europa und Ostalpen,
pampine Sierren Argentiniens etc. Die Folge dieser massenhaften Aufhäufung
oceanischer Sedimente war einerseits die geographische Differenzirung der Weltmeeres und andererseits die Ausbildung grosser continentaler Wasserbecken: Ostindien, Tonking, Süd- und Mittelafrika, Neuholland, südöstliches Südamerika, öst-
liches Sibirien. Die Masseneruptionen der Nordhemisphäre (z. B. Bozen, Nahe-
gebiet, Leipzig) fehlen im Süden. Klimaänderung und Erneuerung der Flora erfolgen gleichzeitig und wahrscheinlich in ursächlichem Zusammenhang mit den
Masseneruptionen und dem Wachstum der Continente.

Dass dieser Ausdehnung der Continente complementäre Anwachsen der oceani-

[1] Vielleicht ermöglicht die geringfügige Discordanz in der Mitte des englischen Silur eine genauere Zeitbestimmung.
[2] A. E. Törnebohm, om fjäll problemet; Geol. föreningens förhandl, 1888, p. 128—336 und
andere Aufsätze, ebendas. bis 1893 XII. Insbesondere das zusammenfassende Werk desselben Forschers.
Grunddragen af det Centr. Skandinav. Bergbyggnad. Vet. Akad. handl. Stockholm 1896. XXVIII. N. 5.

schen Flächen ist auf die weniger bekannten arktischen und antarktischen Gebiete beschränkt.

Viel weniger leicht als in den wohldurchforschten Gebieten Europas und Nordamerikas lassen sich die parallelen Ereignisse in Innerasien verfolgen. Dass ausgedehnte Theile der centralen Gebirge, vor allem der eigentliche (östliche) Kwen-Lun und der Tsin-ling-schan in uralter Zeit entstanden sind, wird als feststehend angenommen. Das Fehlen von Ablagerungen des tieferen Untersilur[1] und des gesammten älteren Devon giebt einen Hinweis auf die Entstehungszeit dieser Gebirge. Die grössere Wahrscheinlichkeit spricht für das Unterdevon, da local[2] unteres Mitteldevon und überall Stringocephalenkalke transgredirend auftreten.

Jeder Aufwölbung oder Hebung des Meeresgrundes muss ein Vordringen des Oceans in anderen Gebieten entsprechen, da kein Anlass vorliegt, periodische Veränderungen in der absoluten Menge des Meerwassers anzunehmen. Dem Rückzuge des untercarbonischen Meeres aus dem Gebiete der Appalachien entspricht eine bedeutendere Ausdehnung des Kohlenkalkes im Süden und Westen, d. h. im Mississippithal und in den Rocky Mountains. Das Devon fehlt hier ganz oder ist als Old Red entwickelt, während der Kohlenkalk das mächtigste und verbreitetste Gebirgsglied darstellt. Im Westen von Amerika hat somit eine Ausdehnung und eine Vertiefung des Meeres stattgefunden.

Während die mitteleuropäischen Alpen der jüngeren Carbonzeit emporgewölbt und weite Strecken dem Meere entrissen wurden, überfluteten Transgressionen im Norden (Timan—Spitzbergen und ? Davismeer), sowie im Mediterrangebiet ältere Continentalmassen.

Mit der älteren Faltung der Carbonzeit war die Intrusion von Tiefengesteinen zeitlich und dynamisch eng verknüpft (oben p. 409); die Wirkung auf Verschiebungen des Meeresspiegels ist somit die gleiche. Hingegen haben niemals Masseneruptionen eine Trockenlegung des Meeresbodens bedingt. Diese Ereignisse betrafen entweder Festländer (z. B. das Dekkan während der Kreide und des Eocaen, die Snake-River Plains im Nordwesten der Union während des Tertiär) oder übten keinen wahrnehmbaren Einfluss auf die Fortdauer der Wasserbedeckung aus (Rothliegendes und Carbon in Europa, englisches Untersilur, rechtsrheinisches Devon). Der gewaltige Massenausbruch des Bozener Quarzporphyrs geht sogar dem Beginn einer neuen Transgression im Gebiete der Ostalpen voran: Gleichzeitig mit der Ausfüllung des Meeresgrundes durch Eruptivmassen hat demnach ein weiteres Nachsinken der Geosynkline stattgefunden.

Ähnliche Erscheinungen lassen sich in den kleineren Binnenseeen des Rothliegenden nachweisen, wie für das französische Centralplateau schon früher betont worden ist. Besonders deutlich tritt jedoch der Zusammenhang von Massen-Eruptionen und lokalen Verschiebungen der Strandlinie in dem Waldenburg-Schatzlarer Becken an der schlesisch-böhmischen Grenze hervor. Die überwiegende Masse der Eruptivdecken (Felsitporphyr und Melaphyr) ist dem mittleren Roth-

---

[1] Versteinerungen des tieferen Untersilur sind weder im Himalaya noch anderwärts gefunden; doch sind in dem letzteren Gebiet Ablagerungen bekannt (oberer Theil der Hajmanta series), die cambrisch sein könnten.

[2] Calceolaschichten in Hocharmenien und ?gleichhalte Conglomerate von Kaschgurien.

liegenden eingelagert, welches im Norden und Osten der Mulde über die mittlere und untere Stufe des Obercarbon übergreift. Nur in einem kleinen Bezirk des SW., zwischen Albendorf und Raulowens ist ein lückenloser concordanter Übergang aus dem Carbon in das Unterrothliegende vorhanden. Wahrscheinlich sind im N. und und O. die ursprünglich vorhandenen Grenzschichten nachträglich wieder abradirt worden. Der Grund für diese Zerstörung kann nur in der Ausfüllung des Beckengrundes mit Eruptivmassen des Mittelrothliegenden gesucht werden. Ein gleichzeitiges Ansteigen des Wasserspiegels (also eine „limnische Transgression") und eine Abrasion der eben erst gebildeten Schichten der Carbon-Dyas-Grenze am grössten Theile des Beckenrandes war die natürliche Folge.

II. Abgesehen von tektonischen Bewegungen ist die Trockenlegung des Meeresbodens vielfach durch Ausfüllung der oceanischen Tiefen mit Sediment zu erklären: In Schonen setzen im Hangenden der cambrischen und altsilurischen Tiefseebildungen mächtige Schiefer- und Sandsteinmassen das obere Silur zusammen und unmittelbar darauf folgt die Trockenlegung des Meeresgrundes. Das Devon fehlt in Schweden ganz oder ist in Erosionsrelicten der Continentalfacies entwickelt. Faltungen und Brüche silurischen Alters werden in Südschweden nicht beobachtet.

In ähnlicher Weise füllen im südlichen, östlichen und mittleren Nord-Amerika die mächtigen Sandsteine und Kalke des jüngeren Palaeozoicum [1] die Meerestiefen derart aus, dass die Dyas-, Trias- und Jura-Schichten durch Flachsee- oder continentale Ablagerungen gebildet werden oder auch gänzlich fehlen.

Gebirgsfaltung und submarine Sedimentbildung stehen zuweilen im Zusammenhang: Die mächtigen Anhäufungen von obercarbonischen Conglomeraten, Sandsteinen und Schiefern, sowie das Fehlen mariner Einlagerungen in den höheren Steinkohlengebieten ist nur durch die Ausfüllung der Inlandbecken (Waldenburg) oder flachen Meere (z. B. der nordeuropäischen Steinkohlenzone) zu erklären. Das Material lieferten die kurz vorher entstandenen Hochgebirge; die bedeutende Abnahme der Sedimente der oberschlesisch-polnischen Steinkohlenformation in östlicher Richtung stellt diese Bildungen als riesigen Schuttkegel dar, dessen Mächtigkeit sich mit der Entfernung von dem gesteinsliefernden Gebirge gleichmässig vermindert.

III. Wenn durch einen der erwähnten Vorgänge [2] Land dem Meere abgewonnen wurde, so mussten gleichzeitig andere tiefergelegene Theile des Landes überflutet werden, da die Masse des Wassers annähernd die gleiche blieb. Während das Meer sich beim Abschlusse des Silur aus Skandinavien und Nordschottland zurückzog, wurde gleichzeitig das nordwestliche Deutschland (Harz, Kellerwald, ? Westerwald, ? Westerwald) überflutet. Während die obercambrische Transgression über den nordamerikanischen Continent hinfegte, wurden in Mitteleuropa und im Mediterrangebiet weite Flächen trocken gelegt.

Abgesehen von der unmittelbaren Wirkung dieser sicher festgestellten Ereignisse haben andere tektonische Veränderungen einen mittelbaren Einfluss ausgeübt: Durch Einbrüche von Schollen wird zwar einerseits Land versenkt, anderer-

_____

[1] Siehe das Profil des Colorado-Cañon.
[2] Die Beispiele liessen sich, wie ein Blick in die Einzelausführungen zeigt, leicht vermehren.

seits aber das Gesammt-Niveau des in die neuen Vertiefungen einströmenden Meeres erniedrigt und somit flacher Meeresboden trocken gelegt.

Derartige Erscheinungen sind aus der mesozoischen und kaenozoischen Aera bekannt (Einbruch des indo-afrikanischen und aegaeischen Festlandes), in der palaeozoischen Zeit jedoch noch nicht nachgewiesen worden.

Es ergiebt sich somit, dass jede Änderung innerhalb der Lithosphäre auch Umsetzungen der Hydrosphäre zur Folge haben muss. Zur Erklärung der tektonischen Verschiebungen, ferner der Denudation und Aufschüttung, sowie der aus denselben resultirenden Gegenwirkungen sind keine unbekannten oder nicht beobachteten Factoren in Rechnung zu stellen. Die Zeiträume, in denen die theoretisch zu erwartende Compensirung der positiven und negativen Bewegungen des Oceans wirklich beobachtet wurde,[1] nehmen den grösseren Theil der palaeozoischen Aera in Anspruch (Cambrium, Carbon, Dyas). Auch die Meeresbewegungen der Perioden, in denen negative Schwankungen des Meeresspiegels im Norden der Erde vorwiegen (Untersilur, Unterdevon), bedürfen zu ihrer Erklärung keiner unbekannten Grössen.

IV. Anders verhalten sich die beiden grössten palaeozoischen Transgressionen, die des jüngeren Silur und des jüngeren Devon. Nur an wenigen Punkten der Erde findet sich Untersilur oder Unterdevon[2] ohne die jüngeren Glieder derselben Formation.

Beide Perioden stimmen ferner darin überein, dass der grösste Theil der Nordhemisphäre, sowie das Gebiet des heutigen Neuholland vom Meere bedeckt war. Obersilur findet sich ausserdem im ganzen arktischen Gebiet, wo Devon[3] nur in der nichtmarinen Facies (Spitzbergen) entwickelt ist. Jüngeres Devon ist in und nördlich von Sibirien (Neusibirien und Nowaja Semlja[3]) und andererseits an dem amerikanischen Rande des Stillen Oceans (im Polargebiet, in Californien und Bolivia) nachgewiesen, wo abgesehen von Unterdevon auch das Obersilur fehlt.

Die Transgression des mittleren und höheren Devon ist eine der grossartigsten in der Erdgeschichte überhaupt beobachteten Erscheinungen und kennzeichnet das Wesen eines solchen Ereignisses[4] klar. In weiten Gebieten lagert höheres Devon

---

[1] Es sei ausdrücklich hervorgehoben, dass die Theorie aus den geologisch und palaeontologisch beobachteten Thatsachen abgeleitet ist und nicht umgekehrt, wie ein Kritiker irrthümlich annahm.

[2] Das Unterdevon des Bosporus bildet wohl nur eine scheinbare Ausnahme; denn F. Römer führt aus dem Hungerdon der dem obersten Unterdevon entsprechenden Schiefer Knollenkalke an, welche petrographisch durchaus dem höheren Devon gleichen und wahrscheinlich demselben entsprechen. Die einzige wirkliche Ausnahme ist das Unterdevon der Südhemisphäre in Südamerika (hier nur Mitteldevon) und im Capland.

[3] Th. Tschernyschew und N. Jakowlew, Die Kalksteinfauna der Waigatsch-Insel und des Flusses Nechwatowa auf Nowaja Semlja. St. Petersburg. Sapiski des Bergsinstituts, Bd. 30 p. 96. 1899.

[4] Zuweilen wird eine Erscheinung als Transgression bezeichnet, welche nur die Discordanz der Lagerung, eventuell auch das Auftreten von Basalkonglomeraten mit einer echten Transgression gemein hat; aber stratigraphische Lücke ist jedoch nicht vorhanden und somit kann das Meer nicht landfeste Gebiete erobert haben. So transgrediren nach Drasenmann im Kellerwald die Asenberger Schichten des obersten Devon (Cypridinenschiefer, Quarzite und Diabastuffe) über Clymenienkalk, z. Th. auch über älteres Devon und werden von Unterearbon bedeckt. Wenn man annimmt, dass das Fehlen der mittleren Devonstufen weder durch Brüche noch durch Nichtablagerung von Sediment hervorgerufen ist, liegt eine von den wirklichen Transgressionen verschiedene Erscheinung vor. Es kann sich dann nicht

discordant auf Obersilur,[1] ja auf Cambrium und Urgebirge und die Anzeichen dafür, dass unterderonische marine Schichten fehlen, sind auch durch Vergleichung der Versteinerungen zu erbringen.

Für das Obersilur und das höhere Devon wäre die Annahme denkbar, dass durch eine selbständige Bewegung der Hydrosphäre eine Anhäufung des Wassers an den Polen und ein gleichzeitiger Rückzug desselben im Aequatorialgebiet stattgefunden habe. Allerdings geht aus der Kartenskizze der silurischen Länder zunächst hervor, dass die faunistische Ausgleichung weniger durch Überflutung ausgedehnter Flächen als vielmehr durch die Bedeckung schmaler langgestreckter Landmulden erreicht wird. Ferner hindert das Dunkel, welches über den antarktischen Gebieten lagert, jede weitergehende geologische Schlussfolgerung. Endlich spricht die Übereinstimmung der australischen Faunen mit denen der Nordhemisphäre gegen eine vollständige Trockenlegung des aequatorialen Gürtels. Jedenfalls ist es nothwendig, vor der Berufung auf unbekannte kosmische Ursachen oder auf umfassende Verschiebungen der Erdachse den Versuch zu machen, mit den bekannten Ursachen auszukommen.

Gehen wir wieder von der gleichbleibenden Menge des Meerwassers aus, so ist eine grössere räumliche Ausdehnung der Meere auch durch eine Verminderung der mittleren Tiefe erklärbar. Der Nachweis, dass im Obersilur und im jüngeren Devon Flachseebildungen überwiegen, ist nun nicht schwer zu führen: Graptolithenbezw. Cephalopoden-Schichten treten im Obersilur und Oberdevon gegenüber den Flachseefacies weitaus zurück. Graptolithenschiefer sind zwar in Europa ziemlich verbreitet, fehlen aber z. B. im arktischen Gebiete gänzlich und sind in Amerika[2] und Australien ganz spärlich vertreten. In scharfem Gegensatz hierzu steht die weite Ausdehnung untersilurischer Graptolithen- und Orthoceren-Schichten. Noch beschränkter ist die Verbreitung der obersilurischen Orthocerenkalke, welche nur in Mitteleuropa nachgewiesen sind. Ähnlich begrenzt ist die Verbreitung der Goniatiten-Schichten im Mitteldevon: Wissenbacher Schiefer, die Kalke von Hasselfeld und Hlubocep, sowie die Marcellus-Schichten sind die wenigen Beispiele, deren vereinzeltes Auftreten die Frage ihrer Altersbestimmung bis vor kurzem fast unlösbar erscheinen liess. Wenngleich im europäischen Oberdevon Goniatitenfacies an Ausdehnung gewinnen, so sind doch aus den centralen Theilen von Russland,[3] Asien, Amerika[4] und Australien gar keine Beispiele für das Vorkommen dieser Tiefseebildungen oder nur vereinzelte Ausnahmen bekannt. Insbesondere sei hervorgehoben, dass die Schichten des höheren Devon in ganz Asien, in Nord-

um ein Übergreifen des Meeres, sondern — wie im Untercarbon — um Faktangen des Meeresbodens und vulkanische Ausbrüche auf demselben handelt. Vergl. Denckmann, Zur Stratigraphie des Oberdevon im Kellerwalde. Jahrb. preuss. geol. L.A. f. 1894, p. 60.
[1] Abgesehen von dem südamerikanischen Festland.
[2] Z. B. Clinton-Schiefer in New-York.
[3] Nur im Ural wo schon zur Unterdevonzeit das Meer stand, sind Goniatiten- und Clymenienkalke bekannt.
[4] In Nordamerika sind die einzigen Ausnahmen die palaeontologisch wichtigen, aber räumlich sehr beschränkten, nur wenig Meter mächtigen Naples-Kalke mit Gephyroceras complanatum bezw. Intumescens aus dem Staate New-York. Vergl. die schöne Monographie der Fauna dieser Schichten von J. M. Clarke.

amerika und Australien stets dieselbe einförmige, durch *Spir. Verneuili* und *Leiorhynchus* gekennzeichnete Brachiopodenfauna der kalkig-thonigen oder sandigen Flachsee enthalten (s. o. p. 243 ff.).

Der gewaltigen räumlichen Ausdehnung der obersilurischen und jungdevonischen Meere entspricht also eine durchgängige Abnahme der mittleren Tiefe.

V. Wenn die Theorie der Umsetzung der Meere richtig ist, so müssen — abgesehen von der Abnahme der mittleren Meerestiefe — Gebiete übrig bleiben, welche zur Zeit des oberen Silur und oberen Devon landfest waren. Obersilur fehlt im nordwestlichen Theile von Südamerika,[1] einschliesslich Centralamerika, Mexiko, Arizona und California. Ebensowenig ist in Afrika, Ostindien und der Salzkette[2] eine Spur oder Andeutung von obersilurischen Marinbildungen gefunden worden. Die Verbindung des australischen Silurmeeres dürfte, wie die faunistische Verwandtschaft mit dem Norden beweist, im Gebiete des heutigen indischen Oceans stattgefunden haben. Jedenfalls steht nichts im Wege, einem von grossen Inseln und einer Landmasse (Taf. II) durchsetzten periarktischen Weltmeer einen gewaltigen südamerikanisch-afrikanischen Continent entgegenzustellen, der nur durch den ausserordentlich langgestreckten indisch-australischen Meerbusen unterbrochen wurde. Zur Entscheidung der Frage, ob der südliche Theil des Pacific Meer oder Land war, fehlen vorläufig die Unterlagen.

Die Vergrösserung des arktischen Continents zur devonischen Zeit[3] bildet den wichtigsten Unterschied in der Verbreitung der obersilurischen und der jüngeren devonischen Meere.

Vor allem weist das Old-Red (mit Landpflanzen und Fischen) von Nordgrönland und der Bäreninsel[4] darauf hin, dass hier eine wesentliche Veränderung Platz gegriffen hat. Während im Norden von Russland und Amerika das Meer weit in die arktischen Gebiete eingriff, war das ganze nordatlantische Gebiet landfest, wie die Gleichheit der nichtmarinen Fischfaunen in England und Neuschottland beweist. Auch im Südwesten der Union lag eine Insel von bedeutenderer Ausdehnung.

Auf der Südhemisphäre ist die gewaltige afrikanisch-südatlantische Landmasse zur Devonzeit wieder dem Meere entstiegen. Zwischen den unterdevonischen Sandsteinen[5] und den überlagernden nichtmarinen Bildungen des Dyas ist niemals auch

---

[1] Die Annahme, dass auch in Argentinien Obersilur fehlt, beruht auf unrichtigen Bestimmungen der Graptolithen. Die mir vorliegenden Exemplare von Salta sind nicht, wie E. KAYSER ohne nähere Begründung behauptet, Bruchstücke von *Didymograptus* (Z. d. geol. Ges. 1898, p. 419), sondern besitzen ältere ohne Axe und gehören somit zu den obersilurischen Monograptiden (*Pristiograptus*). Der Umstand, dass zweitheilige Didymograpten ausserdem in Argentinien vorkommen, ist für die Bestimmung der vorliegenden Stücke natürlich bedeutungslos.

[2] Im Himalaya ist Obersilur vorhanden.

[3] Allerdings weist die neueste (1899) oben citirte Arbeit TSCHERNYSCHEW's eine grössere Verbreitung des oberen Devon in Nowaja Semlja nach.

[4] Joh. GUNNAR ANDERSSON, Stratigraphie und Tektonik der Bäreninsel. Bull. Geol. Inst. Upsala 1900 (Nrn. 8, Vol. IV, Pt. 2) p. 243.

[5] Capland, Falklandsinseln, Helderberg-Sandsteine von Eroré und Meocuré in Brasilien. Die dem Mitteldevon (Hamilton) gleich gestellten Sandsteine von Eroré deuten nach der Art des Sediments und der Beschaffenheit der Fauna auf die Nähe einer Küste hin. Auch in Argentinien reichen die marinen Schichten bis in das Mitteldevon hinauf.

nur die Andeutung mariner Fossilien gefunden worden. Die mitteldevonischen Meeresbildungen in Südamerika und Australien verweisen auf eine Verbindung mit amerikanischen bezw. europäischen Schichten. Eine engere Verwandtschaft untereinander besitzen diese südlichen Faunen nicht. Es liegt somit nahe, das Vorhandensein antarktischer Landmassen auch abgesehen von dem afrikanisch-brasilischen Continent anzunehmen.

Nach dem Vorangegangenen lässt sich die gewaltige Ausdehnung der periarktischen Meere des Obersilur und höheren Devon hauptsächlich durch die verhältnismässig geringe Durchschnittstiefe erklären. Die Continente jener Zeitabschnitte befanden sich aller Wahrscheinlichkeit nach auf der Südhemisphäre, in der die heutige Meeresbedeckung und die geringe Aushreitung der geologischen Forschungen weitere Folgerungen unmöglich machen.

Jedenfalls liegt keine Nothwendigkeit vor, zur Erklärung für jene bedeutende Ausdehnung der Oceane Factoren heranzuziehen, welche der geologischen Forschung entrückt sind.

Es liegt nahe, diese Erfahrungen vorgreifend auf das Mesozoicum zu übertragen. Während der cenomanen Transgression, welche an Bedeutung den beiden palaeozoischen Ereignissen gleich kommt, ohne sie zu übertreffen, sind die Festländer zum grossen Theile im Nordpolargebiet, z. Th. im Süden zu suchen. Vor allem hat im Nordpolargebiet am Ende der mesozoischen Aera ein Continent bestanden, der sich zur Zeit der oberen Kreide bis nach der Mitte Russlands ausdehnte und den grössten Theil Sibiriens umfasste.

C. Die bleibenden geographischen Einheiten des palaeozoischen Zeitalters.

I. Der arktische Continent scheint während der palaeozoischen Aera nur geringe Veränderungen erfahren zu haben. Abgesehen von localen Meeresbedeckungen zur Zeit des Obersilur[1] und Devon und einer Spitzbergen, N.Semlja und das Timangebiet überfluthenden obercarbonischen Transgression[2] bildet derselbe einen ruhenden Pol in der Erscheinungen Flucht.

---

[1] Ein Druckfehler der Tabelle p. 115 sei hier berichtigt. Es soll nicht heissen Kalk von Walgatsch e. (zu) d. Tunguska, sondern u. (und) der Tunguska. Die tieferen Kalke der Walgatsch-Insel werden neuerdings von Tscharnyschew dem Devon zugerechnet. Es wird die Möglichkeit offen zu lassen, dass obares Unterdevon oder unteres Mitteldevon vorliegt. Mit Rücksicht auf das Vorkommen allsilurischer Typen (Dicranognaus, Favosites Forbesi, Whitfieldiella didyma) ist wohl die erstere Annahme vorzuziehen. Vergl. Tn. Tscharnyschew and N. Jakowlew, die Kalksteinfauna des Cap Grebeni auf der Walgatsch-Insel. St. Petersburg. Napiski, Bd. 36. 1899; besonders p. 84. Die Altersbestimmung der sonstigen arktischen Obersilurvorkommen (Timan, Olenek etc.) wird hierdurch nicht berührt.

[2] Mittelcarbonische Transgression nach der Nomenclatur der russischen Gelehrten. — So bequem wie die Bezeichnung Mittelcarbon zur Kennzeichnung der marinen Entwickelung ist, so wenig gestattet dieselbe einen Vergleich mit der nichtmarinen Steinkohlenformation. Marines Mittelcarbon ist = Suletische + Saarbrücker Stufe.

II. Beständiger als die immerhin wechselnde Begrenzung der Continente ist das grösste und tiefste Meeresbecken, der **Pacifische Ocean**. Schon für die praecambrische Zeit war sein Vorhandensein sicher nachweisbar. Ebenso lässt sich für das Cambrium, das Silur und das jüngere Devon, für Kohlenkalk und Obercarbon der bestimmte Beweis erbringen, dass hier ein weites Meer wogte. In den übrigen Abschnitten des Palaeozoicum ist das Vorhandensein eines Oceans höchst wahrscheinlich, das Gegentheil jedenfalls nicht nachweisbar.[1] Für die mesozoische und kaenozoische Aera ist die Fortdauer dieser Meeresverbindungen längst als gesichertes Ergebnis der Forschung angenommen worden.

III. Hingegen ist das **Grosse Mittelmeer**, dessen Sedimente in den eurasiatischen Faltungszonen gut aufgeschlossen sind, etwas **jüngeren Ursprungs**. Wie ein Blick auf die Weltkarten des **Cambrium** und **Untersilur** zeigt, gab es in diesen Epochen noch **keinen Meerestheil**, der einen entsprechenden Namen verdient hätte. Erst die **obersilurische Transgression** schuf eine Meeresverbindung, welche schon damals **rund um die Erde lief** und mit mancherlei Veränderungen bis **in die Tertiärzeit hinein** gedauert hat.

IV. Die südliche Grenze des Grossen Mittelmeeres bildet der **indo-pacifische Continent**, dessen Entwickelung die grössten Umgestaltungen aufweist. Während der altcambrischen Zeit, in der ein Mittelmeer nicht vorhanden war, bestehen zwei dem heutigen Afrika und Ostindien—Polynesien entsprechende Landmassen, die im Bereich des westlichen Mittelmeeres und der vorderasiatischen Länder ihre Vereinigung finden. Die untercambrische Meeresfauna des Pandschab beweist das Vorhandensein eines, die beiden Südcontinente trennenden Oceans. Das Austrocknen dieses Meeres und die spätere Überflutung des heutigen Europa bedingen erst im Verlaufe der Silurzeit die Entstehung einer gewaltigen, bis Australien ausgedehnten Landmasse. Die Veränderungen der Devonzeit (Karte III) betrafen wesentlich die nordöstliche Küste. Für das Carbon (Karte IV, V) und die Dyas ist eine Ausdehnung des Continentes über den Südatlantic bis Brasilien und Argentinien gesichert; eine positive Oscillation der jüngsten Carbonzeit betraf nur das heutige Amazonas-Thal.

Während der Dyas sind im Süden und Osten der indo-afrikanischen Landmasse Spuren einer Eiszeit beobachtet; der vorübergehende Einbruch des australischen bis Nordwestindien vordringenden Oceans erinnert an die geographischen Umrisse der altcambrischen Zeit.

Das Gesammtbild der geographisch-geologischen Änderungen

zeigt periodisch wiederkehrende Erscheinungen, denen gegenüber die nur einmal beobachteten Ereignisse an Häufigkeit zurückstehen.[2]

---

[1] Das Vorhandensein von Inseln ist nicht unmöglich; die Annahme eines pacifischen Continentes (E. Haug) scheint mir hingegen nicht sicher gestellt zu sein.

[2] Alle in Betracht kommenden Änderungen betreffen — wo nichts anderes bemerkt ist — die Nordhemisphäre; auf der in jeder Hinsicht weit weniger gut bekannten südlichen Halbkugel sind bestimmte geologische Thatsachen nur in geringfügigem Masse nachgewiesen worden.

Eine periodisch wiederkehrende Erscheinung ist vornehmlich
1. die Differenzirung der Meeresfaunen und andererseits die welt-
weite Verbreitung einer einheitlich gestalteten Thierwelt. Die
Ausbildung zoologischer Meeresprovinzen fällt im Untersilur, Unterdevon und
in der Dyas zusammen mit einem Rückzug des Meeres aus der Nordhemisphäre;
im oberen und mittleren Cambrium ist ein solcher Tiefstand hier weniger ausgeprägt.
2. Der Ausgleich der marinen Thierwelt fällt im Obersilur und
höheren Devon mit einer ausgedehnten Transgression zusammen, während
die Fortdauer der gleichartigen carbonischen Meeresfauna unmittelbar an das Devon
anschliesst.
3. Eine ausgesprochene Periodicität zeigt in geographischer und
geologischer Hinsicht die Kohlenbildung der continentalen Niederungen.
Vom Untercarbon [1] bis an das Ende der Dyas und weiterhin bis tief in das Mesozoicum hinein sind scharf begrenzte geographische Zonen und bestimmte
geologische Horizonte durch Kohlenführung ausgezeichnet. Hingegen wurden
zur Zeit der „productiven Kohlenformation" in den aequatorialen und südlichen
Gebieten, an der Wende von Dyas und Trias in der Nordhemisphäre keinerlei
pflanzlichen Brennstoffe abgelagert.
Andere Ereignisse sind zeitlich begrenzt oder aber in der palaeozoischen Aera
einzig dastehend. Zu diesen gehört die Eiszeit der Südhemisphäre und die
erdumspannende postcarbonische Faltung, die beide erst in der Neuzeit
der Erde eine Wiederholung finden. Die Gebirgsbildung gehört allerdings in
kleineren Faltungszonen zu den periodisch wiederkehrenden Ereignissen.
In gewisser Hinsicht einzigartig ist die allerdings einen längeren Zeitraum
überdauernde Ausdehnung der Binnenseen und -Meere. Im Devon beginnend,
nimmt der Flächenraum dieser Gewässer besonders in der Dyas ausserordentlich
zu, zeigt jedoch in der Trias schon eine wesentliche Verminderung. Hier und besonders in den späteren Kreizeiten treten die Binnenseen in Verbindung mit dem
Ocean oder werden trocken gelegt, bedecken jedoch bis zum Miocaen immer noch
grössere Flächen als in der Gegenwart.

Zusammenhang zwischen geologisch-geographischen Ereignissen und der Entwickelung des organischen Lebens.

(Mit beiliegender Schluss-Übersicht.)

Dem nur selten durch ausserordentliche Ereignisse unterbrochenen Kreislauf
der physikalisch-geographischen Verhältnisse steht die regelmässige Fortentwickelung
und Differenzirung der organischen Welt gegenüber.
Zwar giebt die Geologie über die erste Entstehung organischer Wesen ebensowenig Aufschluss wie über Einzelheiten der Differenzirung von Thieren und
Pflanzen und die Ausbildung der Hauptstämme wirbelloser Meeresthiere. Doch lässt
sich nicht verkennen, dass die gewaltige Klima-Änderung im Verlaufe der Dyas-

_____
[1] Oder dem obersten Devon in Südchina.

ebens in der palaeozoischen Aera.

ichtigere Familien und Gattungen:

as (mittlere und obere Dyas). Stegocephalen; *Archegosaurus*, *Branchio-*

saurus, Heterocerke Ganoiden; *Amblypterus* in der unteren. *Palaeoniscus* in

urus.

angyceras, *Paraprosorites*, *Duvardiles* u. die letzten Gonialiten (*Gastrioceras*).

den (*Dalmanella*, *Streptorhynchus*), Productiden und Spiriferen.

oben), *Noeggerathiopsis*, *Callipteris*.

oductus, *Spirifer*, *Meekella*, *Derbyia* nebas Corallionaiden *Richthofenia*. *Tegulifera*,

ca.

lodendron. Unterholzbildend: *Calamiten* und Baumfarne, ausserdem Kletterfarne

im oberen Obercarbon, *Mariopteris*, *Palmatopteris* im mittleren, *Asterocalamiten*

feren Carbon.

V. Dyas (2 Abtheil.)	
IV. Carbon	

zeit, deren Erklärung oben versucht wurde, mit einer bedeutsamen Umprägung der organischen Welt zusammenfällt. Es ist durchaus natürlich, dass die Landpflanzen rascher auf den schroffen Klimawechsel reagiren als die Thiere des Meeres; die mesozoische Flora erscheint somit am Beginn der Dyaszeit, während die Änderung der Thierwelt erst im Verlauf dieser Periode erfolgt (s. die Schluss-Übersicht).

Einen ähnlichen Wechsel der Temperatur — allmählige Wärmezunahme in Folge Rückgangs der Kohlensäure-Exhalationen und plötzliche Wiedererwärmung in Folge von Massenausbrüchen — kennzeichnet das Ende des Mesozoicum und den Beginn des Tertiär. Auch diese Zeit ist durch eine bedeutsame Umprägung der organischen Welt gekennzeichnet und auch hier reagiren die empfindlichen Landpflanzen rascher als die widerstandsfähigeren Thiere. Das Verschwinden der hochorganisirten, die Luft und das Festland bewohnenden Reptilien kann am besten mit der Temperaturverminderung während der Kreidezeit erklärt werden. Die Warmblütigkeit, der einzige Vortheil, den die kleinen, weniger entwickelten Vögel und Säugethiere vor ihren, z. Th. Riesengrösse erreichenden Concurrenten voraus hatten, entschied den Kampf ums Dasein in der Periode der langsamen Abkühlung (Kreide) und der rasch folgenden Wiedererwärmung (Eocaen) zu Gunsten der Warmblüter. In dem Verlauf der palaeozoischen wie der mesozoischen Aera ist der Betrag der jeweilig eintretenden Änderungen der organischen Welt geringfügiger, die Continuität der Entwickelung dagegen ausgesprochener als in den beiden Grenzperioden.

Die vorstehenden Andeutungen involviren nur scheinbar im Zurückgreifen auf die längst verschollene Kataklysmen-Hypothese.

Die Aufrichtung der Gebirge und die vulcanischen Ausbrüche vernichten nicht direkt die Lebewelt der Erde. Vielmehr giebt der Wärmeverlust, die Folge des regelmässigen Kohlensäureverbrauchs und die durch folgende Massen-Eruptionen bedingte rasche Wiedererwärmung den Anstoss zu einer energischen Umprägung der organischen Welt, bei der die Bewohner des Landes rascher beeinflusst werden als die Thierwelt des Meeres.

Die auch in den Zeiten des Klimawechsels niemals still stehende Verschiebung der Grenzen von Festland und Meer verstärkt die Wirkungen des Wechsels der wichtigsten physikalischen Lebensbedingung; beide bedingen das Aussterben überlebter Formen und in manchen Fällen wohl auch unmittelbar das Auftreten neuartiger Typen.

Doch wird gerade in diesen Zeiten physikalisch-geographischer Umwälzungen auch die natürliche Zuchtwahl mit besonderer Intensität gearbeitet haben. Andererseits beweist die allmählige oder raschere Umsetzung der Meere, dass auch in den Zeiten tektonischen Erdfriedens die äusseren Anstösse zur Änderung der Organismen niemals fehlten.

Alle äusseren physikalisch-geologischen Einwirkungen bedingen — neben zahlreichen Fällen regressiver Entwickelung — eine allmählige Differenzirung und Vervollkommnung der organischen Welt. Das Auftreten von Landpflanzen, Landinsekten sowie der niedrigsten Wirbelthiere im Silur, der Amphibien im Carbon, der Land und Süsswasser bewohnenden Reptilien in der Dyas entspricht der allmähligen Vervollkommnung des Thierstamms ebenso wie der Anpassung der Organismen an neue Lebensgebiete.

Nachträge, Ergänzungen für die Litteratur von 1896—1901 und Druckfehler zu Bd. I (Palaeozoicum).

I. Grössere Nachträge, (weniger zahlreich), welche für die allgemeine Auffassung des Palaeozoicum wichtig sind, oder Verbesserungen allgemeiner Art bilden, wurden auf besondere Beilagen vereinigt, die in den Text ähnlich wie Tabellen ("zu p...") vom Buchbinder einzukleben sind.
II. Ergänzungen, Verbesserungen von geringerer Bedeutung sind ebenso wie das Druckfehlerverzeichnis zwischen Text und Index einzuheften.

Eine bibliographische Vollständigkeit wollen die vorstehenden „Nachträge" und „Ergänzungen" nicht anstreben. Nur wo wesentlich Neues in geologischer Beziehung geboten wird, sind die betreffenden Arbeiten berücksichtigt worden.

Die Verbesserungen betreffen Namen oder Dinge von untergeordneter Bedeutung.

Kleinere Ergänzungen, Verbesserungen und Druckfehler
für die Jahre 1897—1901.

Zu p. 7 oben.

Den Zillerthaler Strahlsteinschiefern und Hornblendeschiefern dürften die mächtigen Chloritschiefer (und untergeordneten Strahlsteinschiefer) der Hohen Tauern entsprechen, welche hier weite Verbreitung besitzen und u. a. den Grossglockner aufbauen. Die 1. grünen Gesteine werden hier ebenfalls von 2. Kalkphyllit (mit Marmorlagern) und 3. von Quarzphyllit überlagert (letzterer etwa vom Kals-Matreier Thörl ab nach Süden).

Wieder etwas abweichend ist die praecambrische Schieferhülle der Radstädter Tauern (d. h. der westlichen Gruppe der Niederen Tauern). Hier sind der unteren Abtheilung des mächtigen Kalkphyllites vorwiegend Chloritschieferzüge (Chloritschiefer des Glockner), dem oberen Theile hingegen vorwiegend Marmorlager eingefügt. Der Quarzphyllit enthält als häufige Einlagerung die fein krystallinen Radstädter Quarzite, die nicht mit dem viel jüngeren Lantschfeldquarzit verwechselt werden dürfen. Letzterer ist grobklastisch-fossilleer und bildet die Basis der Trias, entspricht also den Grödener + Werfener Sandsteinen oder dem einen von beiden. Vergl. F. Frech, Geologie der Radstädter Tauern. Geol. und palaeont. Abhandlungen, herausgeg. von E. Koken. 1901.

Zu p. 24 u. 25.

Fr. Schmidt bemerkt in einer freundlichen brieflichen Mittheilung, dass für die Übereinstimmung des Mickwitzia-Sandsteines in Estland mit dem schwedischen Eophytonsandstein verschiedene weitere Gründe sprachen: Schon Linnarsson hat 1872 nach den Kriechspuren von Cruziana die wahrscheinliche Übereinstimmung ausgesprochen. Später fand sich Mickwitzia in Estland und von schwedischen

Formen ist nur *Mechceites* nicht häufig vertreten, während *Vellerthella* in Skandinavien von Holm nachgewiesen ist.

Zu p. 30.

Nach neueren Untersuchungen ist in Bornholm die Folge der mittelcambrischen Horizonte von Schonen (p. 27) fast lückenlos entwickelt. Es finden sich die Zonen mit *Conocephalus exsulans*, mit *Agnostus intermedius* u. *Conocephalus aequalis*, *Paradoxides Davidis*, *P. Forchhammeri* und *Agnostus laevigatus*, die erste als ein grauer Kalk, die *Davidis*-Zone als ein phosphoritreicher Kalk, und die mit *Paradoxides Forchhammeri* als ein schwarzer Kalk. Das Liegende dieses Mittelcambrium sind graugrüne Sandsteinschiefer, in deren tieferen phosphoritführenden Lagern *Hyolithes Nathorsti* und *Orthotheca Johnstrupi* oft nesterweise vorkommen. Die Basis des Oanum ist der fossilleere Neolsandstein (- 1 a p. 23). Vergl. W. Dreims, Geologischer Führer durch Bornholm, Berlin 1899, 131 p. 1 geol. Übersichtskarte und K. A. Grönwall, Bidrag till Bornholms Geologi: Remärkninger om Bornholms sedimentäre Dannelser og deres tektoniske Forhold. (Danmarks Geol. Undersögelse, 2. Räkke. Nr. 10. 1899. 1—48. Taf. 1 u. 2.

Zu p. 34 und 43.

Gegenüber dem Versuche G. F. MATTHEWS', auf Grund des Vorkommens der Protolenen das mittlere mit dem unteren Cambrium zu vereinigen, stellt C. D. WALCOTT in ausführlicher Darlegung[1] die folgenden Thatsachen fest:

1. Die *Olenellus*-Fauna erscheint in Newfoundland 420' unter der *Paradoxides*-Fauna im Herzen des Untercambrium („Etcheminian" MATTHEW).

2. Reste der *Olenellus*-Fauna sind 460—480' unter der *Protolenus*-Fauna in dem „Etcheminian" von Hanford Brook in Neubraunschweig gefunden worden.

3. Im Profile der ungestört lagernden Highland-Kette in Nevada kommt die *Olenellus*-Fauna 4450' im Liegenden der obercambrischen Fauna vor; die mittelcambrische *Olenoides*- (oder *Dorypyge*-)Fauna liegt 3000' unter dem Obercambrium und 1450' über dem Horizont mit *Olenellus Gilberti*.

4. In den südlichen Appalachen tritt die *Olenellus*-Fauna mehr als 7000' unterhalb des obersten Cambrium und 2000' unterhalb der mittelcambrischen *Olenoides*-Fauna auf.

Im östlichen California, d. h. in dem östlich der Sierra gelegenen, orographisch zu Nevada gehörigen Gebiet beobachtete C. WALCOTT[2] eine ca. 5000' mächtige untercambrische Schichtenfolge:

4. Obere sandige Schichten.	200'.

3. Wechsel von Kalk und Schieferthon 1000', im Kalk zahlreich *Ethmophyllum Whitneyi* MEEK., *Protopharetra*, *Coscinocyathus* und ? *Archaeocyathus*.

2. Kieselige Schiefer und Quarzite mit Wurmspuren.	2000'.

1. Unterer Kieselkalk, fossilleer.	1200'.

Das überall sonst (Nevada, Nordschottland, New-York, Sibirien etc.) beobachtete Vorkommen der Archaeocyathinen im Untercambrium ist auch für das Vorhandensein dieser Stufe in Sardinien[?] beweisend, selbst wenn man die Gattung *Olenopsis* anders deuten sollte, als es oben geschehen ist.

[1] Proc. Washington academy of sciences. Vol. 1. (1900) p. 301—389.
[2] Lower Cambrian Rocks in California, Americ. Journ. of science 1895 p. 141.
Vergl dagegen POMPECKIJ, Z. d. geol. Ges. 1901.

Zu p. 35.

Nach einer neueren Mittheilung Matthew's kommen im Untercambrium des östlichen Nordamerika *Dolichometopus* (*Bathyuriscus* anct. l. c.; sonst im Mittelcambrium von Montana), *Dorypyge* (Mittelcambrium von Montana und China) und *Microdiscus* vor. Dies beweist offenbar, dass die Vertheilung auch der Trilobitengattungen des Cambriums von geographischen Verhältnissen beeinflusst war (Geol. Mag. 1898 p. 82.)

Zu p. 37 u. 39.

Die Lücke, welche nach den bisherigen Angaben in der cambrischen Schichtenfolge von Neu-Braunschweig zwischen unteren Paradoxides-Schichten (m. *P. Davidis*) und Obercambrium bestand, wird durch den Nachweis eines Aequivalentes des Andrarum-Kalkes ausgefüllt: Bei Haslingalove am Kennebecasis-Fluss entdeckte G. F. Matthew (im Hangenden Archaischer Schichten) Sandstein, Schiefer und Kalk, welche *Agnostus laevigatus*, *parvifrons* und *punctuosus*, *Anomocare*, *Dolichometopus*, *Ellipsocephalus*, *Agraulos*, *Ptychoparia* und *Paradoxides Abenacus* enthalten. Wie in Britisch Columbia (Castle Mt. group) und in Nordchina kommt auch *Dorypyge* in diesen Schichten vor. Vergl. Trans. R. sc. Canada 3. sect. IV. 1897 p. 165 bis 203, t. 1—4.

Zu p. 47.

In der Tabelle der Salt Range lies statt Obercarbon : Palaeozoan. Über die Fauna des nordindischen Cambriums vergl. auch: K. Redlich, The Cambrian Fauna of the Eastern Salt Range. Mem. Geol. survey of India. Pal. Indica New series 1, 1.

Zu p. 52.

Wie wenig wir über Verbreitung und Entwickelung der altcambrischen Faunen wissen, beweist die neuerliche Entdeckung der als Tiefseefacies der Olenellus-Schichten gedeuteten „Protolenus-Fauna" in Neu-Braunschweig.[1] Im Liegenden des tiefsten (der *Oelandicus*-Zone entsprechenden) mittelcambrischen Horizontes mit *Parad. lamellatus* findet sich hier eine durch den Besitz continuirlicher Augendeckel gekennzeichnete Trilobitenfauna, in der ältere Gattungen, wie *Arionellus* (Subgen. *Protagraulus*), *Ellipsocephalus* sowie *Acalonia* häufig sind, während *Olenellus* fehlt. Am bezeichnendsten ist *Protolenus*, sowie die grosse Häufigkeit der Foraminiferen *Globigerina* und *Orbulina*. Das letztere Merkmal dürfte am meisten für Tiefsee sprechen.

[1] G. F. Matthew, Protolenus-Fauna (Transact. N.-York. Acad. Science. XIV. 1895, 101—153, T. 1—11. Ref. N. J. 1897, I, p. 523.)

Zu p. 57.

Nach E. Kayser, Beiträge zur Kenntnis einiger palaeozoischer Faunen Südamerikas (Zeitschr. deutsch. geol. Ges. 49. 1897, 274- 317, Mit t. 7—12) ist eine kleine Fauna von Nordargentinien mittelcambrischen Alters, deren Bestimmung die früher von demselben Verfasser als obercambrisch beschriebenen Versteinerungen in ihrer Horizontirung richtig stellt: *Liostracus Steinmanni* Kays. und *Ulrichi* Kays., sowie *Agnostus irugensis* sind neu, der früher beschriebene *Olenus serpentinus* wird zu *Conocoryphe* (Subgen. *Crepicephalus*) gestellt. [An Stelle von *Liostracus* würde Ref. entsprechend der oben p. 26 Anm. gegebenen Auseinandersetzung die Bezeichnung *Ptychoparia* vorziehen. Jedenfalls lassen „*Liostracus*" *aculeatus* aus dem Andrarum-Kalk und *Ptychoparia striata* aus Böhmen, von denen Originalexemplare verglichen wurden, keinerlei in Betracht kommende Unterschiede erkennen.]

Zu p. 62.

Unter den Nautileen des mittleren Untersilur ist neben *Lituites*, *Ancistroceras* und *Discoceras* die Gattung *Bactroceras* Holm (Westgötland und Oeland) wegen der

685

Beziehungen zu *Bactrites* wichtig: Der Sipho liegt bei dieser Orthocerengattung wie bei der devonischen Form marginal; allerdings befindet sich die Siphonaldute zwischen Aussenschale und Sipho, während der Schalenanfang nicht bekannt ist. Immerhin dürfte der Ursprung der Ammoneen in einer — etwa mittelsilurischen — Nautileengruppe zu suchen sein, bei der die häutige Anfangsblase kalkige Bestand-theile aufnimmt. Ob diese Übergangsform eingerollt oder gestreckt war, kann aus theoretischen Überlegungen nicht gefolgert werden. Die ältesten Goniatiten — *Aphyllites* und *Anarcestes* — sind normal eingerollt und der am meisten an *Bac-troceras* erinnernde *Bactrites* ist die bei weitem jüngste Form der Subnautilinen oder Aphyllitiden, müsste also — nach Analogie der triadischen und cretacischen aufgerollten Geschlechter — als eine das Aussterben der ganzen Gruppe anzeigende (?atavistische) Nebenform aufzufassen sein. Über *Bactroceras* vergl. HOLM, Geol. För. Förh. Bd. 20, H. 7. N. 189 p. 554 ff.

Zu p. 75 oben.
„*Homotonotus* *puncttilosus* TOMQU. gehört nach HOLM zu *Illaenus*.

Zu p. 77 (Tabelle).
Nach J. KIAER, Etage 5 i Asker. Norges geol. unders. Aarboog f. 1902. Christiania 1901 ist die Zone 4 c γ an die Stelle von 4 e α zu rücken; 4 d Oberer *Chasmops*- und *Spindus*-Kalk entsprechen der Wesenberger Schicht, 5 dem Brachinpodenschiefer Westgotlands bezw. der Borkholmer + Lyck-holmer Schicht; dann 5 a enthält *Trinucleus Wahlenbergi*, *Illaenus Linnarssoni*, *Cybele bericausata* und *Ambonychia rudiata*.

Auch in 5 b finden sich noch typische Untersilurformen, wie *Dalmania mucronata*, *Illaenus Linnarsoni* und *Nrualeus loticauda*, sowie das bezeichnende Brachiopod *Holorhynchus giganteus*.

Zu „*Onteoprevinxca*"; Nach SCHMIDT, Rev. der ostbalt. Trilobiten, Abth. V (Amphides). 1899 wird nach 1. die Lyckholm'sche Schicht in Zone a) ant. weisen Kalk und b) die eigentliche Lyck-holm'sche Schicht, 2. der Echinosphaeritenkalk in a) die obere Linsenschicht und b) oberen weissen Echinosphaeritenkalk, 3. der Vaginatenkalk in a) die untere Linsenschicht und b) den eigentlichen Vaginatenkalk getheilt.

Zu p. 86.
Mit der Tab. V (p. 86) steht eine Mittheilung von CHARLES S. PROSSER über Shenandoah-Kalk und Martinsburg-Schiefer (Journ. of geol. Vol. VIII, N. 7. 1900, p. 635) gut im Einklang. Der Schiefer von Maryland wird mit dem Hudson-Schiefer N.-Yorks, der obere Theil des Shenandoah-Kalkes (der ohne schärfere Grenze in den Schiefer übergeht) mit dem Trenton-Kalk verglichen. Abweichend von den bisherigen Anschauungen („Uplift und Intervall by erosion" zwischen Kalk und Schiefer) ist hingegen der durch ein Lichtbild erläuterte Nachweis, dass der Martinsburg-Schiefer durch die Ver-mittlung von Kalkschiefern ohne scharfe Grenze in den Shenandoah-Kalk übergeht. (Hingegen müssen über die nicht nachher gemachten cambrischen Versteinerungen aus dem unteren Shenandoah [Valley]-Kalk nähere Nachrichten abgewartet werden.)

Der Name Hudson river group wird auch von HENRY HICKMANN auf die Lorraine-Sandsteine und Utica-Schiefer beschränkt. Die Graptolithenfauna von Normans Kil bei Albany (die im Hudson-Thale die Masse der „Hudson-River-Shales" bildet) liegt hingegen zwischen dem mittleren und unteren Trenton-Horizont und gehört fauglistisch zu dem letzteren. Vergl. Bull. N.-York State Museum N. 42 Vol. VIII. Albany 1901.

Zu p. 88. (Vergl. p. 95 u. 108.)
Die weitere Verbreitung des mittelböhmischen Silur wird durch die stark metamorphen Gesteine des Eisengebirges in Ostböhmen und die nördlich davon gefundene Semiser Basaltbreccie erwiesen.[1] In dem Geröllen von Semtin finden sich cambrische Quarzconglomerate, sowie unter-silurische Thonschiefer und Quarzite aus den Stufen D_1, D_2, D_3 und D_4; letztere beide mit zahlreichen Versteinerungen. Die gleichen älteren klastischen Gesteine finden sich im Eisengebirge,

wo außerdem auch obersilurische und ? unterdevonische Kalke nachgewiesen sind. Reine Thonschiefer werden dem tieferen Obersilur (Graptolithenschiefer, E_2 a), welche mit Kalkeinlagerungen, unbestimmbaren Orthoceren und *Cameroceras* (. *Lobolithus*) dem Übergang (E_2 β) an den dunkelgrauen Kalken des südböhmischen höheren Obersilur (E_2) angerechnet. Das Vorkommen von *Cameroceras*, das in den Kernischen Alpen (ebrn p. 108) im gleichen Horizont vorkommendem Haftorgans von ? *Scyphocrinus* lässt diese Altersbestimmung durchaus gesichert erscheinen. Die lichtgrauen oder weissen krystallinen Pedeler Kalke werden mit einiger Wahrscheinlichkeit dem unterdevonischen Kaniopruser Kalke gleichgestellt; allerdings sind die Crinoiden, Korallen- und Brachiopodenreste nicht näher bestimmbar.

[1] J. J. Jahn, Basalt-Tuffbrecele mit silurischen Versteinerungen in Ostböhmen. Verhandl. G. R.A. 1896 p. 44; dera, die Silurformation im östl. Böhmen. Jahrb. dera. Anstalt. 1898 p. 297 ff.

Zu p. 88 (2 Zeile) statt palaeographischen lies palaeogeographischen.

Zu p. 89 Anm. [1].

Die Annahme des Vorkommens von Silur in Ostgrönland wird durch den Bericht von A. G. Nathorst über seine Expedition von 1899 durchaus bestätigt. Im Kaiser Franz Josefs Fjord kommen verschiedene Schiefer und Sandsteine, sowie grauer und schwarzer Kalk dieses Alters vor. (Vergl. A. G. Nathorst, Ymer 1900. H. 2 p. 156 und Geol. Fören Förhandl. Bd. 23, H. 4.)

Zu p. 90.

Nach neueren Beobachtungen kommen in einem dem englischen Llandeilo entsprechenden Horizont in Irland noch die skandinavischen Gattungen *Megalaspis* und *Ptychopyge* vor. Da die Llandeilostufe nicht dem Vaginatenkalk, sondern in Wirklichkeit erst dem darüber liegenden Echinosphaeriten-Horizont entspricht, wird die im Text angenommene Differenzirung der Meeresprovinzen des tieferen Untersilur von der interessanten Entdeckung nicht berührt. Vergl. Cowper Reed, The lower palaeozoic bedded rocks of county Waterford. (Quart. Journ. Geol. Soc. 1899, 718—772. Taf. 40.)

Die in Frage kommende Schichtfolge wird vom Verf. folgendermassen gegliedert:

Raheen Serie.	Schiefer, Mergel, Felsite, Tuffe u. s. w.	Zone mit *Orth. argentea*.
Carrigaghalla Serie.	Dunkle Graptolithenschiefer, Plattenschiefer, Kieselschiefer, Tuffe u. s. w. *Dicranograptus*-Schiefer.	
Tramore-Kalk-Serie.	3. Dünnschichtige Kalkmergel Knekersche Schicht. 2. Grauliche, unreine Kalksteine, angeblich Echinosphaeriten-Kalk. 1. Dunkelgraue, schiefrige Kalksteine, angeblich ob. Vaginaten-Kalk.	
Tramore-Schiefer.	Dunkle Kalk- und Mergelschiefer ohne Verst.	

Zu p. 94.

Entgegen der neuerdings mehrfach versuchten Zuweisung der Zone D_1 β (Komoraner Schichten) zum Cambrium sei an die von Pranza beschriebenen Graptolithen und Trilobiten erinnert: Die Gattung *Cheirurus* (*Ch. Hofmanni* Prz.) ist im Cambrium ebensowenig vorhanden wie *Tetragraptus* und *Didymograptus* (*Jougraptus* p. 96), der durch vier Arten vertreten ist. Pranza, *Miscellanea silurica Bohemiae* I. Prag 1900, p. 14.

Zu p. 98, 99.

Auch für das oberste Untersilur von Christiania (Stufe 5) nimmt Kiaer [1] in Bestätigung der p. 98 ausgesprochenen Ideen eine Einwanderung von Brachiopoden und anderen Formen aus westlichen Meerestheilen an.

[1] Norg. geol. undersøgelse aarbog for 1902, p. 111.

Von besonderem Interesse ist für die gleiche Frage die Fauna des Bornholmer *Trinucleus*-Schiefers, der in der Zweigliederung wahrscheinlich mit dem
schwedischen übereinstimmt (p. 74 und Tabelle IV), aber viel mehr böhmisch-
mediterrane Arten umfasst als dieser. Unter 20 Bornholmer Trilobiten sind 9 in
Böhmen durch vicariirende Species vertreten und 7 beiden Gebieten gemeinsam:
Trinucleus Haeklandi BARR. (?), *Ampyx Portlocki* BARR., *A. gratus* BARR., *Remopleu-
rides rodians* BARR., *Amphus nobilis* BARR., *Cheirurus insignis* BEYR. (?), *Phillipsinella
parabola* BARR. Vergl. J. P. J. RAVN, Trilobitfaunan i den bornholmske *Trinucleus-
skifer*. (Danmarks geol. undersög. II, N. 10. 1899, p. 49—60.)

Endlich wird aus dem Süden der Bretagne (Château Gontier) eine Transgression der Dachschiefer mit *Trinucleus* (d. h. des oberen Untersilur) von OEHLERT
ausdrücklich hervorgehoben.

Zu p. 102.

Neuere Forschungen in Victoria ermöglichen eine vollständigere Übersicht der dortigen Graptolithenschiefer. Die Reihenfolge entspricht im Grossen und Ganzen der in der Nordhemisphäre beobachteten. T. S. HALL (The graptolite-bearing rocks of Victoria, Australia, Geol. Mag. 1899, 459.
Taf. 18) unterscheidet im tieferen Untersilur:

Oben: 4. Die Darriwill-Serie mit *Laskographus*, *Glossographus*, *Tänuyraptus* u. s.
3. Die Castlemaine-Serie mit wenig abweichender Fauna. *Tetragraptus fruticosus* ver-
schwindet hier; höher aufwärts stellen sich Arten von *Diplograptus* und *Lagmographus*
(*L. Logani* J. H.) etc. ein.
2. Die Bendigo-Serie mit *Didymograptus bifidus* J. HALL, *gracilis* TULLB., *caduceus* SALT.,
Tetragraptus fruticosus J. H., *Dichograptus*, *Phyllograptus typus* J. H. u. a.
1. Die Lancefield-Serie mit *Bryograptus*, *Leptograptus*, *Didymograptus* (- *Janugraptus*),
Tetragraptus, *Clonograptus*, *Dictyonema*.

Weniger bekannt sind die Graptolithen des oberen Untersilur. An verschiedenen Punkten sind
abgesehen von der hierher gehörigen Darriwill-Serie *Diplograptus pristis* HIS., *Dicellograptus*, *Climn-
cograptus* und andere Formen aufgefunden worden.

Am spärlichsten scheinen obersilurische Graptolithen vertreten zu sein; doch sind an mehreren
Stellen Reste von *Monograptus* und *Retiolites* gefunden worden.

Ausserhalb Victorias kennt man Graptolithen im australasiatischen Gebiete noch aus Neu-Süd-
Wales, Tasmanien und Neu-Seeland.

Zu p. 108 Anm. 3.

Silurina ist zu streichen; *Silurina* gehört als Synonym zu der Gastropodengattung *Herrynella*.

Zu p. 111 (Mitte.)

Die faunistische Bearbeitung der dem unteren Obersilur angehörenden röth-
lichen Sandsteine aus dem Amazonas-Gebiet ist erst 1900 erschienen und bestätigt
die Vergleichung mit dem Medina-Sandstein Nordamerikas. Wichtig ist für die
Altersbestimmung vor allen *Dalmanella Smithi* CLARKE aus der Gruppe der *Dalmanella hybrida*, *Bucaniella trilobata* CONR. var. (auch in den Clinton-Medina-Schichten),
Dalia lata (Clinton) und *Anabaia Parnia* CLARKE (verwandt mit *An. anticostium*
aus dem mittleren Silur der Insel Anticosti am Lorenzstrom). Vergl. JOHN M. CLARKE,
The palaeozoic faunas of Pará, Brazil. I. The silurian fauna of the Rio Trombetas. (Archivos do museu nacional do Rio de Janeiro. 10. 1899. 4°. 127 S.
u. 8 Taf.) Author's english edition 1900. Älteres Silur ist erst weiter südlich in
Argentinien bekannt.

Zu p. 101 unten.

Untersilurische Cystoideenkalke (*Hemicosmites* sp.) werden endlich von Loczy aus dem südlichen China und von Nörtling aus Ober-Birma (östlich von Mandalay) beschrieben und dem Echinosphaeritenkalk des baltischen Untersilur verglichen. Vergl. Nörtling, Field notes from the Shan hills Rec. geol. survey India 1899 (XXIII), 2 p. 76 (*Echinosphaerites Kingi* Nörtl. bis zu 160 mm Durchm.) und Loczy, Geol. Ergebnisse etc. 1. p. 767 und 111, p. 81. Vergl. auch die Erklärung der Unterallar-Karte (11.).

Zu p. 115 (Tabelle). Statt a. d. Tangusha liess „a. d. Tanguska".

Zu p. 128.

Aus dem südlichen China werden neuerdings von C. Monod Steinkohlenflötze aus Schichten erwähnt, deren Brachiopodenfauna (*Atrypa*, *Pentamerus*) oberdevonischen Charakter zu tragen scheint. Allerdings sind bisher nur Gattungsnamen dieser Brachiopoden bekannt, so dass nähere Nachrichten abzuwarten sein dürften.

Zu p. 154 u. 157.

Die Obercoblenzfauna des Bruchberg-Ackers im Oberharz hat L. Beushausen auf Grundlage neuer Funde (am Lonauer Jagdhaus) genauer beschrieben und die Horizontirung derselben an der Oberkante des Unterdevon bestätigt. Abgesehen von allgemein verbreiteten Arten wie *Spir. parsdarus, carinatus* und *macrurnoneis, Athyris undata, concentrica* und *macrorhynchus, Strophalosia piligera, Chonetes dilatatus* und *sarcinulatus* treten einige Formen auf, die am Rhein die höchste Unterzone des Unterdevon, die Zone des *Spirifer speciosus* (p. 154) kennzeichnen; es sind dies *Spirifer Mischeri* Fuchs, *aushelifer* Kays. und *Nucleospira lens* var. *marginata* Maur. (L. Beushausen, die Fauna des Hauptquarzits am Bruchberg-Acker, Jahrb. preuss. geol. Landesanstalt für 1896 (1897) p. 262 ltw. p. 303). Die Angabe desselben Forschers (Dens. Jahrb. für 1908 p. 7), dass *Pent. rhenanus* nicht im Unterdevon, sondern wahrscheinlich in verkieseltem Hiriagocephalenkalk vorkäme, bedingt die Streichung dieses Namens p. 154. Allerdings treten grosse vielgestaltige Pentameren, die sich durch Kleinheit der Zahnstützen von *Pent. Knighti* unterscheiden, in Westeuropa im obersten Unterdevon (*Pent. Heberti*) auf und dauern bis in das Mitteldevon (z. B. *Pent. Oehlerti*). Sie gehen aus dem älteren Pentameren beschlicricus und *pseudo-Knighti* (oben p. 201) des Ural hervor. Es könnte also mit Rücksicht auf die Wichtigkeit dieser ostwestlichen Wanderung der Name *Pent. rhenanus* (p. 154) durch *Pent. Heberti* ersetzt werden. (Vergl. Beushausen, Jahrb. preuss. geol. L.A. f. 1898, p. 7.)

Zu p. 166.

Nach neueren Untersuchungen von E. Lotz reicht die Greifensteiner Facies im rheinischen Gebirge höher im Mitteldevon aufwärts; auch das Vorkommen von Greifenstein selbst ist nach demselben Autor mitteldevonisch. Vergl. Jahrb. G. L.A. für 1900 p. 70.

Zu p. 169.

Die kleinen, durch jüngere Ablagerungen isolirten Sandsteinvorkommen von Giessen [1] sind geologisch nicht genauer horizontirbar; die in der Nähe verbreiteten Arkosegrauwacken und Kalke, die den Sandstein zu beiden Seiten begrenzen, sind auch nur z. Th. bestimmbar. Die Arkosegrauwacke wurde früher zum Culm oder flötzleeren Sandstein gerechnet; doch sollen übereinstimmende Gesteine z. B. im Wetzlarschen auch im Mitteldevon vorkommen. Der Kalk entspricht zweifellos dem oberen Mitteldevon oder Massenkalk.

Die für Altersstellung des Trilobitensandsteins in Betracht kommende Fauna

---

[1] E. Kayser, a) Versteinerungen aus dem Devon der Gegend von Giessen (Vorl. Mitth. Sitz.-Ber. d. Ges. zur Beförd. der ges. Natur. zu Marburg. N. 4. 1890, p. 36.)

... b) Die Fauna des Dalmanitensandsteins von Kleinlinden bei Giessen (Bearbeitung von a). Mit 5 Tafeln. Schriften ders. Gesellsch. Bd. 13. 1 Abth. 1896.

besteht aus den folgenden Arten: *Odontochile haasiaca* n. sp., *Odontochile* sp., *Phacops Frechi* KAYS., *Phacops* cf. *Sternbergi. Cheirurus gibbus* BEYR., *Cyphaspis ceratophtalmus* GF? (non-a), *Bronteus (Thysanopeltis) laciniatus* SDB?, *Mimoceras Maureri* n. sp., *Gyroceras* aff. *alato* BARR., *Cyrtina heteroclita* DEFR., *Atrypa reticularis* L., *Pentamerus* cf. *galeatus* DALM., *Dalmanella Gervillei* DEFR., *D. eifeliensis* DE VERN., *Strophomena Sowerbyi* BARR., *Str. interstrialis* PHILL., *Leptaena rhomboidalis* WAHLB., *Favosites Goldfussi* M. E. et H., *F. polymorphus* GF., *F. cristatus* BLAINV.??, *Pleurodictyum Petrii* MAUR., *P. selcanum* GTT.

Die für die Horizontirung wichtigen Arten, auf Grund deren der Dalmanitensandstein dem unteren Mitteldevon zuzuweisen wäre, sind gesperrt gedruckt.

Wenn ich die bis vor kurzem auch von E. KAYSER getheilte Ansicht, dass die unter-mitteldevonische Grenze festhalte, so ist hierfür auch eine praktische Erwägung massgebend: Das Aequivalent der Eifeler Rotheisensteins bilden an der Lahn und Dill die obersten Schiefer von Haiger und Ruphach oberstes Unterdevon bei E. KAYSER. (N. Jahrb. 1889, I p. 125.) Stellt man die Eisensteine zum Mitteldevon, so gehören auch die palaeontologisch ähnlichen Schiefer dorthin. Nun enthalten aber diese obersten Schiefer nur an wenigen Punkten Versteinerungen, die eine Abtrennung leicht ermöglichen. Bei ihrer Zurechnung zum Mitteldevon erwächst dem Kartographen die kaum durchführbare Aufgabe, einen meist nachweisbaren Theil der rheinischen Schiefer und Grauwacke als Mitteldevon zu bezeichnen.

Zu p. 174, Anm.

Die Phacopsart aus dem Elaenkalk am Südabhang des Pic de Cabrières gehört nicht einer eigenthümlichen oberdevonischen Mutation des *Phacops ferrumus* an, sondern ist ident mit dem auch in Deutschland bis an die Oberkante des Mitteldevon hinaufgehenden *Ph. breviceps* BARR. Für den gleichen Horizont spricht das Zusammenvorkommen von *Tornoceras* und *Aphyllites.*

Zu p. 179 Anm. [1].

„*Clymenia*" *evoluta* gehört zu der Nautilerengattung *Subclymenia* und stammt aus dem Untercarbon. Abbildung p. 284.

Zu p. 188.

Schwarze, F, entsprechende Plattenkalke sind von J. JAHN auch bei Koniprus nachgewiesen; die Fauna von F, weist nach der noch immer massgebenden Zusammenstellung D. NOVAK vorwiegend devonische Merkmale auf.

Zu p. 204.

Nach neueren Aufnahmen und Schürfungen von M. KOCH[1] überlagern am Klosterholz b. Ilsenburg die Wissenbacher Schiefer sandige Obercoblenzschichten und die kalkige Grauwacke des „Hercyn" (= Untercoblenz); auch die Deutung der übrigen Linsen als kalkige Einlagerungen (im Sinne von E. KAYSER und LOSSEN) ist durch die neueren Untersuchungen stark erschüttert. Wichtig ist ferner das Vorkommen der Greifensteiner Kalke mit *Aphyllites fidelis, Proëtus eremita* etc., am Schwergekopf bei Wernigerode. Die neue Stratigraphie ist p. 410 wiedergegeben.

[1] MAX KOCH, Über die Umdeutung der geologischen Verhältnisse im Unterharz. (Zeitschr. d. deutsch. geol. Gesellsch. 1898. p. 21—28.)

Zu p. 208.

Die Bedeutung des New-Yorker Palaeozoicum ist in ausführlicher Weise gewürdigt worden. Es sei daher auch hier ein neueres von den hervorragenden Kennern J. M. CLARKE und CH. SCHUCHERT[1] aufgestelltes Schema wiedergegeben, welches zum Theil an die ursprüngliche Nomenclatur anknüpfend alte Namen wieder hervorholt oder neue aufstellt. Zum Theil sind die Änderungen ohne Weiteres einleuchtend, so die Ersetzung des — palaeontologisch sinnwidrigen — Namens *Delthyris shaly limestone*. Nicht ganz so zweckentsprechend dürfte die Neubenennung des lower und upper Pentamerus limestone sein. Die Häufigkeit dieser Gattung lässt den eingebürgerten Namen gut gewählt erscheinen und die Bezeichnung Becraft limestone (upper Pentamerus) ist schon deswegen nicht glücklich, weil die bemerkenswertheste Stufe des Becraft-Berges doch wohl die unteren Oriskany-Schichten sind. Ausserdem ist die Einführung von Localnamen an Stelle palaeontologischer Bezeichnungen — wenigstens nach meiner Ansicht — durchaus nicht grundsätzlich zu empfehlen. Ich würde dort, wo bezeichnende Versteinerungen vorkommen, den palaeontologischen Namen vorziehen.

Für die älteren Devonbildungen Ostamerikas wird folgende Eintheilung und Namengebung vorgeschlagen:

Mesodevonic	Erian	Stringocephalus beds of Canada Hamilton beds Marcellus shales
	Ulsterian	Onondaga limestone (Corniferous beds) Schoharie grit Esopus grit
Palaeodevonic	Oriskanian	Upper Oriskany Lower
	Helderbergian	Kingston beds (Upper Shaly limestone) Becraft limestone (Upper Pentamerus limestone) New Scotland beds (Delthyris Shaly limestone) Coeymans limest. (= Lower Pentamerus limestone)

Die unteren Helderberg-Schichten (im Liegenden des Oriskany) sucht H. S. Williams[1] neuerdings wieder dem Silur zuzurechnen. Er stellt die folgende Parallele auf:

1	2	3	4	
Unteres Helderberg	Chapman-Sandstein	Oh. Arisaig	Tilestone	Downton-Silur. Ledbury shale.

Die Tilestones gelten allgemein als Obergrenze des Silur. An der vollkommenen Übereinstimmung von 3 und 4 ist nicht zu zweifeln; beide Bildungen stellen jedoch den Übergang von oceanischen zu continentalen Gewässern dar und derartige Übergänge können sich in verschiedenen Altersstufen wiederholen; niemals darf jedoch die durch gleiche physikalische Bedingungen hervorgerufene Gleichartigkeit der Gesteine und Versteinerungen zur stratigraphischen Gleichstellung Veranlassung geben.

[1] H. S. Williams, Silurian-Devonian boundary in N.-America. Bull. Geol. soc. America 11, p. 535 (1900). Vergl. dagegen: Ch. Schuchert, Lower Devonian aspect of the Lower Helderberg and Oriskany formations. Bull. Geol. Soc. Americ. 11. (1900) p. 241—332 ff.

Zu p. 280 (Tabelle, Devon in Brasilien).

Die neuerdings erschienene Bearbeitung der devonischen Zweischaler, Gastropoden und Tentaculiten durch J. M. Clarke bestätigt in endgiltiger Weise die in der Tabelle wiedergegebene Altersbestimmung; nach derselben gehören die Sandsteine von Ereré zum Mitteldevon, die des Rio Maecurú sicher und die des Rio Curuá wahrscheinlich zum Unterdevon. Eine entgegenstehende Ansicht, welche alle drei Devonvorkommen demselben mitteldevonischen Horizonte zuweist, kann nicht

näher auf ihre Verlässlichkeit geprüft werden; es liegen lediglich kurze palaeontologische
Beschreibungen ohne Abbildungen vor und dem Verf. der in Pará ausgeführten Be-
arbeitung stand dort weder hinreichendes Vergleichsmaterial noch Litteratur zur
Verfügung. Ebensowenig vermag ich — auf Grund eigener Vergleichungen der
Fossilien — der von F. Katzer versuchten Parallelisirung der Iclaschiefer und des
südafrikanischen Unterdevon mit dem Mitteldevon zuzustimmen; somit verbietet sich
auch eine nähere Vergleichung der auf so verschiedener Grundlage entstandenen
Reconstructionsskizzen von Festland und Meer. Vergl. F. Katzer, das Amazonas-
Devon etc. Sitz.-Ber. d. böhm. Ges. d. Wissenschaften, Math. nat. Kl. 1897 p. 1
und John M. Clarke, The palaeozoic faunas of Pará, Brazil. I. The Silurian
fauna of the Rio Trombetas. II. The Devonian mollusca of the State of Pará.
(Archivos do museu nacional do Rio de Janeiro. 10. 1899. 4°. 127 S. u. 8 Taf.)
Author's english edition 1900.

Zu p. 332.

Durch die Nathorst'sche Expedition in das nordöstliche Grönland (1899) ist
die Ausdehnung der Old-Red-Seeen von Schottland und Spitzbergen bis zum Kaiser
Franz-Josefs-Fjord (73—74° N. Br.) auf dem in der Kartenskizze III angenommenen
arktischen Continent nachgewiesen. In Nordost-Grönland wurde am Cap Weber
eine mächtige Schichtenfolge graugrüner und rother Sandsteine mit *Holoptychius
nobilissimus* und *Asterolepis* nachgewiesen, die somit dem oberen Old Red entsprechen.
(Vergl. A. G. Nathorst, Svenska expeditionen till nordöstra Grönland. Ymer 1900.
II. 2 p. 150 und Geol. Fören. Förhandl. Bd. 23, H. 4 p. 293.) Ebenfalls von Nathorst wurde am Grey Hook auf Spitzbergen eine eigenartige Molluskenfauna ent-
deckt, die aus nicht näher bestimmten Old-Red-Schichten stammt. Die Beschreibung
F. Kayser's, welcher *Aviculla Nonleuskiöldi* Kays., *A. ?spitzbergensis* Kays., sowie
unbestimmbare Formen von *Mytilia*, ?*Pxella*, *Palaeosolabata* und *Palaeomutela* fest-
stellte, gab keinen genaueren Aufschluss über das Alter. Wichtiger ist die interessante *Nathorstella*, für die E. Kayser allerdings keine Vergleichspunkte finden
konnte. Die bezeichnende Sculptur erinnert jedoch durchaus an die unterdevonische
Gosseletia pseudolertrgonia Fuchs (Aviculiden des Devon p. 113, Texth.); nur ist der
Umriss der rheinischen Art verlängert und einige Radialfalten sind bei dieser auch
auf der Vorderseite vorhanden. Die Vergleichung, die allerdings durch Zuhülfenahme der Originale zu vervollständigen wäre, würde bei den Spitzberger Schichten
auf unteres Old Red verweisen. Vergl. E. Kayser, Bihang t. K. Svensk. Vet.
Ak. handl. Bd. 27, IV N. 2.

Zu p. 332. Aom.

Auch Tanquam rechnet nach freundlicher mündlicher Mittheilung den grösseren Theil des von
Ossian mit dem Unterdevon verglichenen älteren Old Red Schottlands auf Grund der Merkmale der
Fischfauna zum Mitteldevon.

Zu p. 349 oben.

Auf den Balearen dürfte in den dortigen Schiefern, Sandsteinen und eingelagerten Kalken nur das Vorkommen von unterem Oberdevon palaeontologisch
gesichert sein. Der von Hermitte[1] richtig bestimmte, bei St. Rita (Minorca) vorkommende *Spirifer pachyrhynchus* M. V. K. (*euryglossus* Schnur) ist vom Ural
bis Schlesien (Kunzendorf), Belgien und der Eifel (Hildesheim) für die untere Zone

das Oberdevon (Zone der *Rhynchonella cuboides* – Zone mit *Gephyroceras Hoeninghansi* und *Prolecanites lunulicosta*) bezeichnend. Das vorliegende Originalexemplar HERMITTES (Universitäts-Sammlung Grenoble) stimmt z. B. mit dem von SCUPIN (Spiriferen Deutschlands p. 45, t. 4, f. 1) abgebildeten schlesischen Stück überein.

Auf einen noch höheren devonischen Horizont weist das Vorkommen eines *Asterocalamites* (*A. Renaulti*) und einer *Productella* (*Pr. Chalmasi* HERMITTE sp.) hin, deren nächste Verwandte *Productella pyxidata* HALL aus dem Carbon von Missouri ist.

¹ Kl. gibt. aus los flos Baléares; teste LAPPARENT. HERMITTE giebt Mitteldevon an.

Zu p. 247 ähm. 8. Zeile. Statt *Chascothyris* lies *Merista* (? *Meristella*).

Zu p. 248 als 9a (nach 9, Japan).

An der Westküste des Ochotzkischen Meeres, an der Ajanschen Bucht (nördlicher Theil) findet sich Kalk und Kalksandstein mit der charakteristischen, weltweit verbreiteten litoralen Brachiopodenfauna des Oberdevon: *Spir. Vernenili* und *mesacostalis*, *Dalmanella Tioga* HALL wurden in dem von BOGDANOWITSCH gesammelten Material durch C. DIENER bestimmt. Ein im Bezirk Nertschinsk bei Gedroitz entdecktes Oberdevonvorkommen bedingt ähnlich wie das des Ochotzkischen Meeres eine Erweiterung der durch die oberdevonische Transgression bedeckten (dunkel angelegten) Meeresfläche.¹

Es sei noch zur näheren Präzisirung von Absatz 8b p. 248 hervorgehoben, dass nur noch im oberen Mitteldevon ein Gegensatz ostamerikanischer (Hamilton-und eurasiatischer (*Stringocephalus*-) Fauna zu verzeichnen ist. Die oberdevonische Fauna des *Spir. Vernenili* zeigt in der neuen und alten Welt keine in Betracht kommenden Unterschiede.

Nachdem in Hocharmenien die Calceolastufe mit *Spir. speciosus* nachgewiesen ist, dürfte auch der aus SW.-China stammende *Spirifer speciosus* (*Sp. Cheekiel* bei KAYSER) als Vertreter des unteren Mitteldevon anzusprechen sein.

¹ K. BOGDANOWITSCH und C. DIENER, ein Beitrag zur Geologie der Westküste des Ochotzkischen Meeres. Sitz.-Ber. K. Akademie zu Wien. Math. nat. Cl. Bd. 109, Abschn. I (1900). bes. p. 357 ff. und Exploration géolog. et minière le long du chemin de fer de Sibérie. St. Petersburg 1898. VIII u. X. Lief. (Teste DIENER.)

Zu p. 256 Tab. XIX. (England).

Die mit einem Fragezeichen angeführten Merte sind nach FIcus nicht als eher concordant zwischen Ilfracombe und Pick-well-down lagerndes Mitteldevon sondern als eine von streichenden Verwerfungen begrenzte ältere Scholle anzusehen. Der silurische Alter derselben ist nicht zu beweisen; hingegen lässt das Vorkommen von *Homalonotus* sp., *Strophomena explanata* Sow., *Chonetes plebejus* SOW. und *sarcinulatus* SOW. wohl kaum ein andere Altersdeutung als Unterdevon für das Vorkommen von Treborough zu. Ausserdem werden noch zwei andere Horizonte (Oakhampton mit *Limoptera semiradiata* Fauna und Dundea Hill) versuchsweise ausgeschieden. Vergleiche HENRY HICKS, On the morte slates and associated beds in North Devon and West Somerset. With descriptions of the fossils by REV. WHITEMAN. (Quart. Journ. Geol. Soc. Part I, 1896 p. 254–278, t. 10, 11; Part II, 1897 p. 458–482, t. 31–35.)

Zu p. 673.

Das Vorhandensein von Land- oder sumpfbewohnenden Amphibien im Devon ist angesichts der mannigfachen Entwickelung dieser Thiergruppe im Carbon durchaus nicht unwahrscheinlich. Ob allerdings der aus dem Oberdevon Pennsylvaniens

bekannt gewordene „Fussabdruck" (*Thinopus antiquus* MARSH) organischer Entstehung sei, lässt sich nach der unvollkommenen Umrissskizze nicht entscheiden
(MARSH, Am. journ. of science 1896, II, p. 374).

Zu p. 323 (Tabelle XXI).
Das Wort „Eruptivdecken" (im Rheinischen Gebirge, südlicher Theil) ist unter
Gastropoda, über Clymenienkalk zu setzen.

Zu p. 571.
Eine noch eingehendere Gliederung der ganz sandig-schieferigen Waverly group (Untercarbon)
im Ohio giebt neuerdings Ch. S. PROSSER (Journ. of geology Chicago 1901 p. 205—215):

6. Logan-Sandstein 115′.
5. Black-Hand-Conglomerat, Sdst. und Schieferthon 40′ mit *Springothyris cuspidata*, *Spirifer Winchelli*, *Crenipecten Winchelli*, *Camaratoechia marshallensis* HALL, *Dalmanella* cf. *Michelini* L'EV. *Allorisma Winchelli* und *ventricosum* — die erste typisch-carbonische Fauna mit wenigen devonischen Überresten (*Cryptonella Eudora* HALL).
4. Cuyahoga-Schieferthon und Sdst. (ca. 500′) mit wenig bezeichnenden Versteinerungen (*Lingula Melie* und *Orbiculoidea Newberryi*) = ? Oberdevon.
3. Sunbury-Schieferthon (ca. 18′).
2. Berea-Sdst. mit Wellenfurchen (40′).
1. Bedford Schieferthon und Thon (ca. 85′).

Linguladen: Devon (?mittleres). Schieferthon mit Fischen (Huron shale = Cleveland-shale) Gattungsnamen derselben auf p. 226 u. 229.

Zu p. 572 (Unterschrift). Statt „Prod." lies *Spirifer (supramosquensis)*.

Zu p. 646 (Mitte).
Das Obercarbon von H e r a c l e a an der Nordküste Kleinasiens lagert auf
K o h l e n k a l k mit *Productus giganteus*, unter dem noch die untercarbonische Flora
nachgewiesen ist (DOUVILLÉ und ZEILLER bei LAPPARENT, Traité de géologie.
4. Aufl. p. 905).

Zu p. 531, 532. (Vergl. p. 329.)
Das Rothliegende an der schlesisch-böhmischen Grenze gliedert sich nach
neueren Studien des Verfassers:[1]
Oben 9. Das o b e r e allgemein verbreitete Glied des Rothliegenden (= Mittelroth-
liegendes)[2] bilden r o t h e S a n d s t e i n e (kreuzgeschichtet), C o n g l o -
m e r a t e und L e t t e n, deren Material vornehmlich von den Eruptivlagern
der Felsitporphyre und Melaphyre stammt; die Mächtigkeit der letztern ist
zwischen Langwaltersdorf und Liebau am bedeutendsten.
9 a. Innerhalb des Mittelrothliegenden bilden die dünngeschichteten B r a u n a u e r
K a l k e mit *Amblypterus crotisilaciensis*, *Branchiosaurus umbrosus*, *Sclerocephalus labyrinthicus* im Südosten eine Einlagerung, welche durchaus dem Schichten
von Wünschendorf bei Lauban und dem Lebacher Horizont entspricht.
Räumlich getrennt (im NW.) kommen die undeutlich geschichteten, als
Quellsinterabsätze zu deutenden Kalke von Tranthelmsdorf, Schönberg
und Bertheladorf, ebenfalls in der Mitte des Mittelrothliegenden vor.
8. Die concordante Überlagerung der Radowenzer Flötze bilden die flötz-
f ü h r e n d e n T h o n s c h i e f e r der Grube „Neue Gabe Gottes"[3] bei
Albendorf, die durch das Vorkommen von *Walchia piniformis* (ein
schönes von mir gesammeltes Exemplar im Breslauer Museum) bestimmt

als unteres Rothliegendes (Cuseler Schichten) gekennzeichnet werden. Daneben sind ältere Farne (*Propteris* vom Typus *arborescens* bis *oropteridis*) in grossen Wedeln vertreten. Die zwei Flötze (Einf. 12—20° nach NO.), von denen das mächtigste nur einen halben Meter misst, wurden seit Anfang des Jahrhunderts durch einfachen Stollenbetrieb in dem tief eingeschnittenen Albendorfer Thal abgebaut und setzen bei Qualisch auf das österreichische Gebiet fort.

Oberstes Carbon (vornehmlich auf der böhmischen Seite):

7. Radowenzer Schichten (obere Ottweiler Schichten) mit 3 (nicht 5) Flötzen (das mächtigste 40 cm) bei Radowenz und Albendorf mit *Sigillaria* *Brardi, Calamites cruciatus, Annul. strIata* und *sphenophylloides. Stigmaria* ziemlich häufig.

6. Rothe (flötzleere) Sandsteine des sogen. Versteinerten Waldes am Hexenstein = Mittlere Ottweiler oder Potzberger Schichten.

Auch für die Gegend von Naurode hat E. Dathe neuerdings eine Einzelgliederung des Rothliegenden in einer vorläufigen Mittheilung (Verhandl. deutsch. geol. Ges. 1900, p. 75) vorgeschlagen. Allerdings beruht die Altersdeutung des neu ausgeschiedenen Unterrothliegenden („untere und obere Cuseler Schichten" wesentlich auf dem Vorkommen von „Saariern". Unter dieser Bezeichnung begreift E. Dathe unterschiedslos echte Reptilien (*Palaeohatteridae)* und Amphibien (*Sclerocephalus -* *Weissia, Branchiosaurus, Melanerpeton).* Ganz abgesehen von der tiefgehenden anatomischen Verschiedenheit der beiden Wirbelthierstämme ist nach ihr geologisches Auftreten gänzlich abweichend: die ältesten Reptilien (Palaeohatteriden) sind mit Sicherheit erst im Mittelrothliegenden (S. 456), die ältesten Amphibien im Untercarbon (? oder Devon) bekannt. „Eine grosse Übereinstimmung der schlesischen Cuseler Schichten[1] mit denjenigen des Saar-Nahegebiets[2], wie sie E. Dathe l. c. p. 76 aus dem Vorkommen seiner „Saarier" folgert, ist also jedenfalls nicht vorhanden. Ebenso fremdartig erscheint das Vorkommen der Zechsteingattung *Palaeoniscus* in den „unteren Cuseler Schichten". E. Dathe (l. c. p. 77). Es bleibt also die zoopalaeontologische Begründung der l. c. aufgestellten Schichtengliederung abzuwarten.

[1] Centralblatt für Mineralogie 1900, p. 838.
[2] Ob Vertreter des echten Oberrothliegenden vorhanden sind, lässt sich nach den bisherigen palaeontologischen Anhaltspunkten weder behaupten noch verneinen.
[3] Die aber nicht, wie oben, p. 822 angenommen wurde, dem Obercarbon angehören.
[4] Mit einem neuen Vertreter der Palaeohatteriden d. h. einem ReptiL.
[5] Mit *Sclerocephalus Weissia* d. h. einem Amphibien.

Eine der wichtigsten, wenn auch nicht unerwarteten (pag. 669) Erweiterungen der Kenntnis des Palaeozoicum tritt kurz vor dem Erscheinen des vorliegenden Baudes an die Öffentlichkeit: Der sichere Nachweis von Grundmoränen im deutschen Rothliegenden. In den bergmännischen Aufschlüssen der Zeche Preussen II in Westfalen hat G. Müller[1] zweifellose polierte und gekritzte Geschiebe in einer dem Dwyka-Conglomerat vergleichbaren „versteinerten Grundmoräne" gefunden, welche die geschrammte und geglättete Oberfläche des dortigen Steinkohlengebirges in einer Tiefe von 370 m überlagert und selbst nach den unmittelbar darüber gefundenen Pflanzenresten etwa dem unteren Rothliegenden angehört.[2] Die mir vorliegenden Photographien G. Müller's lassen über

[1] Zeitschrift für praktische Geologie 1901, November-Nummer.
[2] *Cordaites sp.,* sowie *Asterophyllites equisetiformis* Schloth. in den Saarbrücker-Lebacher Schichten, am häufigsten in den Ottweiler und Cuseler Schichten.

den glacialen Ursprung der Geschiebe und der Schrammung des Anstehenden keinen
Zweifel. Tektonische Rutschflächen, Wildbachschrammen (p. 582) oder Einwirkungen
schuttbeladener Strömungen auf den Untergrund besitzen ein gänzlich abweichendes
Aussehen. Wichtig ist ferner die übergreifende Lagerung des unteren Rothliegenden
über mittlerem Obercarbon.[1]

Die zwei beobachteten dyadischen Grundmoränen[2] besitzen geringe Mächtigkeit (1,15—1,24 m) und ähneln in dieser Hinsicht dem Geschiebelehm in den
Quarziten des Varanger Fjords (pag. 622). Wir müssen also in beiden Fällen
an locale Gebirgsgletscher, nicht an Landeis denken. Jedenfalls ist
durch den Nachweis jungpalaeozoischer Gletscher auf der Nordhemisphäre der einzige
Einwand beseitigt, der — trotz der Deutlichkeit der indischen und australischen
Glacialschrammen — gegen eine dyadische Vereisung des Südens erhoben werden
konnte.

[1] Gaskohlen- oder Gaskammkohlen-Gruppe.
[2] Die durch ein mundiges Zwischenmittel von 2,64 m getrennt werden.

A. Sachregister.

Faune, Lethaea palaeozoica. II.

46

B. Palaeontologisches Register.

D. Paläontologisches Register.

C. Autorenregister.

Grössere Nachträge

und

Zettel zum Aufkleben

zu

Lethaea geognostica.

2. Band.

Nachtrag

Vorworte des Atlas.

Der Mitte der siebziger Jahre gezeichnete, im Jahre 1876 erschienene Atlas der Lethaea palaeozoica enthält besonders aus den Grenzschichten von Silur und Devon, sowie aus dem oberen Theile des Palaeozoicum eine Anzahl von stratigraphischen Angaben und palaeontologischen Namen, die von den Fortschritten der letzten 30 Jahre überholt sind.

Durch die folgenden Zusätze (zum Überkleben) und die wenig zahlreichen neuen Tafelerklärungen soll die notwendige Übereinstimmung zwischen dem Text von Bd. 2 der Lethaea palaeozoica und dem F. ROEMER'schen Atlas hergestellt werden; doch sind nur die wichtigeren Änderungen der Gattungsnamen in Betracht gezogen.[1]

Der Verfasser ist insbesondere Herrn Professor STERZEL-Chemnitz für wertvolle Mittheilungen über die Revision der Pflanzennamen zu aufrichtigem Danke verpflichtet.

---

[1] U. a. sind bekannte Synonyme, wie Calamopora = Favosites ebensowenig erwähnt wie die an sich revisionsbedürftigen neueren Gattungsnamen (z. B. die der Stropheomeniden). Die Ersetzung einiger technisch wenig gelungener Zeichnungen (z. B. auf Taf. 7 und 8 wird demnächst erfolgen).

Zu p. 10 (und 8).   Das Praecambrium in Finnland.

Die mannigfachste Gliederung und die bedeutendste Entwickelung von Eruptivgesteinen zeigt in Europa das finnische Praecambrium (oben p. 6). Die Vier-
theilung der ganzen Schichtenfolge sowie der Gegensatz von schwächer und stärker
gefalteten Formationen erinnert an die Vorkommen des Lake superior (p. 8)
und des Colorado Cañon (p. 9). Eine eingehendere Vergleichung kommt selbstverständlich nicht in Frage; hingegen sei als bedeutsam die in sehr zahlreichen
Gebieten in Ost- und West-Amerika, der Bretagne, Schweden und Finnland beobachtete Erscheinung hervorgehoben, dass nur die älteste oder die beiden ältesten Formationen des Praecambrium die Spuren starker Faltung aufweisen.
Die jüngeren zwei oder drei Formationen zeigen hingegen nur schwache Faltung.
Nicht das ganze — wie zuweilen angenommen wird — sondern nur das ältere
Praecambrium ist die Zeit allgemein verbreiteter Gebirgsfaltung
unseres Planeten.

Das Praecambrium des südöstlichen Finnland gliedert sich nach neuerer Zusammenstellung von WILHELM RAMSAY[1] und den älteren Arbeiten von HELMERSEN,
SEDERHOLM, HACKMANN, FROSTERUS, LOEWINSON-LESSING u. a.:

Das Praecambrium im südöstlichen Finnland.

Hangendes: Cambrium   oder   Silur.

Namen:	Sedimentgesteine:	Effusiv- u. Tiefen-Gestein:
4. Jotnische Abtheilung	Schiefer	Diabas
	Sandst. (Ladoga-Sandst.)	(Valamo-Diabas)
Discordanz		
3. Onegische Abtheilung	Schwarzer Thonschiefer mit	Tuffs, Breccien,
	Einlagerungen von Dolomit	Augitporphyrit
	und Anthrazitschiefer,	Uralit-Diabas
	Sandstein.	Vorielit
Discordanz		
2. Jatulische Abtheilung	Dolomit und Kalk,	Uralit-Diabas und
(- oberer Karelischer	Mergelschiefer,	Mandelstein
Quarzit p. 6)	Quarzit,	
	Conglomerat,	
Discordanz		
1. Kalevische Abtheilung	Dolomit,	Diabasschiefer
(früher: unterer Kareli-	Talk, Chlorit- und Thon-	
scher Quarzit)	Schiefer, Phyllit,	
	Quarzit,	
	Conglomerat,	
Discordanz		

Links (vertical): Stark gefaltet und metamorphosirt

Liegendes: Archaeischer Thonschiefer   Granit
             Quarzit,
             Hornblendeschiefer,
             Glimmerschiefer,
             Gneis,
             Katarchaeischer Granitgneis.

[1] Praekambriske Formationsnavne i. S. Ö. Fennoskandia. Geolog. för. förh. 1902, p. 89.

Eine Zusammenstellung der wichtigsten von G. F. MATTHEW im Cambrium von Neu-Braunschweig beobachteten Faunen veranschaulicht die Mannigfaltigkeit der geographischen und faciellen Entwickelung. Das Untercambrium (Basal-Cambrium) wird in der Nomenclatur des genannten Forschers 1) auf dem „Culdbrookian" (Basis) 2) dem unteren und 3) dem oberen Etcheminian gebildet, während die abyssischen *Protolenus*-Schichten (p. 683) schon dem Mittelcambrium zugerechnet werden.

Auf der folgenden Tafel A werden Arten aus dem Untercambrium von Neu-Braunschweig, auf der Tafel B mittelcambrische Arten aus Nordamerika dargestellt; G. F. MATTHEW selbst glaubt allerdings die Faunen des Mt. Stephens in British Columbia schon für obercambrisch halten zu sollen. Jedenfalls zeigt diese „*Dorypyge*-Fauna" die nächsten Beziehungen zu Ostasien (China) und einige Ähnlichkeit mit dem Andrarumkalk, wie das Vorkommen von *Dolichometopus* und nahe verwandten Gruppen *(Oxygiopsis)* oder Gattungen *(Neolenus, Dorypyge, Bathyuriscus)* beweist.

Texttafel A.

Protolenus-Fauna, Unteres Mittelcambrium. Neu-Braunschweig.
Nach G. F. Matthew.

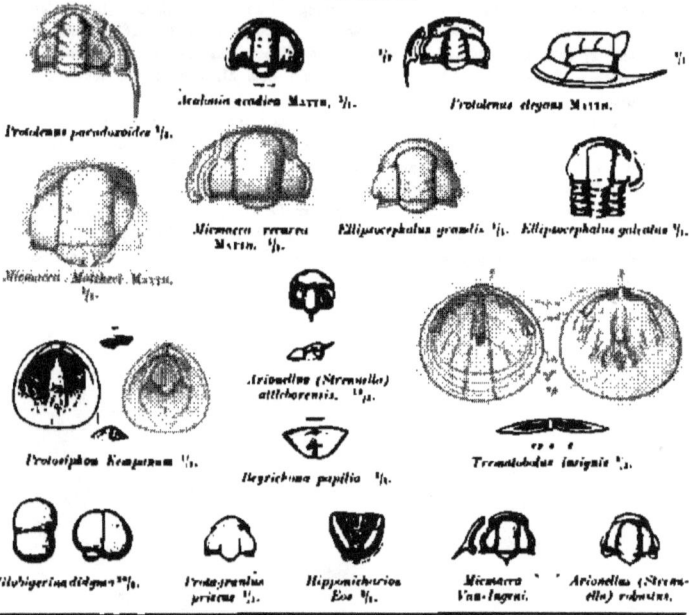

Acalmia acadica Matth. 3/1.

Protolenus elegans Matth.

Protolenus pseudoxoides 3/1.

Micmacca recursa Matth. 3/1.

Ellipsocephalus grandis 3/1.

Ellipsocephalus galeatus 3/1.

Micmacca Matthewi Matth. 3/1.

Arionellus (Stremuella) attleborensis. 10/1.

Protosiphon Kempanum 5/1.

Beyrichona papilio 5/1.

Tremalobulus insignis 3/1.

Globigerina didyma 20/1.

Protogranulus priscus 5/1.

Hipponicharion Eos 5/1.

Micmacca Van-Ingeni.

Arionellus (Stremuella) robustus.

Etcheminian-Fauna, Untercambrium. Neu-Braunschweig.

Hilingsella plana Matth. non Pander. 5/1.

Lingulella Selwyni G. F. Matth. 4/1.

Acrothyra signata orta Matth. 6/1.

Acrotreta papillata prima Matth. 6/1. Coldbrook.

Acrothyra signata sera Matth. 6/1.

Acrothyra prona, mut. prima C. Breton. 6/1.

Hebusaphes centropyga G. F. Matth. 6/1.

Acrotreta papillata lata Matth. 6/1.

Texttafel B.

Mittelcambrische Trilobiten aus Britisch-Nordamerika (Mt. Stephen).

Ptychoparia cordillerae
Rom. ⁵/₁ Gr.
b Pygidium ⁵/₁.

Bathyuriscus peyer
G. F. Matth. ⁵/₁.

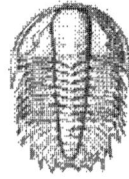

Neolenus granulatus
G. F. Matth. ³/₁ Gr.

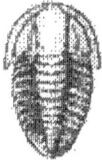

Dolichometopus occidentalis Matth. ⁶/₇.

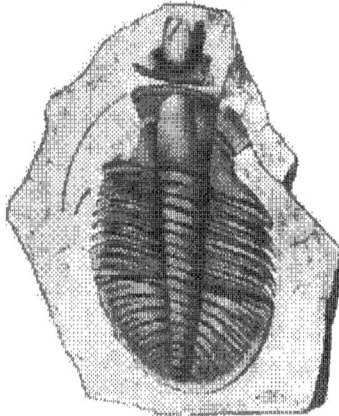

Dorypyge Dawsoni
G. F. Matth. ³/₁ Gr.

Dolichometopus Klotzi Rom. sp. (*Ogygiopsis* Walc.) mit
Hypostom (oben). Mt. Stephen, Brit. Columbia. ¹/₁.
Orig.-Zeichn. nach einem Stücke der Coll. Faur n.

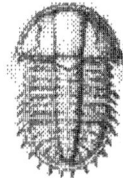

Dolichometopus succicus.
Ob. Mittel-Cambr Audrarum.
Schweden. det. Linnarson.
Mus. Breslau. (Z. Vergleich.)

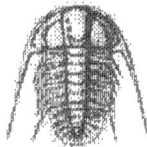

Oryctocephalus Walkeri
G. F. Matth. 2 : 1.

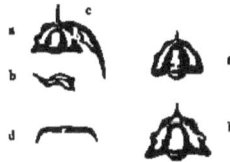

Acanthalenus splaiger. Ob. Mittel-Cambr.
(Division 2). Long Island, Kings Cy., Neu-
Braunschweig. a b ¹/₁, c d ²/₁. g Zweites
Embryonalstadium (1,5 mm) in ⁹/₁. h Drit-
tes Embryonalstadium (2 mm) in ⁹/₁.

E. v. TOLL, Beiträge zur Kenntnis des sibirischen Cambriums.[1]
Das Vorkommen cambrischer Schichten in Sibirien war bisher nur durch
die von FR. SCHMIDT 1886 bekannt gegebenen Trilobiten festgestellt. Weitere Funde
haben nun aber eine ausgedehnte Verbreitung dieser Formation im östlichen Sibirien
ergeben. Die verschiedenen Vorkommen werden vom Verfasser in der folgenden
Tabelle zusammengestellt.

Hangendes	Rothe Sandsteine an der Katscha, Nebenfluss des Jenissei, und an der Lena, oberhalb Olekminsk.	
Mittleres Cambrium (Paradoxiden-Zone)	Schichten mit *Liostracus Mysidelli* und *Anomocare Poulowskii* vom Wilui und Kalkthonschiefer und Kieselschiefer vom Olenek mit *Agnostus Czekanowskii.*	
Unteres Cambrium Zone des *Olenellus Kjerulfi*	Flachseefacies: Archaeocyathinen-Kalk von Torgoschino mit *Dorypyge Slatkowskii.*	Tiefsee-Facies: Mergel und Kalke von Sainskaja an der Lena mit *Microdiscus lonaicus*, *Kochi*, *Ptychoparia Czekanowskii*, *Agnostus Schmidti*, *Olenellus sp.*, *Hyolithus* u. *Kutorgina cingulata.*
Zone der Fucoiden	Sandsteine und Thonschiefer der Bassicha.	
Liegendes	Granit an der Bassicha.	

In den Olenek-Schichten fanden sich *Bathyuriscus Howelli* WALC. und
Agnostus Czekanowskii SCHMIDT.

Aus den Wilui-Schichten ist ausser den schon von SCHMIDT beschriebenen zwei
Trilobiten nichts weiter bekannt geworden. Die Torgoschino-Schichten haben
ausser *Dorypyge (? Prorus) Slatowskii* SCHMIDT sp. und *Solenopleura (? Cyphaspis) sibi-
rica* SCHMIDT sp. eine reiche und gut erhaltene Archaeocyathinen-Fauna geliefert,
nämlich: *Archaeocyathus acutus*, *atlanicus*, *pululus* BORN., sowie drei neue Arten:
A. Proskurjakowi, *sibiricus* und *Ijizkii*, ferner *Coscinocyathus corbicula* BORN.
und 7 andern, fast durchweg in Sardinien vorkommende Arten.

Andrerseits hält G. G. v. PETZ den cambrischen Charakter der Trilobiten
nicht für erwiesen, da besonders die „*Solenopleura*" (bezw. *Cyphaspis* SCHMIDT) einer
unterdevonischen Form gleiche. Auch die von demselben Forscher am östlichen
Abhang des Salair (Altai) nachgewiesenen krasnojarskischen Archaeocyathinen
sollen nicht unbedingt für Cambrium bezeichnend sein (Naturforschergesellschaft von

Moskau, Sect. Geolog. 20. Jan. 1901). Jedoch beanspruchen die Archaeocyathinen
nach der Gesammtentwickelung der Korallenfauna eine erhebliche Bedeutung:
Zwischen den untercambrischen Archaeocyathinen von Sardinien und Amerika sowie der überall verbreiteten Korallenfauna des oberen Untersilur klafft eine Lücke
in der Geschichte der kalkabsondernden Anthozoen, welche etwa dem jüngeren Cambrium und dem Orthocerenkalke entspricht. Bis zu dem Orthocerenkalke aufwärts
könnte man Archaeocyathinen in grösserer Menge erwarten; weiter aufwärts, in der
mannigfach entwickelten Korallenfauna des Cincinnati-Kalkes und der Jyckholmer
Schicht fehlen die cambrischen Typen gänzlich.

Da *Microdiscus*-Arten, die Charakter-Formen des Lena-Beckens, in Nordamerika, die Gattung *Dorypyge* in China, Korea und Nordamerika auftritt, ander-
seits die *Archaeocyathus*-Fauna der sardinischen am meisten gleicht, so nimmt
E. v. Toll an, dass „das sinisch-sibirische Meer mit dem pacifisch-amerikanischen
einerseits und dem atlantisch-europäischen andererseits in Verbindung gestanden hat".

Über die Faciesentwickelung des schwedischen
Silur hat neuerdings besonders C. WIMAN wichtige Untersuchungen[1] veröffentlicht. Untersilurische Erosions-
klippen mit einem örtlich in Orthoceren- oder Chasmops-
kalk übergehenden Brandungsconglomerat (grobkörnige, sedi-
mentirte Breccie — Loftarstein der Volksprache) werden
aus Jemtland beschrieben. Das Urgebirge der Gegend
des Locknes-Sees in Jemtland bildete im Meere des Ortho-
cerenkalkes eine Anzahl von kleinen Klippen oder Inseln,
deren Entstehung mit den ersten Faltungen der skandinavischen Gebirge in Zusammenhang gebracht wird. In
der Umgebung dieser Klippen beobachtet man einen Übergang aus dem verwitterten Urgebirgsgranit zu einer sedi-
mentirten aber aus scharfeckigen Granitstücken bestehenden
Breccie mit kalkigem Bindemittel. Dieselbe geht wieder in
einen an Geröllen reichen Thonschiefer oder Kalksandstein
(„Loftarstein") über, aus dem sich durch Zunahme des Kalk-
gehaltes der typische, hie und da noch Gerölle führende
Orthocerenkalk entwickelt. Eine bemerkenswerthe Ähnlichkeit mit den scharfeckigen Gneisconglomeraten und den in
Grauwacke übergehenden Geröllschichten des deutschen Untercarbon ist unverkennbar, noch grösser die Übereinstimmung
mit den ebenfalls durch Faltung des Meeresgrundes gebildeten
Brandungsklippen der Karpathen und ihrem in die Hüll-
schiefer übergehenden Conglomeratmantel.

Auch die Conglomerate mit *Stroph. Jentschi* GAGEL
sind dem öländischen unteren Asaphuskalke gleichalt und
führen wie die Conglomerate von Quebec zahlreiche und
mannigfache Geschiebe von obercambrischen Gesteinen verschiedenen Alters (älteste bis jüngste Olenenzone: *Peltura
scarabaeoides, Sphaerophtalmus alatus, Agnostus pisiformis*).
Die Conglomerate treten ähnlich wie die jemtländischen Vorkommen an der Basis der mittelbaltischen Silurformation
auf, die eine beträchtliche Lücke der Schichtenfolge enthält
und lagern auf cambrischen Schichten verschiedenen Alters.[2]

[1] Eine untersilurische Litoralfacies bei Locknsjon in Jemtland.
Bull. Geol. Institut of Upsala. N. S. Vol. IV. Pt. 3. 1899.
[2] J. C. ANDERSSON, Über cambrische und silurische phosphoritführende
Gesteine. Bull. Geol. Inst. Univ. of Upsala II, 4. 1896.

Die im nebenstehenden Text nur kurz als Korallenriffe gekennzeichneten, mit geschichteten Kalken wechsellagernden Bildungen werden von C. WIMAN genauer in Wort und Bild beschrieben.[1] An der Nordwestküste Gotlands beobachtet

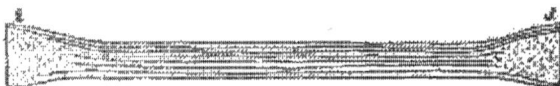

Die den Korallenriffen entsprechenden Steilabstürze (Klintar) 2 und 3 SW. von Lickershamn und die sie verbindenden Schichten.

Schematisches Bild der linsenförmigen Anschwellungen der obersilurischen Korallenriffe.

Klint bei Predikstollen nördlich von Wisby.
Das linsenförmige, ungeschichtete Korallenriff (Klint, links durch abgebrochene Blöcke kenntlich), hebt sich von den einschliessenden Schichten scharf ab. N. C. WIMAN.

man linsenförmig begrenzte Massen von ungeschichtetem Kalk, die an dem geschichteten vielfach mergeligen Kalke scharf absetzen. Die ungeschichteten Massen bilden an der Küste Steilabstürze (Klintar), während die Schichtkalke in flacherer Böschung verwittern. Die nach dem schwedischen Original hier wiedergegebenen Photographien lassen diesen Gegensatz klar hervortreten.

[1] Ober silurische Korallenriffe in Gotland. Bull. Geol. Inst. of Upsala. N. 6. Vol. III, Pl. B. 1897. (Gleichzeitig mit der 1. Lief. des vorl. Bandes erschienen.)

In den schichtungslosen Massen ist die organische Structur der Korallen besser erhalten, als in devonischen, triadischen oder selbst in recenten Riffgesteinen. Man erkennt — wie ich auf Grundlage eigener Beobachtungen in Gotland nur

Der 6. Steilabsturz ("Klint") SW. von Lickershamn.
Gegensatz der augeschichteten, linsenförmig anschwellenden Riffmasse (rechts oben, Klint) und der geschichteten unteren Kalke (links).

bestätigen kann — dass die ästigen, rasenförmigen oder kugeligen Korallenstöcke auf dem alten Meeresgrunde emporwuchsen und dass die Zwischenräume des aus unregelmäsigen Pfeilern bestehenden Gebäudes durch den aus zerriebenen Korallen und korallophilen Organismen gebildeten Kalksand ausgefüllt wurden.

Einen wesentlichen Fortschritt der Kenntnis des Palaeozoicum vermittelt die auf den Beobachtungen von PEACH und HORNE beruhende, in einem prachtvoll ausgestatteten Bande niedergelegte Bearbeitung des schottischen Silur, dessen Schichtenfolge in der Tabelle eingehender wiedergegeben ist. (Vergl. auch N. J. 1900. II, p. 276.[1]) Memoirs of the Geological Survey of the United Kingdom. The Silurian rocks of Britain. Vol. I: Scotland 1899. B. N. PEACH und J. HORNE, (749 p. mit 121 Textabbildungen, 27 Taf. Gesteinsschliffen, Dünnschliffbildern und Abbildungen von Graptholithen, sowie einer geologischen Übersichtskarte der silurischen Bildungen des Gebietes im Massstabe 1 : 633 000.[1])

		Mittlere und südliche Zone	Nördliche Zone und inselförmige Aufschlüsse („Inliers") in Lanarkshire und den Pentland Hills		Ulrven-Gebiet
Oberes Silur	Downtonien		Lesmerkshire, Rothe Sandsteine, quarzitische Conglomerate, grüne und rothe Schieferthone, Fischen, (Thelodus, Lanarkia, Ateleaspis, Birkenia u. Lasmasius z. p. 91 c, d). Eurypteriden, Myriapoden, Phloeus.	Pentland Hills. Quarzconglomerate, Sandsteine, rothe und grüne Schieferthone m. Fischen, Bryozoen u. s. w.	
			Rothe und gelbe Sandsteine, beginnend m. Basalconglomeraten. 2700'.	Rothe Sandsteine mit Basalconglomeraten. 700'.	
	Ludlow	Kirkcudbright Küste und Riccarton: Rasberry Castle-Schichten, Schieferthon mit Kalkknoten, grobe Sandsteine mit Athyris, Atrypa, Orthoceras Etheridgei. 600 bis 750'.	Schieferthone, Sandsteine und Grauwacken mit Platyschisma helicites, Orthoceras, Eurypteriden, Scorpionen, Fischen. 1480'.	Thonschiefer mit Concretionen, Sandstein mit Schiefer mit Platyschisma. 800'.	
Mittleres Obersilur	Wenlock	Riccarton-Schichten, Conglomerate, grobe Sandsteine, Grauwacken, Schiefer und Schieferthone mit Cyrtograptus Murchisoni, Monoclimacis vomerina und Monograptus priodon. 1000 bis 1500'.	Grauwacken und Schiefer. 1800'.	Schieferthone mit Concretionen, grobe Sandst., Conglomerate u. Schiefer m. Brachiopoden, Lamellibr., Eurypteren, Scorpionen, Cyrtogr., Monogr. 2600'.	Bleir- u. Straiten-Schichten. Conglomerate, verschiedene Sandsteine und Schiefer mit Beyrichia Kledeni, Cardiola interrupta u. s. w. 800'.

[1] Die im Referat des N. J. wiedergegebene Tabelle enthält mehrfache Ungenauigkeiten.

	Mittlere und südliche Zone.	Nördliche Zone und inselförmige Aufbrüche ("Inliers") in Lanarkshire und den Pentland Hills	Girvan-Gebiet
Mittlere Obersilur. Tarannon.	Hawick- und Ardwell-Schichten Braune und graue Grauwacken und Schiefer mit *Protovirgularia*. Queensberry-Gruppe. Grobe Sandsteine u. Schiefer m. *Cyrtograptus*, *Monograptus convolutus* und *priodon*, *Retiolites Geinitzianus*. Conglomerate, grobe Sandsteine, Schiefer u. Schieferthone. *Monograptus exiguus*, *turriculatus* etc. 3000—4000'.		Drumyork Flags, Bargany-Gruppe. Schiefer mit *Cyrtogr. Greyi*, *Monogr. priodon* etc. 1100'. Penkill-Gruppe. Grauwacken Schiefer mit *Monogr. exiguus*, *Protovirgularia*, Crossopodien. 1000'.
Untere Obersilur. Llandovery.	Birkhill-Schiefer. obere ca. 46'. 3. Zone d. *Rastrites maximus*. 2. „ „ *Monogr. spinigger*. 1. „ „ *Diplogr.* (*Cephal.) comuta*. untere ca. 63'. 3. „ „ *Monogr. gregarius*. 2. „ „ *Diplogr. vesicularis*. 1. „ „ *Diplogr. acuminatus*.		Camregan-Gruppe. Grobe Sandsteine, Kalksteine und Schiefer mit *Rastrites maximus*, *Pentamerus*. 2000'. Saugh Hill-Gruppe. Schiefer mit *Monogr. spinigger*, *Rastrites*. 500'. Mulloch Hill-Gruppe. Conglomerate, Sandsteine, Schiefer m. *Diplograptus acuminatus* etc. 350'.
Caradoc.	Hartfell-Schiefer. obere ca. 60'. Schieferthone mit dünnen Lagen schwarzen Schiefers, Tuffen und Agglomeraten. 2. Zone d. *Dicellogr. anceps*. 1. „ „ *Dicellogr. complanatus*. untere ca. 40'. Schwarze plattige Graptolithenschiefer. 3. Zone d. *Coenogr. (Pleurogr.)linearis*. 2. „ „ *Dicranogr. Clingani*. 1. „ „ *Climacogr. Wilsoni*.	Lowther Schiefer. Graublaue glimmerige Schiefer mit Kalken und Conglomeraten. Trilobiten, Brachiopoden, Cephalopoden. Felsit. Ergussgest. u. Tuffe. ca. 300'. Schwarze Schiefer mit Graptolithen der unteren Hartfell-Gruppe, örtlich übergehend in Grauwacken u. Schiefer mit Versteinerungen des unteren Caradoc (Brachiopoden, Trilobiten etc.). Örtliche Discordanzen! Zu unterst mächtige Ergussgesteine. 1000'.	Ardmillan Serie. Drummuck-Gruppe. *Dicellogr. anceps*, *Trinucleus seticornis*. 400'. Barren Flagstone-Gruppe. *Diplograptus* etc. 300'. Whitehouse-Gruppe. *Dicellogr. complanatus*, *Coenogr. (Pleurograptus) linearis*. Trilob. 800'. Ardwell-Gruppe. Plattige Schiefer mit *Climacogr.*, *Dicranogr.* 1200'. Balclatchie-Gruppe. Schieferthone, grobe Sandsteine, Congl. *Climacogr.*, *Climacogr.*, *Cybele*, *Eudorolus*, *Mariorus*, *Poromionites* etc 100'.

Mittlere und südliche Zone	Nördliche Zone und linsenförmige Anforblume („Inliers") in Lanarkshire und den Pentland Hills	Girvan-Gebiet	
		Gebiet südl. vom Stinchar-Thale.	Gebiet nördl. vom Stinchar-Thale.
Glenkiln-Schiefer.			
4. Schwarze Schiefer mit Dicranograptus ziczac, Climacogr., Lasiograptus. B'.	Schwarze Schiefer mit kieseligen Lagen. Didymogr., superstes, Cornogr., Dicranograptus ziczac. Dicellogr. 8—12'.	4. Grobe Conglomerate. ca. 800'.	4. Bonen-Conglomerat, ca. 800'.
3. Orangefarb. Schieferthon, radiolarienhalt. Kieselschiefer, feine Eruptivtuffe. 4'.	Schwarze Schiefer, u. N. u. W. übergehend Grauwacken, grobe Sandsteine und Schiefer. 900—1200'.	3. Fossilfreie Schieferthone u. grobe Randsteine ca. 800'.	3. Graptol. Schieferthon. Didymogr. superstes. 30'.
2. Glenkiln-Schiefer. Schwarze, kieselige Schiefer mit Cornogr. gracilis, Didymogr. superstes. 8—12'.	Eruptivgesteine.	2. Fossilführend. Schieferthon m. Didymogr. superstes, Cornograptus etc. 6'.	2. Stincharkalk. 60'. Murhuros, Ophiilte.
1. Radiolarienführende Kieselschiefer, Schieferthon u. Eruptivtuffe.	Radiolarienführende Kieselschiefer und Schieferthone.	1. Schieferthon u. radiolar. führ. Kieselschiefer u. unt. concordantverbunden m. dem Arenig!	1. Kirkland-Sch., Sandst. u. Conglom. mit Orthis confinis. 240', Örtliche Discordanz.
Radiolarienführende Kieselgesteine und Schieferthon mit Eruptivtuffen. 150—200'.	3. Radiolarienführ. Kieselschiefer, 70'. 2. Schieferthone mit dünnen schwarzen Schieferlagen. Obolella, Lingulella, Tetragraptus, Corynocaris. 1. Eruptivtuffe, Agglomerate, lavaartige Ergus- und Intrusivgesteine. ca. 500'.	Radial.führ. Kieselschiefer, Schieferthone u. Eruptivtuffe. ca. 70'. Schwarze Schiefer von Bananse (Tetragraptus bryonoides) wechsellagernd mit eruptiven Agglomeraten. 8—4'. Lavaartige Ergussgesteine und Tuffe mit Einlagerungen von Schiefern mit Graptolithen des mittleren Arenig.	

Das Liegende ist nicht aufgeschlossen.

Die Hauptfaltung des schottischen Silur trat am Ende dieser Periode ein, ohne dass jedoch die grossen Überschiebungen der Nordwestküste auch die Mitte und das Ende des Landes erreicht hätten (vergl. p. 227 u. 432). Auch die Intrusion des Granits erfolgte noch vor Ablagerung des Old-Red.

Von R. H. Traquair, (Report on the fossil fishes collected by the geological Survey of Scotland in the silurian rocks of the South of Scotland, Trans. Roy. Soc. Edinburgh, 1899, 89, 827 bis 864, Taf. 1—6) werden die folgenden neuen Ordnungen und Familien der ältesten Fische unterschieden:

Ord. **Heterostraci.**
Fam. **Coelolepidae.**
Thelodus Scoticus, Downtonian und Ludlow, *planus*, Ludlow.
Lanarkia horrida, spinosa, spinulosa, alle aus dem Downtonian.

Ord. **Osteostraci.**
Fam. **Ateleaspidae.**
Ateleaspis tessellata, Downtonian.

Ord. **Anaspida.**
Fam. **Birkeniidae.**
Birkenia elegans, Ludlow and Downtonian.
Lasanius problematicus, Downtonian.

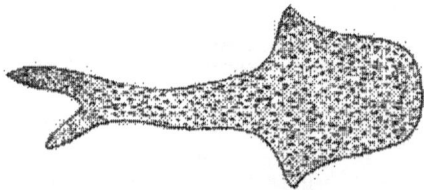

Lanarkia spinosa, ca. ⁶/₁. Restauration. Schwanz zur Seite geklappt, etwas verkleinert. Wie die folgenden Abbildungen nach R. H. Traquair.

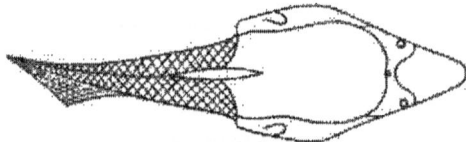

Pteraspis rostrata, Restauration; der Schwanz ist hier beigefügt, des Vergleiches halber; etwas verkleinert.

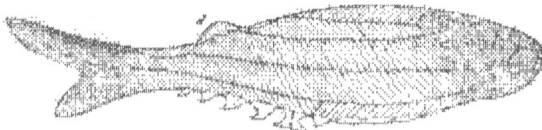

Birkenia elegans, ca. ³/₁. Restauration, d Rückenflosse, etwas vergrössert.

Auch im nordwestlichen Frankreich sind neuerdings Fortschritte in der Einzelgliederung des Silur erreicht worden.

Das Silur der Bretagne gliedert KERFORNE (Él. de la région silurique occidentale de la presqu'île de Crozon. Rennes 1901, p. 15 und 144):

Oberes Obersilur = Ludlow.	9. Zone mit *Posidonomya cuyyra, Lingula* cf. *Lewisi, Goniophora reluctans.* 8. Zone mit *Monograptus claculus* und zahlreichen Cardiolen. 7. Zone mit *Pristiugraptus uncinatus* TULLB. (= *Salvegi* HOPK.), *Bolboxoe anomala, Bolbozoe bohemica.* 6. Zone mit *Pristiograptus colonus, Linograptus Nilssoni, Hyolithus simplex.*
Mittleres Obersilur Wenlock.	5. Zone mit *Cyrtograptus* cf. *rigidus, Monograptus priodon, Pristiograptus dubius.* 4. Zone mit *Monograptus riccartonensis, Pristiograptus dubius,* (z. B. bei Andouillé). 3. Zone mit *Monograptus Jackeli?, Retiolites Geinitzi* (z. B. bei Andouillé, Feugeurolles).
Unteres Obersilur Tarannou	2. Zone mit *Monograptus Becki* (?*exiguus*), *Mon. densus, Diplograptus palmeus.*
Unteres Obersilur Llandovery	1. Zone mit *Monograptus Becki* BARR. (= *lobifer* M'COY), *Rastrites peregrinus, Climacograptus scalaris.*

Unter-Silur:

Oberes Untersilur.	Tuffe und Kalksteine von Rosan mit *Orthis Actionae* SOW. Sandstein von Kermena. Thonschiefer von Raguenez m. *Trinucleus Seunesi* BAY.
Mittleres Untersilur.	Thonschiefer von Kerarmor m. *Trinucleus Bureaui* OEHL. Thonschiefer von Morgat m. *Placoparia Tourneminei* SOW. Sandstein von Kerarvail. Thonschiefer von Courijon m. *Orthis Ribeiroi* TU. Thonschiefer von Kerloch m. *Didymograptus.*
Unteres Untersilur.	Armoricanischer Sandstein mit *Lingula Lesueuri* SOW.

Das belgische Silur, dessen Untersuchung von C. MALAISE unermüdlich fortgeführt wird, zeigt mediterranen Charakter und stimmt in der Faciesentwicke-lung seiner höheren Horizonte (Obersilur — mittleres Untersilur) mit dem benach-barten Frankreich überein; nur die an der Basis des Silur auftretenden Arenig-Schiefer mit den bezeichnenden Formen *Tetragraptus bryonoides* HALL, *Dichograptus octobrachiatus* HALL, *Phyllograptus angustifolius* HALL und *typus* HALL erinnern an das Arenig des gegenüberliegenden England. In Frankreich ist der entsprechende Horizont durch den armorikanischen Sandstein vertreten.

C. MALAISE faßt die genannten Aequivalente des Arenig mit einer jüngeren Zone zusammen, welche die Leitform des Llandeilo, *Didymograptus Murchisoni* Beck neben *Diplograptus foliaceus* MURCH. enthält. Da die genannten Arten meist überall getrennt liegen, habe ich auch in der nach-stehenden Übersicht den Llandeilo-Schiefer mit seiner Leitform von dem am gleichen Orte (Huy und Fart-Bernard) vorkommenden Arenig-Schichten getrennt. Die im Hangenden des Llandeilo fol-genden Quarzite sind wohl Aequivalente des nordfranzösischen Grès de May.

Nach den neueren Arbeiten[1] von C. MALAISE erhalten wir also die neben-stehende Tabelle:

Während in der Mitte Belgiens die nordfranzösische (bretonisch-normanische) Facies des Silur beobachtet wird, greift nach BARROIS[2] im Departement des Pas de Calais der mittelenglische Wenlock-Kalk und Kalkschiefer (m. *Calymene Blumen-bachi, Phac. (Acaste) Downingiae, Dalmanella elegantula* und *Dayia navicula*) auf den Continent hinüber. Diese Vorkommen von Liévin, Crusseilles, Méricourt und Lens bilden eine Zone, die von Süden her über das Kohlenfeld des Pas de Calais hin-übergeschoben ist und die streichende Fortsetzung der belgischen Crète du Condroz darstellt. Bei Méricourt scheint eine kalkige Facies des tiefsten Devon (Gedinnien mit *Spirifer Mercuri* Goss.) das Hangende des Obersilur zu bilden.

---

[1] Insbesondere C. MALAISE, État actuel de nos connaissances sur le Silurien de la Belgique. Ann. soc. géologique de Belgique, 4. T. XXV bis. Lüttich. 1900. Vergl. außerdem C. MALAISE, sur les Graptolites de Belgique. Bull. acad. royale de Belgique [3] XX. N. 11 p. 140 ff. 1890 und sur la constitution de la bande silurienne entre Sambre et Meuse. Ibid. [3] T. XXXIII, N. 6 (1897).

[2] Ch. BARROIS, la faune silurienne de Wenlock à Liévin (Pas de Calais). Ann. soc. géol. du Nord XXVII (1898) p. 178. Ibid. p. 212.

Das Silur und die liegenden cambrischen Schichten in Belgien.

Wesentlich nach C. MALAISE.

	Brabant (und Ardennen)	Zwischen Sambre und Maas
Obersilur Oberes — Ludlow.	Graue Schiefer und feinkörnige Sandsteine mit *Pristiogr. colonus* (Monstreux).	Schiefer und Sandsteine mit *Pristigr. colonus* (Thimenzart).
Mittleres — Wenlock.	Schiefer (stparenweise kalkführend) mit *Monoclimacis romerina*, Corroy le Château. Schiefer, Quarzit und Sandstein m. *Cyrtograpt. Murchisoni, Retiolites Geinitei* und *Pristiographus Bohemicus*.	Schiefer und feinkörniger Sandstein von Novine mit *Mon. romerina*, Schiefer, Kalkschiefer und Kalk mit *Cardiola interrupta* bei Cocriamont,
Unteres — Birkhill.	Schwärzlicher Schiefer und Quarzit m. *Climacograptus scalaris.* Alte Rhyolithe.	Graptolithenschiefer und alte Rhyolithe.
Untersilur Oberes — Caradoc.	Quarzreicher Schiefer u. Phyllit, pyritführend (Grand Manil) m. *Calymene* incerta, *Trinucleus articornis, Orthis Actoniae, O. calligramma, O. respertilio*.	Quarzreicher Schiefer (Fosse) m. *Arkombänken, eisenschüssigen Lagen* und Knollen mit *Cal. incerta, Trinucleus articornis, Platystr. lynx, Homalonotus Omaliusi* Mal.
— Grès de May	? Quarzphyllit von Villers la Reine mit „Paroiden".	Quarzite und Schiefer von Fond d'Oxhe mit *Dalmanella budleighensis, Trin. articornis, Homal. Omaliusi, H. all. bicuspita, Trin. all. concentrica.*
Mittleres — Llandeilo.	? Phyllit, schwarze Schiefer u. Kieselschiefer von Mousty.	Obere schwarze Schiefer von Huy und Sart-Bernart m. *Didymograpt. Murchisoni.*
Unteres — Arenig		Untere Schiefer von Huy und Sart-Bernart m. *Phyllograptus typus* u. *angustifolius, Dichograptus octobrachiatus, Tetragraptus bryonoides, Climacograptus Scharenbergi.*

Obercambrium nur in den Ardennen, besteht aus:
　　Oldroith führenden Phylliten (mit Mangan- und Eisentein)　„oberes Balmien",
　　Schiefer und Phyllit mit *Dictyonema flabelliforme*　„unteres Balmien".

Cambrium (? Praecambrium).	Fehlt in Brabant.	Graue und bunte Schiefer von Oignercq („Revinien"). Bläuliche und grünliche Phyllite von Tubize (Quarzite u. Quarzphyllite m. Arkosen von Mognelit) m. Rummelspronet („Oldhamia"), oberes Devillien". Grünliche und blaugraue Quarzite von Blanmont („unteres Devillien").

Eine mehr ins Einzelne gehende Gliederung des ostbaltischen tiefsten Silur, sowie eine Vergleichung desselben mit Skandinavien hat Wl. Lamansky veröffentlicht (Centralblatt f. Mineralogie etc. 1901 p. 617). Die verschiedenen von dem Verfasser als Transgressionsstücken gedeuteten Unterbrechungen der Schichtenfolge sind wohl einfacher durch zeitliche Sedimentbildung zu erklären.

Nach dem Vorbild der skandinavischen Geologie hat man jetzt auch in Grossbritannien die silurischen Horizonte in ausserordentlich subtiler Weise gegliedert. Wie die nachfolgende Übersicht[1] des unteren Obersilur des Rhayader Districts zeigt, sind in der Reihenfolge der Graptolithen-Schichten, abgesehen von der ungleichen Faciesentwickelung keine wichtigeren Unterschiede zwischen den verschiedenen Gebieten wahrnehmbar; die zahlreichen localen Schichtenbezeichnungen (vergl. auch den obigen Nachtrag zu p. 91) können daher auch nur für die Bedürfnisse der engsten Localgeologie in Betracht kommen und auch hierfür ist die Zahl derselben zu gross.

Tieferes Obersilur bei Rhayader im centralen Wales nach HENRY LAPWORTH.

Rhayader District.			Süd-Schottland.	Wales.		Schweden.
	Rhayader Pale shales.		Gala Group.	Tarannon shales.		Retiolites-Schiefer.
			Zone des *Hadrites maximus.*			Zone des *Monograptus runcinatus.*
Caban Group	Gaffalt Beds. Gaffalt shales. *Monograptus Sedgwickii* Grits. Caban Conglomerate. Upper Conglomerate. Intermediate shales. Lower Conglomerate. H. B. LAPWORTH: Transgression a, vorhergeh. Trockenlegung.	**Upper Birkhill**	Zone des *Monograptus spinigor.*	May Hill oder Upper Llandovery incl. Aberystryth Grits und einem Theile der Metalliferous Slate-Group.		Zone des *M. Sedgwickii.*
			Zone des *Diplograptus comsta.*			Zone des *Diplograptus comsta.*
Gwastaden Group	Gigrin Mudstones. Pale Grey Mudstones. Zone d. *M. controlutus.* Calcareous-Nodule Beds. Dröl shales. Zone des *M. fimbriatus.* Zone des *P. cyphus.* Zone d. *Lineogr. trunis.* Dyffryn Flags. *Diplograptus-modestus* Flags. Rottcombane Beds. Micaceous Flags and Grits. Corig Gwynion Grits.	**Lower Birkhill**	Zone des *Monograptus gregarius.*	Lower Llandovery.	**Gautlitzen-Schiefer.**	Zone des *D. folium.*
						Zone des *M. triangulatus.* Zone des *Pristiograptus cf. cyphus.*
			Zone des *Dipl. vesiculosus.*			
			Zone des *Dipl. acuminatus.*			Zone des *Dipl. acuminatus.*
	Blue-Black shales.		Upper Hartfell.	Bala.		Trinucleus-Schiefer.

[1] Qu. Journ. Geol. Soc. 1900, p. 67—137. Tab. p. 128. Ob die vom Verf. in der Mitte des Unteren Obersilur angenommene Transgression nicht einem Facieswechsel entspricht, steht dahin. Paläontologisch fehlt nur eine Zone und diese wird durch Conglomerate vertreten.

Das Obersilur des Kellerwaldes

konnte nach den während des Druckes dem Verfasser zugegangenen Mittheilungen nur kurz erwähnt werden. Nach den neueren Aufnahmen[1] zeigt dasselbe eine recht mannigfache petrographische Entwickelung und eine theilweise Übereinstimmung mit fossilleeren Plattenschiefern, Quarziten und Kieselschiefern an der Lahn und Dill,[2] die daraufhin ebenfalls als silurisch angesprochen werden.

Bemerkenswerther ist die Übereinstimmung der Kellerwaldgesteine mit den Quarziten und Plattenschiefern am Bruchberg im Harz,[3] umsomehr als auch im Kellerwald das Hangende der Quarzite sowie der darunter folgenden Schiefer und Grauwacken durch Graptolithenschiefer und kalkiges Unterdevon mit *Spirifer Hercyniae* gebildet wird.

Die letzte, mir durch E. DENCKMANN's freundliches Entgegenkommen zugänglich gemachte Gliederung enthält die folgenden Schichtengruppen; die petrographisch-analogen Gesteine des Harzes sind in Klammern beigefügt. Die zahlreichen Localnamen, deren einheitliche Anwendung bei anderen Autoren[4] nicht durchgeführt ist, sind in der nebenstehenden Tabelle aufgeführt.

Abgesehen von der durch A. DENCKMANN hervorgehobenen Ähnlichkeit mit Nordfrankreich und Böhmen ist die Übereinstimmung mit der Entwickelung des höheren Obersilur in Schonen (Cardiolaschiefer IX, p. 114) zu bemerken.

Die bemerkenswertheste Eigentümlichkeit der obersilurischen Fauna des Kellerwaldes ist das Auftreten typischer Ammoneen in dem Gilsakalk. Die gut erhaltenen Stücke, welche E. DENCKMANN mir zu zeigen die Freundlichkeit hatte, stimmen durchaus mit der Gattung *Aphyllites* überein.

Eine Verbindung des Obersilur des Kellerwaldes und der Bretagne mit den Graptolithenschiefern von Südfrankreich wird möglicherweise durch den vereinzelten Fund eines *Monograptus* im südlichsten Theile der Vogesen angedeutet: Im Walde von Schones fand DIENENER ein Geröll von Kieselschiefer mit dem genannten Leitfossil in den Conglomeraten des Vogesensandsteins (teste LAPPARENT, Traité de géologie. 4. Aufl. 1900, p. 820).

[1] A. DENCKMANN, Silur und Unterdevon im Kellerwalde. Jahrb. d. preuss. geol. L.A. für 1896, p. 144—162. (1897.)

[2] BEYSCHLAG, DENCKMANN, HOLZAPFEL, KAYSER, Bericht über eine Studienreise etc. Jahrb. d. preuss. geol. L.A. für 1896, p. 377. (1897.)

[3] L. DENCKMANN und M. KOCH, über Aufnahmen etc. im Ablagerungsgebiet des Bruchbergquarzits und der Sieber Grauwacke. Jahrb. d. K. preuss. geol. L.A. für 1898, p. XXVII (1899).

[4] Die in sehr hohem Niveau angeführten Schiefer mit *Retiolites* sind nur von E. KAYSER in dem Ref. (N. J. 1899 p. 295) des „Berichtes über eine gemeinschaftliche Studienreise" genannt, in dem „Bericht" selbst aber nicht erwähnt. Rein palaeontologisch betrachtet wäre das Vorkommen von *Retiolites* in einem so hohen Niveau des Obersilur durchaus ungewöhnlich. (Siehe die Tab. VIII p. 112.)

[5] Die Stratigraphie der Einlagerungen in den Urfer Schichten hat sich erst nach der Zusammenstellung der Übersichtskarte herausgestellt. Die Reihenfolge ist auf der Übersichtskarte: δχ. δεζ. δηι. δηχζ.

[6] Die Zugehörigkeit der betreffenden Grauwacken zu diesen Schichten ist erst nach Zusammenstellung der Übersichtskarte erkannt worden.

Übersicht über die Obersilurbildungen des Kellerwaldes von E. Denckmann.

Endgültige Gliederung nach Abschluss der Spezialaufnahme 1899.		Palaeontologischer Charakter der einzelnen Horizonte.	
Steinhorner Schichten (1896 noch nicht gegliedert).	Klüftiger Plattenkalk.	Am Steinhorne an der Basis des Horizontes eine kleine Fauna, welche derjenigen der oberen Steinhorner Schichten entspricht; weiter oben Tentaculiten, *Cyphaspis*, *Harpes*; im Hilgenfeld bei Mosebold *Herrgottin*, *Petrocardium*, *Monograptus*.	Umgebungsklüfter des sel. Harzes.
	Obere Steinhorner Schichten.	In den Kieselgallen besonders kleinäugige *Phacops*-Arten (*Trimerocephalus*); Orthoceraten, Tentaculiten und Tiefsee-Pelecypoden, *Humulites* etc. reiche Fauna; in einer Lage schwarzer Kieselgallen u. A. *Monograptus*.	
	Untere Steinhorner Schichten.	Die Fauna entspricht der der tieferen Bänke des E⁴ der Gegend von Karlstein in Böhmen. Besonders wichtig: Pelecypoden, *Nyphocrinus*, *Monograptus*. In grauwackigen Zwischenlagen unbestimmbare Reste von Landpflanzen.	
	Ulfen-Kalk.	Kleinäugige *Phacops*-Arten, *Dalmanites*, *Tentaculites ornatus*, *Lunulicardium*, echte Goniatiten der Gattung *Aphyllites* (= *Agoniatites*).	
Rachling-Schiefer mit eingelagerten Dachschiefern.		Bisher nur undeutliche thierische Reste (cf. grosse, blattartige Kieselschiefer am Bruchberg SO.).	
System des Kellerwaldquarzits	Grauwackensandstein des Ortberges.	Bisher nur unbestimmbare Reste von Landpflanzen (cf. glimmerreicher Quarzitsandstein des Bruchberges).	
	Wüstegartenquarzit.	In den conglomeratischen, lockerigen Quarzit-Einlagerungen Hohldrücke von Crinoiden-Stielen, Schalen von Pelecypoden (*Nucula*, *Ctenodonta*) mitunter von Brachiopoden und von Trilobiten unbestimmbarer Gattungen; unbestimmbare Reste von Landpflanzen; cf. Brachbergquarzit (Höhen- oder Kammquarzit) und Ilsenburgquarzit.	
	Schlüsselborner Schichten.	Unbestimmbare Reste von Landpflanzen in den Quarzithänken.	
Mosebolder Schiefer. (1896 noch nicht ausgeschieden.)		Verkieste Cephalopoden (Orthoceraten) und Pelecypoden (*Cardiola?*) Tentaculiten (*T. ornatus*); *Lingula*.	
Ulfer Schichten.	Dünnplattige Thonschiefer, Grauwackenschiefer und Grauwacken.	Reste von Landpflanzen, darunter *Khodea*.	
	Graptolithenschiefer, Kieselschiefer, Kieselgallenschiefer, Kalke etc.	In den milden, dünnschiefrigen Thonschiefern nebst Kalkeinlagerungen *Cardiola signata* Hall, *Nyphocrinus*, *Monograptus*. In den Kieselgallen kleinäugige *Phacops*-Arten, *Tentaculites ornatus*. In den zwischengelagerten Grauwacken und Grauwackenschiefern: Reste von Landpflanzen.	
	Densberger Kalk.	In kalkigen Einlagerungen *Monograptus*, in Kieselgallen *Ctenodonta*, eine Cystidee, *Dictina*.	
	Grauwackenschiefer, Kieselschiefer und Kieselschiefer des Königsberges.	In den Kieselgallen kleinäugige *Phacops*-Arten; im Grauwackenschiefer unbestimmbare Reste von Landpflanzen.	
	Plattenschiefer.	In den Grauwackeneinlagerungen Hohldrücke von Crinoidenstielen; Reste von Landpflanzen, darunter *Sphenopteridium*, (cf. Plattenschiefer, Magdesprung, Harz).	
Rundshäuser Grauwacke (früher Unterdevon).		In den nicht sicher hierhergehörigen Thonschiefern und Kieselschiefern des alten Teiches bei Mosebold gerade und gekrümmte *Monograpten*, *Retiolites*; in Kieselgallen *Tentaculiten*.	

Das podolische, reinmarine Obersilur wurde neuerdings von WENJUKOFF[1] eingehender erforscht und enthält nach seinen Untersuchungen über typischem
Brachiopoden- und Korallenkalk des mittleren (I) und höheren Obersilur (II)
einen an die Ostalpen und den Ural erinnernden Übergang in das kalkige Unterdevon (III, s. Tabelle). Die Obersilurfauna stimmt mit der des periarktischen
Oceans überein. Im Unterdevon[2] stellt Podolien den Zusammenhang zwischen
dem Ural einerseits, den Ostalpen und Böhmen andererseits dar. Der schmale
Meeresarm, der auf unserer Karte III die uralischen und westeuropäischen Meere
verbindet, würde demnach für die Zeit des untersten Devon in der Gegend von
Podolien zu erweitern sein.

In Galizien bildete sich gleichzeitig typisches unteres Old Red mit Cephala-
spidiern, Eurypterus und Pterygotus, von denen nur vereinzelte Exemplare (Eurypterus „Fischeri" bei Dumanow in II u. III, Scaphaspis oboratus ALTH bei Restanow
in III), in den oberen Schichten Podoliens angetroffen werden.

Einige der wichtigsten Arten aus den 3 Horizonten sind nach WENJUKOFF
wiedergegeben und die stratigraphischen Hauptgruppen nebst ihren wichtigsten
Versteinerungen und vergleichbaren Horizonten zusammengestellt.

Siehe nachstehende Tabelle.

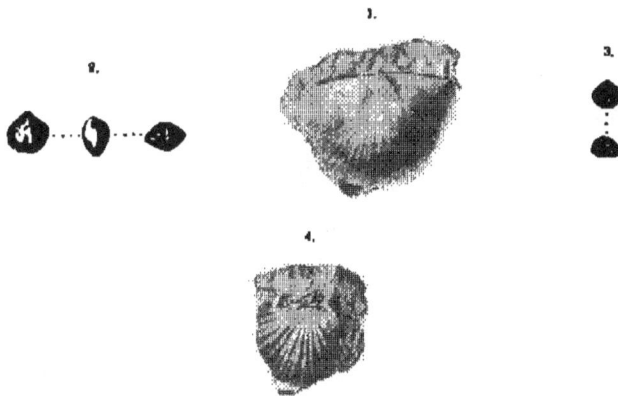

Fig. 1. Strophomena euglypha His. I. u. II. — Fig. 2. Meristina didyma Dalm. I. Kamenet-
Podolsk. — Fig. 3. Atrypa Barrandei Davids I. Studenitza. — Fig. 4. Strophomena antiquata Sow.
Studenitza. I.

[1] Die Fauna der silurischen Ablagerungen des Gouvernements Podolien m. 9 Tafeln. St. Petersburg. 1899 (aus XIX. Bd. d. Materialien z. Geologie Russlands).

[2] Der Zweifel, den ich p. 236 (Anm.) an die Bestimmung der damals nur in einer Liste vorliegenden Brachiopoden Podoliens geäussert habe, erledigt sich nach Einsicht der vortrefflichen Abbildungen.

Versteinerungen aus dem mittleren und oberen Obersilur
von Podolien. N. WENJUKOFF.

I. Untere Brachiopodenschichten. II. Korallenkalk.

Die Arten besitzen fast ausnahmslos allgemeinere Verbreitung; die Zusammenstellung ergänzt daher
die Tafeln 12, 13 und 17.

Fig. 1. *Endophyllum Wenjukoffi* n. nom.[1]   *Cyathophyllum* cf. *vermiculare* Götze. Kamenez
Podolski. II.   a   Langschnitt, b   Querschnitt. — Fig. 2. *Illaenus Bouchardi* Barr. Studenitza. I.
— Fig 3. *Spirifer elevatus* Dalm. Studenitza. I. II. — Fig. 4. *Spirifer Schmidti* Lindstr. Zwaniec. II.
— Fig. 5. *Rhynchonella nucula* Sow. Mukscha. II. — Fig. 6. *Rhynchonella Davidsoni* M'Coy. Stude-
nitza. I. — Fig. 7. *Rhynchonella bidentata* His. Mukscha. II. — Fig 8. *Meristina tumida* Dalm.
Studenitza. I. II. — Fig. 9. *Pentamerus podolicus* Wenjuk. Studenitza. I. — Fig. 10. *Pentamerus
linguifer* Sow. Kitaigorod. I.

———

[1] Die oben wiedergegebene Art ist kein *Cyathophyllum*, sondern wegen der Rückbildung
des peripheren Theiles der Septa zu *Endophyllum* zu rechnen und neu zu benennen.

Das Obersilur und Unterdevon in Podolien und Galizien, im Wesentlichen nach Wiśniokoff.

Nur die Parallelisirung der Grenzschichten in Böhmen und England (wo F ob. Ludlow gemeint wurde) rührt von der Wenzel's ab

	England	Böhmen	Galizien	Podolien
Unterdevon	Unteres Old Red.	F₂ (Konigpriser Kalk).	Schichten von	III. Obere Brachiopoden-kalke v. Bestiacev. Dumanow und obere Kalke von Kamenetz-Podolski.
unteres Old Red.	Unterdevon.	F₁	Juanic.	
	Dormica u. Ob. Ludlow.		Schichten von Corthor.	II. Im obern Theil von II: Bildung der Korallen und Amfricia unter Brachiopoden:
Obere Obersilur.	Aymestrykalk.	E₂	Schichten von Borzacow.	III. Korallen-kalke v. Iwanit. Borze, Kamenet Podolski.
	Unt. Ludlow.			
Mittlere	Wenlock-Kalk.		Schichten von Fialy.	
Obersilur.	Wenlock-Schiefer.	E₁?		I. Untere Brachiopoden-kalke von Studenitza und Kitaj-Gorod ohne Korallen.

Neu Formen von devonischem Habitus:

...

Podolomerus reptilens Venn., Atrypa aspera Scot., Atr. Arimaspus Eicum. (A. comata Rasa'), Rhynch. cuboides Daun., Rh. subpumila Wenn., arcia Beltrophon alf. trulitus Vaut. u. Mur. chiensis Danidoffi Vent.

Reiche Fauna (120 Arten) von bezeichnenden Obersilur-Arten:

...

Auf I beschränkt sind:

...

Brachiopoden des tiefsten Devon von Podolien.

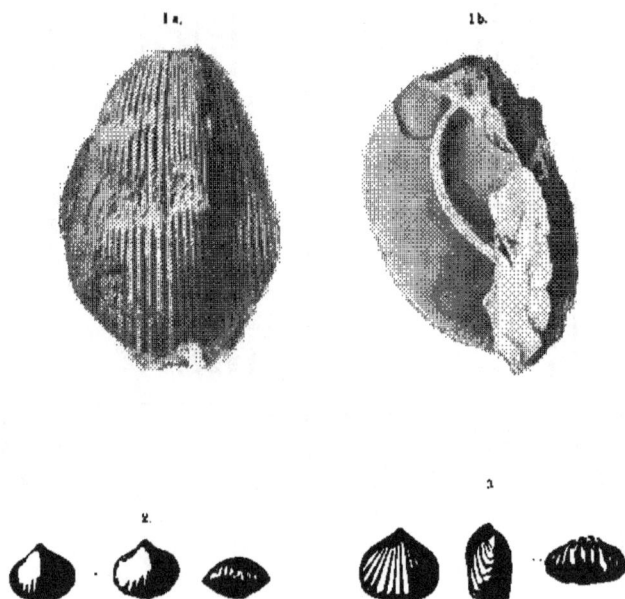

Fig. 1 a, b. *Pentamerus sogulicus* VERN. Kamenez Podolski. II. III. Vergl. Taf. 19 a, Fig. 10. —
Fig. 2. *Pentamerus Nieberi* v. BACH var. *rectifrons* BARR. Dumanow. III. Vergl. Taf. 19 a, Fig. 5. —
Fig. 3. *Rhynchonella nympha* var. *carens* BARR. Kamenez Podolski. III.

1. Die Zone des *Gephyroceras Hoeninghausi* und *Prolecanites lunuli-costa* hat dadurch erhöhte Bedeutung gewonnen, dass A. DENCKMANN und H. LOTZ ihr Vorkommen an der Basis des einige hundert Meter mächtigen Oberderon im Sauerland und im Dillenburgischen wiederholt festgestellt und dass ich selbst das bezeichnende *Gephyroceras* (s. str.) *Hoeninghausi* zusammen mit vicariirenden Prole-caniten (*Prolecanites Kiliani* FRECH erinnert an *Pr. lunulicosta, Pr. latereptatus* FR. an *Pr. tridens*) in dem bisher unbearbeiteten Material vom Pic de Cabrières aufgefunden habe. *Gephyroceras* (s. str.; mit einfachem Antisiphonallobus nicht wie die Gruppe *Manticoceras [G. intumescens]* mit 2 inneren Seitenloben) ist ebenfalls fast ausschliess-lich in der gleichnamigen Zone heimisch, deren Species fast ausnahmslos eigen-tümlich sind. Als bezeichnend für dieselbe erscheinen ferner die drei Gattungen bezw. Untergattungen *Triainoceras, Epitornoceras* (Typ. *E. mithracoides*, zu *Pinacites* hinüberleitend) und *Timanites; T. acutus* ist an der Petschora heimisch und ver-breitet sich vereinzelt bis nach Westen; *T. Hoeninghausi* ARCH. VERN. sp. kenn-zeichnet die Basis des rheinischen Oberderon, *Timanites triphyllus* FRECH (*Beloceras* prius) die in gleicher stratigraphischer Stellung wie die obige Zone befindlichen Brachiopodennergel mit *Rhynch. cuboides* von Büdesheim in der Eifel. Die höchst interessante, von E. HOLZAPFEL in mustergiltiger Weise beschriebene Goniatiten-fauna des Domanikkalkes (Petschora) dürfte, wie der genannte Forscher auch an-deutet, beiden Zonen des tieferen Oberdevon entsprechen. (Tab. XII, p. 176.)

2. Die Kenntnis der Goniatitenfauna in der Zone des *Gephyroceras intumes-cens* BEYR. (Gruppe *Manticornis*) hat besonders durch die Arbeit von J. M. CLARKE über die „Naples fauna" im Staate New-York eine wesentliche Bereicherung er-fahren. Trotz gleichartiger Entwickelung im Allgemeinen — auch das eigentüm-liche *Probeloceras* CLARKE (Untergattung von *Timanites*) kommt bei Büdesheim vor — ist doch die Verschiedenheit fast sämmtlicher Arten bemerkenswerth. Ob allerdings *Gephyroceras Pattersoni* von der häufigsten europäischen Art *Geph. com-planatum* Süss. verschieden ist, dürfte schwer zu entscheiden sein.

3. Die Goniatitenfauna des mittleren Oberdevon (Stufe des *Cheil. euroi-spina*, Nehdener Schichten) bildet ein normales Beispiel der Cephalopodenentwickelung: Neben der an Arten (12 Species) und Individuen (⁹⁰ ¹⁰⁰ aller Goniatiten) reichen Gattung *Cheiloceras* finden sich Ausläufer älterer Formen selten (*Tornoceras* m. 4 Arten) oder ganz vereinzelt (*Gephyroceras* in 1 Exemplar). Als Vorläufer jüngerer Formen erscheinen ebenso selten *Aganides* (· *Brancoceras* prius 1 Exemplar) und *Sporadoceras* (2 Arten in 4 Exemplaren).

4. Die tiefere Zone des Clymonienkalkes, etwa als *Prolobites*-Zone zu bezeichnen, besteht aus DENCKMANN's Zone der *Clymenia annulata* im Hangenden und dem Enkeberger Kalk desselben Forschers im Liegenden.

a) Der tiefste Theil der Clymenienstufe ist ein von DENCKMANN entdecktes und ausgebeutetes Vorkommen verkieselter Kalke am Blüsenberg bei Kallen-hardt (unweit Warstein) und bildet den palaeontologischen Übergang zu den Nehdener Schichten. Wie in diesen ist *Cheiloceras* die bei weitem häufigste Gattung, *Sporadoceras* und *Aganides* sind verhältnissmässig selten und vereinen ebenso wie die noch vereinzelt auftretenden Clymenien auf die oberen Schichten des Oberdevon.

Die Übereinstimmung mit dem „Humboldti-Mergel"-Bank bei Kielce (mit *Aganides sulcatus*, *Oxyclymenia undulata* und *Clymenia Humboldti*) ist bemerkenswerth,

b) Die Enkeberger Schichten DENCKMANN's im engsten Sinne (früher unterer Clymenienkalk desselben Forschers) enthalten am Enkeberg ebenso wie in den grauen Kalken des Kellerwaldes *Cheiloceras* nur noch selten, *Sporadoceras*, *Aganides*, *Clymenia* und *Oxyclymenia* häufig, sowie ferner als neuartige Gruppen *Prolobites* und *Paraclymenia*.

Wesentlich nach den schichtweise geordneten Aufsammlungen DENCKMANN's konnte ich folgende Arten feststellen:

Oxyclymenia striata Mstr. ?
„   undulata Mstr.
Clymenia eriflina Sdbg. (häufig). [1]
„   subflexuosa Mstr. [1]
„   flexuosa Mstr. [1]
„   angustiseptata Mstr. [1]
Paraclymenia Sandbergeri Beyr. (häufig).
Tornoceras planidorsatum Mstr. (häufig).
Aganides sulcatus Mstr.
Prolobites delphinus Sdbg. und var. nov. stern. Taf. 67, Fig.
Sporadoceras Münsteri L. v. Buch und var. nov. brachylobus.
„   contiguum Mstr.
„   subbilobatum Mstr.
„   pseudosphaericum nov. sp. (von mir gesammelt in demselben Gestein, wie die übrigen genannten Fossilien).

c) Aus den höheren Schichten mit *Clymenia annulata* (1–2 m mächtig), die DENCKMANN auch am Kellerwald, am Enkeberg, Behringshäuser Tunnel u. s. w., sowie im Hönnethalgebiet unweit Iserlohn auffand, konnte ich ausser der genannten Art nur *Tornoceras planidorsatum* und *Paraclymenia Sandbergeri* bestimmen.

5. Der obere Theil des Clymenienkalkes, die Zone der Gonioclymenien, umfasst in der vollständigen Entwickelung des Sauerlandes nach DENCKMANN drei Glieder, deren oberstes, der Wocklumer Kalk von Untercarbon überlagert wird.

Die Reihenfolge ist:

oben: f) Wocklumer Kalk, dunkel gefärbt mit dunklen bis grünlichen Thonschiefern und Sandsteinen z. Th.

e) Rothe Cypridinen- und Kalkknotenschiefer mit Sandsteinen.

unten: d) Dasberger Kalk entspricht dem rothen „oberen Clymenienkalk" des Kellerwaldes.

Die ganze obere Gruppe unterscheidet sich von den tieferen Clymenienkalken durch das Auftreten der weitverbreiteten Gonioclymenien, der bezeichnenden

---

[1] In den Schürfen oben am Enkeberg sind z. Th. wohl auch höhere Schichten mit aufgefahren worden, so dass nicht sicher festzustellen ist, ob die hier angeführten Clymenien-Arten sicher aus den Enkeberger Schichten stammen. Anm. der Herren DENCKMANN und LOTZ. Die Genannten haben die Liebenswürdigkeit gehabt, die auf ihre Aufnahmen und Aufsammlungen sich beziehenden Abschnitte des obigen Textes einer eingehenden Durchsicht zu unterziehen und einige Anmerkungen beizufügen.

[1] Es sei auf Grund der Mittheilungen der Herren DENCKMANN und LOTZ besonders betont, dass die Faunen im Ganzen noch wenig ausgebeutet sind, so dass die palaeontologische Kennzeichnung der einzelnen Zonen noch einen vorläufigen Charakter trägt.

Clymenia acuticostata MÜNST. und von *Sporadoceras cucullatum* L. v. BUCH, welche sämmtlich in Sculptur und Lobenlinie oder in einem dieser beiden Merkmale die am höchsten differenzirten Typen devonischer Ammoneen darstellen. Dazu kommen vor eigenthümliche grundbewohnende Formen wie *Clymenia solarioides*, *Pseudarietites* und *Phenacoceras* sowie neue Species aus schon vorhandenen Gattungen (*Aganides Gürichi*, *Clymenia Dunkeri*, *binodosa*, *Tornoceras Escoti*). Auch die grosse Häufigkeit von *Clymenia laevigata* ist bemerkenswerth.

Hingegen scheinen negative Merkmale gegenüber dem unteren Theile der Clymenienkalke so gut wie gänzlich zu fehlen:[1] Allerdings sind *Clymenia Humboldti* PUSCH, *Clymenia arietina* SDBG., *Sporadoceras mammilliferum*, *pseudosphaericum* und *Pseudoclymenia Sandbergeri* allem Anschein nach dem höheren Horizont fremd, andererseits aber auch nur an einzelnen Vorkommen Westdeutschlands (meist Enkeberg) oder im Polnischen Mittelgebirge gefunden worden. Weitere Verbreitung besitzt in dem tieferen Horizont *Clymenia annulata*, die aber nur eine 1—2 m mächtige Schicht im Hangenden des Enkeberger Kalkes kennzeichnet.

Eine palaeontologische Bezeichnung der tieferen Clymenienschichten im Gegensatz zu der Zone der Gonioclymenien wird dadurch erschwert, dass die meisten älteren Formen fortleben oder — soweit sie auf die Unterzone beschränkt sind, nur geringe Verbreitung besitzen. Immerhin ist *Prolobites* bisher nur in einem Exemplar in dem höheren Horizonte (am kleinen Pal) gefunden worden und für den Kalk des Enkeberges jedenfalls sehr bezeichnend. Auch zu einer palaeontologischen Gliederung innerhalb der Gonioclymenienzone sind z. Zt. keine Anhaltspunkte vorhanden: Allerdings glaube ich in einem kleinen, nicht sonderlich gut erhaltenen Exemplare des Wocklumer Kalkes die hochdifferenzirte *Gonioclymenia Ulrici* wieder zu erkennen. Aber da innerhalb der Gonioclymenienzone in den Ostalpen, in Schlesien und Südfrankreich eine subtilere Gliederung m. E. ausgeschlossen ist, werden wir für vergleichende Zwecke zunächst mit obiger Zweitheilung auszukommen haben. Eine schärfere Localgliederung kann selbstverständlich die allgemeine Eintheilung ergänzen.

Besonders abweichende faunistische Verhältnisse zeigt auch hier das Polnische Mittelgebirge: Während der untere Theil des Clymenienkalkes durch den *Humboldti*-Mergel vertreten ist, fehlen in dem oberen Theil (Clymenienkalk der Psiarnia oben p. 180, No. 25) die Gonioclymenien, *Clymenia acuticostata* und *Sp. cucullatum*. Nur *Clymenia laevigata* erinnert an die Häufigkeit derselben Art im Westen, während *Clymenia annulata*, die in Westfalen die Zwischenzone kennzeichnet, hier — ebenso wie bei Ebersdorf — in den höchsten Theil des Clymenienkalkes hinaufreicht.

Jedenfalls ist, nachdem DENCKMANN die Überlagerung des obersten (Wocklumer) Clymenienkalkes durch Alaunschiefer, Kieselschiefer und Plattenkalke des Untercarbon („Culm") selbst nachgewiesen hat, der hauptsächlichste Differenzpunkt beseitigt.

Der Hauptgrund für die zuwartende Stellung, welche ich DENCKMANN's Gliederung des Clymenienkalkes gegenüber eingenommen habe (oben p. 178) beruhte auf dem Umstand, dass fast sämmtliche damals besser bekannten Fundorte in Schlesien, den Ostalpen, Südfrankreich, Cornwall etc. der Gonioclymenienzone angehören oder in ihren publicirten Verzeichnissen eine Mischung der oberen und unteren Fauna enthalten. Eine Mischung zweier Horizonte enthalten höchst wahrscheinlich die Fundortsverzeichnisse des Fichtelgebirges und sicher die Arbeit E. KAYSER's über den Enkeberg. Die l. c. beschriebene *Gonioclymenia subarmata* stammt (wie auch der Verf. angiebt) von der Burg bei Bredenbeck und liegt in einem dunklen, von dem hellröthlichen dolomitischen Enkeberger Gestein durchaus abweichenden Kalke; Gonioclymenien sind oben am Enkeberge selbst ebensowenig wie *Sporad. cucullatum* und *Clym. acuticostata* gefunden worden.[1]

Die Gliederung wurde ferner durch den Umstand erschwert, dass in den von mir genau studirten Gegenden der tiefere Theil des Clymenienkalkes entweder vollkommen fossilleer ist (Ostalpen, Cabrières) oder aus einer heteropen cephalopodenfreien Facies besteht; der sehr mächtige bläuliche „Hauptkalk" von Eberdorf dürfte die untere Clymenienzone und auch wohl noch die Nehdener Schichten mit umfassen.[2]

---

[1] Allerdings sind an der Chaussee unten am Enkeberg wahrscheinlich noch die höchsten Bänke (Dasberger Kalk) entwickelt, da dort grosse Exemplare von *Clym. laevigata* gefunden worden. Anm. der Herren DENCKMANN und LOTZ.

[2] Ausführlichere Mittheilungen über die Entwickelung „devonischer Ammoneen" enthält die gleichnamige Arbeit des Verf. In „Beiträge zur Palaeontologie Oesterreich-Ungarns" etc. Bd. XIV. Wien 1902.

Prolecanites. Unterstes Oberdevon und Grenze von Devon und Carbon.

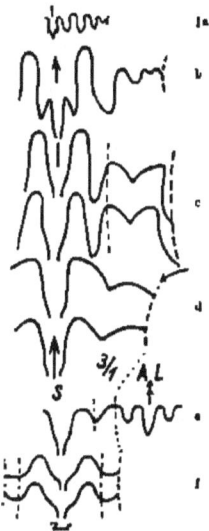

1 a *Pronorites mixolobus* Sandb. Untercarbon (Posidonienschiefer).
Nassau. Nach Sandberger. $^1/_1$.

b *Triainoceras costatum*. Sutur
der erwachsenen Form, die Em-
bryonalwindung derselben ist auf
c dargestellt. Unterstes Oberdevon
$^1/_1$. Düllenburg.

c *Phaenacoceras planorbiformis* n.
gen. Mstr. sp. (*Clymenia*). Clymenienkalk. Gattendorf. Berichtigte Sutur des Taf. 56 Fig. 5 dargestellten Exemplars. $^1/_1$.

d *Pseudarietites silesiacus* n. gen.
n. sp. Ob. Clymenienkalk Ebersdorf $^9/_1$. Endgiltige Sutur, übereinstimmend mit den Embryonalsuturen der älteren Formen:

e *Triainoceras costatum*, Embryo-
nalsutur von 1 b, $^9/_1$.

f *Prolecanites tridens* Sandb. Unterstes Oberdevon $^9/_1$. Düllenburg.
Vergl. 2 a$_1$—a$_3$.

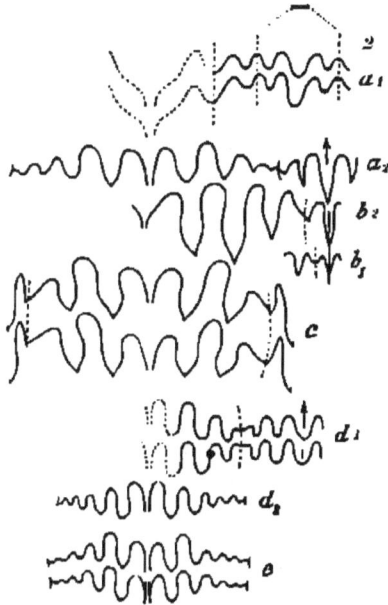

2 a *Prolecanites tridens* Sdb. Embryonalloben vom Original
F. Frech (Abh. Geol. L. A. VIII, H. 4, Taf. I, Fig. 2). Grabe
Anna bei Oberscheld, unterstes Oberdevon. a$_1$ Jugendlicher
Entwicklungsstadium stark vergrössert. (Der Massstab giebt
die natürliche Grösse an.) Innenseite mit organtser Ammo-
nitis. — a$_2$ Vollständ. Lobenlinie e. erwachs. Exemplars $^1/_1$.

b$_1$ b$_2$ *Prolecanites compressus* Sow. em. (= *ceratitoides* Holzapfel non L. v. Buch). Innenloben von zwei verschiedenen
Entwickelungsstadien. Unterstes Carbon. Erdbach bei Breit-
scheid; n. Holzapfel.

c *Prolecanites Lyoni* Hall. Unterstes Carbon, Rockford, Ind.
Vollständig abgewickelte Sutur, wenig vergrössert.

d$_1$ *Prolecanites insculcatus*. Unterstes Oberdevon. Vollständige Sutur eines embryonalen Umganges von 4 mm Breite.
Gr. Crustems bei Langenaubach; leg. Frech. — d$_2$ Dsgl.
erwachsenes Exemplar $^1/_1$. Copie n. Frech.

e *Prolecanites Bechert*. Unterstes Oberdevon, Lobenlinie erwachsener Exemplare, Copie n. Frech. Die Embryonalanfänge
der Suturen (a$_1$, a$_2$, d$_1$) sind vom Verfasser präpariert und
gezeichnet.

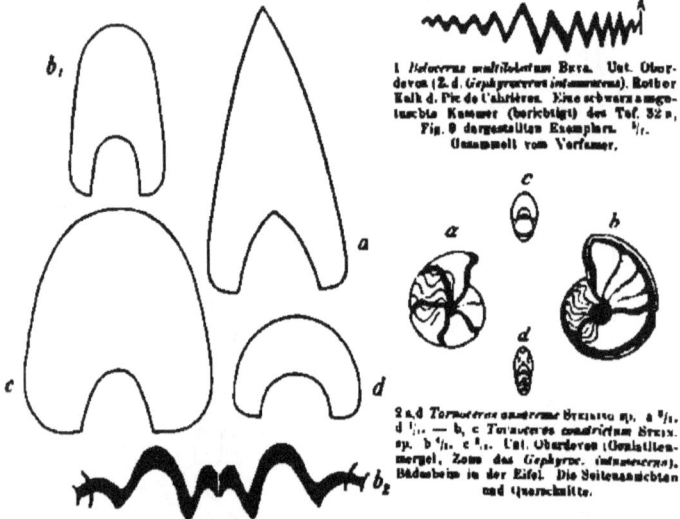

1 *Beloceras multilobatum* Beyr. Unt. Oberdevon (Z. d. *Gephyroceras intumescens*). Rother Kalk d. Pic de Cabrières. Eine schwarz ausgeätzte Kammer (berichtigt) des Taf. 32 a, Fig. 9 dargestellten Exemplars. ½. Gesammelt vom Verfasser.

2 a, d *Tornoceras auctum* Steining sp. a ⁹/₁. d ¹/₁. — b, c *Tornoceras constrictum* Stein. sp. b ⁴/₁. c ⁴/₁. Unt. Oberdevon (Goniatitenmergel, Zone des *Gephyroc. intumescens*), Büdesheim in der Eifel. Die Seitenansichten und Querschnitte.

3 a *Gephyroceras acutum* Saxb. (sehr seltene, nur in Westdeutschland vorkommende Art). R. Paffrath. — b₁ *Gephyroceras complanatum* Saxb. (*Gephyroceras intumescens* F. Roem. et auct.) Berichtigter Querschnitt vom Orig. zu Taf. 34, Fig. 10. b₂ Berichtigte Lobenlinie von b₁ (b. d. and. Arten kaum verschieden). Korallenkalk des Ibergs b. Grund (Mus. Breslau). Häufigste Art. c *Gephyroceras intumescens* F. Beyr. s. str. (*Gon. primordialis* auct.). N. Sandberger. Ebenso verbreitet, aber weniger häufig als c. d *Gephyroc. affine* Stein. Pic de Cabrières. F. Frech. (Selten aber verbreitet.) ⅓.

4 a *Gephyroceras* (s. str.) *gerolsteiniense* Steining sp. Mus. Breslau. b *Geph. intumescens* mut. *orbiculus* Beyr. (*Manticoceras*). Mus. Breslau. c *Geph. complanatum* Sbs. sp. (*Manticoceras*). Coll. Frech. a–c Goniatitenmergel, Z. d. *Geph. intumescens* Büdesheim. Eifel. ½. d₁–d₃ *Timanites acutus* Keys. Unt. Oberdevon, Petschoraland. Lebensentwickelung z. Holzarten. d₁ vergr., d₂, ₃ ⁴/₁. e *Geph. Hoeninghausi* i. v. B. (*lamellosum* Sbs.) Tiefstes Oberdevon, Goniatitenmergel der Jupheltbögele b. Cabrières. Naturgr. eines erwachsenen Exemplares (¹/₁), die dem Stadium d₁ bei *Timanites* entspricht. f *Timanites* (*Probeloceras*) *lynx* Clarke. Unt. Oberdevon (Naples beds) Stn New-York A. Clarke. ¹/₁. g *Timanites* (*Probeloceras*) cfr. aff. *Probeloceras lynx* Clarke. Unt. Oberdevon (Goniatitenmergel) Büdesheim loc. F. Frech. ¹/₁.

[1] Mit Ausnahme von Fig. 4 e.

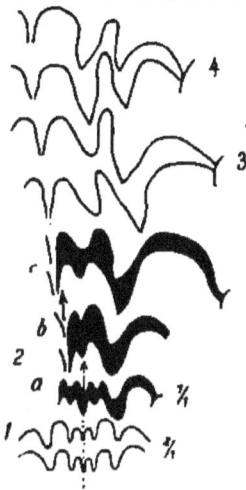

1 *Sporadoceras posnicajdentricum* Fasch. Unt. Clymenienkalk. Enkeberg bei Brilon, leg. Fasch, Coll. Fasch. Höhe der Windung 0,7 cm. $^2/_1$. — 2 a—c. *Sporadoceras sabbilobatum* Mstr. var. *meridionalis* Fasch. Lobenentwickelung aus drei verschiedenen Altersstadien. a Höhe d. Windung 1,1 cm, b Höhe der Windung 2 cm, c Windung 2,9 cm. Ob. Clymenienkalk, La Serre bei Cabrières, leg. Fasch, Coll. Fasch. — 3 *Sporadoceras sabbilobatum* Typus. Gattendorf bei Hof. K. Coll. Graf Mstr. Nat. Gr. — 4 *Sporadoceras contiguum* Mstr. em. Fasch. $^2/_1$. Ob. Clymenienkalk. Schübelhammer (Coll. Fasch).

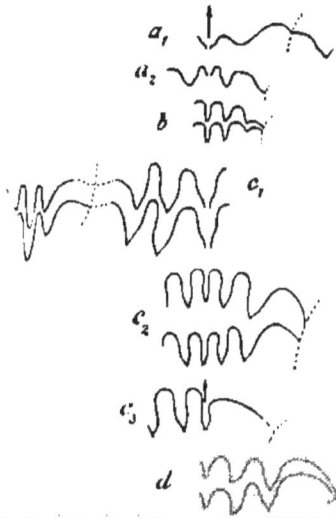

5 a *Aganides lentiformis* Sandb. em. Gürich. Mittl. Oberdevon, Lagow b. Kielce, Poln. Mittelgebirge. a, Junges Exemplar $^2/_1$. a₂ Erwachsenes Exemplar $^2/_1$ m. d. Andeutung e. zweiten Seitenlobus. — 6 b *Sporadoceras mammilliferum* Sandb. sp. (*Dimeroceras* auct.). Unt. Clymenienkalk, Enkeberg b. Brilon. Gm. v. Vstf. $^2/_1$. — c *Sporadoceras Muensteri* L. v. B. c₁ Saccamina-Bank (mittl. Oberdev.), Lagow b. Kielce. Coll. Gürich. Vollständige Sutur. c₂, c₃ Ob. Clymenienkalk, La Serre b. Cabrières. c₃ Normale Sutur. c₂ zeigt links die Sutur, rechts den medianen Schnitt an dem Exempl. $^1/_1$. — d *Sporadoceras Muensteri* L. v. B. var. nov. *brachyloba*, Unt. Clymenienkalk, Enkeberg b. Brilon. Mus. Halle. Vergl. Taf. 36, Fig. 4.

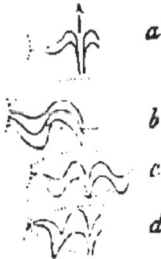

7a—d *Protobites delphinus* Sandb. sp., a, b var. nov. *minera*. c, d Typus der Art. Unterer Clymenienkalk. Enkeberg bei Brilon. a, d Mus. Brilon, b, c Vom Verfasser gesammelt. $^2/_1$. Die Reihe soll die ungewöhnliche Variabilität der beiden letzten Kammerscheidewände veranschaulichen. Diese Veränderlichkeit ist vor z Th. durch die Lage der (punktirt angegebenen) Lobialwülste (b, c) bedingt. Im Wesentlichen aber als Atavismus (a, b) zu deuten. Die Schalenform ist überall dieselbe und entspricht der Fig. 5 Taf. 36 a.

Goniatiten des höheren Clymenienkalkes.

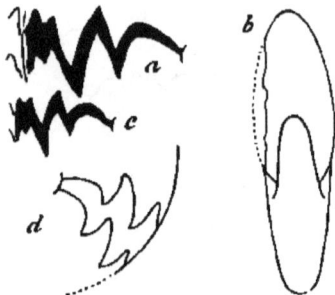

Sporadoceras cuculiatum L. v. Buch sp. *Goniatites herepinus* Grun. *Clymenia Houeri* (Mstr.) Grun. Oberer Clymenienkalk. a, b Querschnitt u. Lobenlinie des von Ebersdorf stammenden Originalexemplars L. v. Buch's (Mus. für Naturkunde, Berlin) ⅓. c Lobenlinie eines kleineren Exemplars. La Serre bei Cabrières. d Vergrösertes Schema eines 8 mm hohen Umgangs von dem Originalexemplar des *Goniatites Houeri* Mstr. Schöbelhammer im Fichtelgebirge (Mus. für Naturkunde, Berlin).

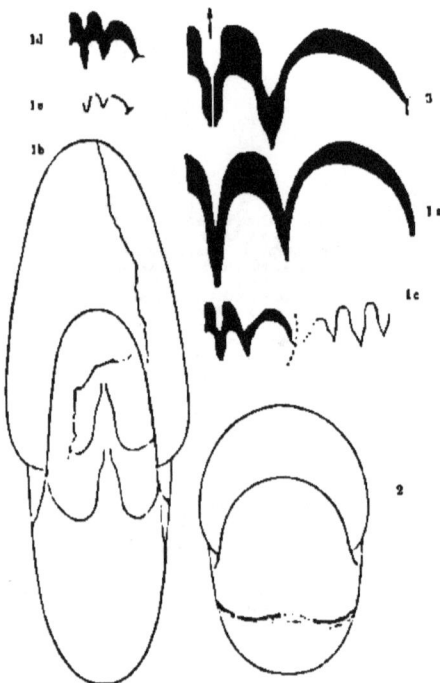

1) *Aganides Gürichi* Frech. 1 a Lobenlinie eines ausgewachsenen Exemplars. La Serre. Cabrières. 1 b Querschnitt ½. Ebersdorf. Mus. Breslau.

1 c Combinationsfigur: Aussere Lobenlinie a. jüngeren Exemplars v. *Aganides Gürichi* (schwarz ausgemacht). Innere Lobenlinie eines entsprechend grossen Exemplars von *Aganides sulcatus* Mstr. (einfache Linie). Beide von La Serre bei Cabrières. leg. Frech.

1 d, e *Aganides Gürichi* Ebersdorf (Mus. Breslau). Lobenlinien jüngerer Altersstadien.

2 *Aganides sulcatus* Mstr. sp. (*Brancoceras*). Ebersdorf. Orig. Mus. Breslau. (*Gon. subsulcatus* Taf. 36, Fig. 11.)

3 *Aganides Ixion* Hall (*Gon. rotatorius* Taf. 46, Fig. 12). Unterstes Carbon. Rockford, Indiana. Orig. Mus. Breslau. Zum Vergleich mit dem sehr ähnlichen *Agan. Gürichi*.

Die letzten Aphyllitiden des Clymenienkalkes.

a, b, c Lobenentwickelung von *Tornoceras plani-dorsatum*. a Orig. KAYSER's, Nehden. b, c Clymenienkalk, Enkeberg b. Brilon. Mus. Breslau. Vergl. Taf. 36, Fig. 10 (mit ungenau gezeichneter Lobenlinie).
— d, e, f *Pseudoclymenia Sandbergeri* BEYR. sp. Clymenienkalk, Enkeberg. Mus. Breslau. d, e Lobenentwickelung desselben Exemplars. f Zweites Exemplar. — C *Tornoceras Escoti* FRECH (Involut). üb, Clymenienkalk. La Serre b. Cabrières.

Clymenia s. str. (Cyrtoclymenia auct.).

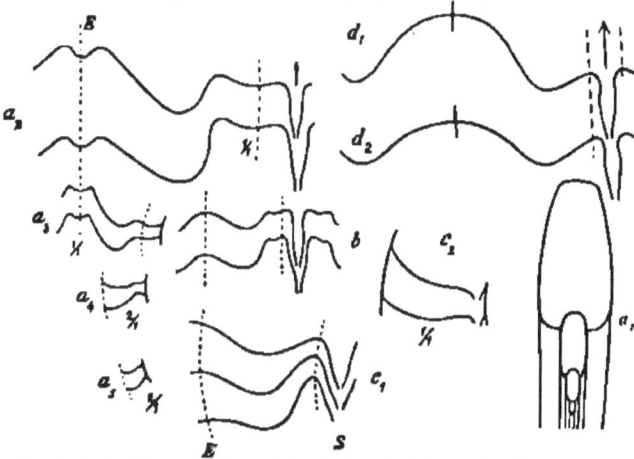

a *Clymenia Dunkeri* MSTR. Ob. Clymenienkalk. La Serre bei Cabrières. Vom Verfasser gesammelt und präparirt. a_1 Querschnitt, a_2 Sutur eines ausgewachsenen Exemplares, a_3, a_4, a_5 Suturentwickelung eines kleineren Exemplars a_3 $^1/_1$, a_4 $_1$ $^2/_1$. — b *Clymenia binodosa* MSTR. Rheudsber. leg. FRECH. Vollständige abgewickelte Sutur. — c *Clymenia introcostata* n. sp. Ebendaher. Coll. FRECH. c_1 8 Suturen, von denen die beiden oberen etwas abgewittert sind, während die untere bessere Erhaltung zeigt. c_2 Medianschnitt. E Externseite, S Siphonaldaten. — d_1 *Clymenia laevigata* MSTR. Eine vollständige, an der Aussenseite nicht abgewitterte Suturlinie, d_2 eine etwas abgewitterte Suturlinie desselben Exemplars. Ob. Clymenienkalk, La Serre b. Cabrières. $^1/_1$. Ges. vom Verfasser. Vergl. Taf. 36, Fig. 7 und 9.

Suturen der nur im höheren Clymenienkalk vorkommenden
Gonioclymenia (und des Subgenus *Acanthoclymenia* e).

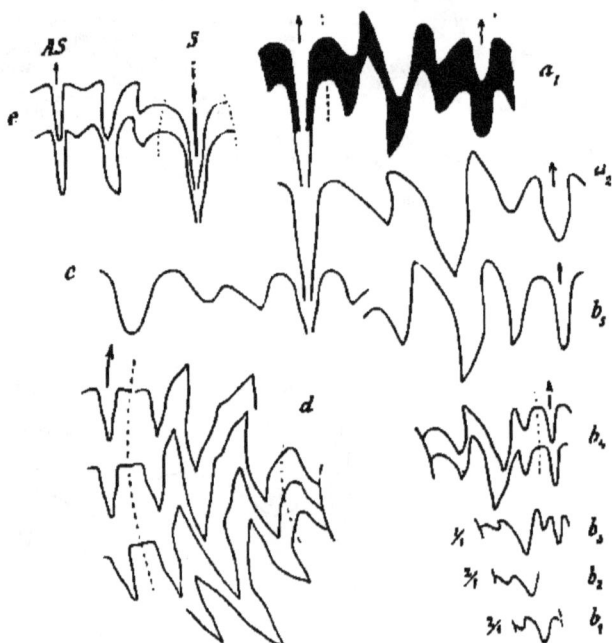

b₁. : *Gonioclymenia speriosa* Mstr. Zwei Suturen eines grossen Exemplars (Ebersdorf, Breslauer Mus.).
— b₁—₅ *Gonioclymenia plana* Mstr. Lobenentwicklung. Ob. Clymenienkalk. b₅ Orig. von *Gonioclymenia Preali* Mstr., Schübelhammer, Mus. Berlin V₃. b₄, : La Serre bei Cabrières. Orn. von
Faun. b₃ Orig. von *Gonioclymenia Preali*, Schübelhammer ⁴⁄₅. Äussere Windung von b₁. b₂ Aus-
gewachsenes Exemplar. Ebersdorf, Mus. Breslau. — c *Gonioclymenia Ubigi* nov. sp. Ob. Clymenienkalk, Ebersdorf, Berliner Museum. Der Doppelstrich über S (dem Sipho) deutet eine auf der Innenseite der Wohnkammer befindliche Rinne an. c (*Clymenia (Acanthoclymenia) neapolitana* Clarke.
Unt. Oberdevon (Naples beds). Vollständige Sutur. Nach Clarke. — d *Gonioclymenia plana* var.
intermedia Mstr., em. Faun. Ob. Clymenienkalk, Schübelhammer. Die auf dem Originalexemplare
von Graf Mstr. (Münchner palaeontol. Museum) deutlich sichtbaren Suturen sind nach dem neu
präparirten Originalexemplare unmittelbar durchgepaust. Sämmtliche Abbildungen, bei denen nichts
anderes bemerkt ist, sind in ¹⁄₁ ausgeführt.

Zu p. 201 (Tabelle XIV a). Das Devon im Altai.

Eine wichtige Erweiterung unserer Kenntnis des höheren Devon im Altai-
gebiet bilden die neueren Forschungen von KRASNOPOLSKI, WENJUKOW, JACZEWSKI
und H. v. PEETZ, über welche der letztere in Ann. géologique de la Russie III,
9, 1899 übersichtlich referirt hat. Auch hier ist — wie überall in Asien — oberes
Mitteldevon und Oberdevon am weitesten verbreitet:

Das Devon des Altai.

Zwischen den Flüssen Ob und Tom	Koltschogins, Salair	Balachonka und Komsotzk	Tomsk.	Kirgisen-Steppe (Akmolinsk, Bajanaul) und Irtysch.
Hangendes	Kohlenkalk.	Kohlenkalk.		Kohlenkalk.
Oberdevon Schiefer und Sandstein mit *Holoreros multilobatum*.	Oberdevon soll auf dem NO.-Abhang der Salair-Berge fehlen; jedoch ist die unten citirte Rhynch. pugnus eine Charakterform des Oberdevon.	Bunte (gelbe, rothe u. grüne) Glimmersandsteine, selten mit *Rhynch. livonica, Athyris concentrica* (Koltschagan). Brachiopodenkalk mit *Spir. Archiaci, Verneuili, tenticulum, Rhynch. acuminata, Dalmanella striatula, Stroph. Dutertrii, Productella Marchiani* und Korallenkalk mit oberdevonischen Korallen: *Phill. pentagona, caespes, Alv. unherbicularis, Cyath. caespitosum, Spirifer.*	Kalk der Juja (Rarvana) mit *Spir. Verneuili, Ath. concentrica, Orthoth. umbraculum, Productella lacrimosa Conr., Cyath. caespitosum.* ? Mitteldevon. Kalk-schiefer mit *Spir. Cheehiel, Stroph. interstrialis, Orthoth. umbraculum.*	Bunte Sandsteine ohne Versteinerungen (Akmolinsk). Kalk mit *Sp. Verneuili, Archiaci, Whitneyi* am Irtysch. Kalk mit *Proletaniles asiaticus* Kays., südl. von Bajanaul.
Mitteldevon Thonige Kalke mit *Favosites polymorphus* (= *cervicornis* auct.)	Tuffe, thonige Schiefer, dichte (nichtkrystalline) Kalke u. *Rhynch. pugnus*(?); *livonica, Atrypa aspera, Cyath. caespitosum, Cyath. ceratites, Fav. polymorphus* (= *cervicornis* auct.), *Heliolites porosus, Alv. subarbicularis* = ob. Mitteldevon. Weiter südlich ist das unt. Mitteldevon nachgewiesen.			
Unterdevon	Tuffe u. Krystallkalke (metamorph) des Salair u. *Meristella turjensis, Mer. Tschernyschewi, Spirif. nobilis, inhitaxis, Sp. pseudoartiformis, Rhynch. princeps, surgrem, nympha, Pentamerus acutilobatus* Kalk v. Bogoslawak im Osten(?) (p. 201 unten).			

Catskill-Sandstein (Old Red-Facies des Oberdevon).   Kauterskill-Fälle, New-York.

Hydraulischer Kalk (Waterlime, Obersilur) und Tentakuliten-Kalk (oberstes Silur) bei Salem. Die
oberen menschlichen Gestalten bezeichnen die Grenze beider Stufen; Clinton-Schichten (Sandstein des
mittleren Obersilur) bei dem unteren Hammer.

Hamilton-Schichten, (Mitteldevonische Schiefer und Kalke). Sawkill-Fälle. Milford, Pennsylvania

Oberer Pentamerus-Kalk (Becraftkalk) des Unterdevon. New-Salem, New-York.

Auch die tektonische Entwickelung des Carbon erinnert an den Continent. In England lässt sich nach einer neueren, an die Untersuchung der Malvern-Hügel anknüpfenden Zusammenstellung von T. T. Groom[1] wesentlich eine jungpalaeozoische Dislocationsphase feststellen, welche intracarbonisch, jedenfalls postsudetisch ist.

Während in der Mitte von England das untere productive Carbon (etwa sudetische und untere Saarbrücker Stufe) concordant auf Old Red lagert, legt sich das obere Obercarbon (etwa Ottweiler Stufe) discordant auf die stark gefalteten, z. Th. überschobenen älteren Bildungen. Diese Lagerung beobachtet man in den Malvern-Hügeln, bei Coalbrook dale, Forest of Wyre,[2] South Stafford-shire, Leicester, Yorkshire, Cumberland (Ob. Obercarbon . . Whitehaven Sandstein mit Spirorbis-Kalk) und Süd-Schottland. In Süd-Wales und Süd-England überhaupt scheint das höhere Obercarbon[2] — ebenso wie in Westfalen und Belgien — zu fehlen.

2. Auf die zweite postcarbonische Faltungsphase des Continents deutet die Discordanz hin, welche zwischen dem dyadischen aus Eruptivgesteinen bestehenden Conglomerate der Malvern Hügel (Hatfield Breccie) und den älteren Bildungen (bis Obercarbon einschl.) besteht; auch in Yorkshire lagert die Dyas discordant auf dem obersten Carbon.

Nach neueren Arbeiten von R. Kidston[3] kann die umstehende, mit der deutschen Eintheilung übereinstimmende Gliederung des englischen Carbon angenommen werden. Auch das Auftreten der fossilen Pflanzen stimmt mit den auf dem Festlande gemachten Beobachtungen überein:

---

[1] T. T. Groom, Geological structure of the Malvern and Aberley hills. Quart. Journ. Geol. soc. of London 1900, p. 138—197.

[2] Wo älteres Obercarbon fehlt.

[3] Robert Kidston: I. On the various Divisions of British Carboniferous Rocks as determined by their fossil Flora. Opening Address, delivered before the Royal Physical Society, November 1893. II. On some new species of fossil plants from the Lower Carboniferous Rocks of Scotland. Read December 1893, Plates IV—VI. (Proceedings of the Royal Physical Society of Edinburgh. 12, 1894.) Vergl. auch H. Potonié, Floristische Gliederung des deutschen Carbon und Perm p. 87.

Zu p. 430 (u. 445 oben).

Stratigraphische Übersicht und Fl

Deutsche Aequivalente	Abtheilungen der Kohlengebirges in Britannien	Typische Schottland
Ottweiler Schichten	VII. Upper Coal-Measures	Unbestimmt
Unt. Ottweiler u. Ob. Saarbrücker Stufe	VI. Transition Series. Die untere Grenze ist der Spirorbis-Kalk — Coal Measures V. Middle Coal-Measures	Fehlend Rothe Schiefer und Sandsteine von F... u. s. w.
Saarbrücker Schichten	Upper Carboniferous IV. Lower Coal-Measures (oder Gannister Beds)	"Flat Coals" v. Schottland, Kohlenfelder Stirlingshire, Lanarshire u. Ayrshire u. s. Alle "Coal Measures" in Schottland &c der Geological Survey von Schottland
Sudetische Stufe	III. Millstone Grit Series	. . Verschiedene Koh...felder
Lower Carboniferous	II. Carboniferous Limestone Series (Schottland — Yoredale Rocks von England) I. Calciferous Sandstone Series (Schottland — Mountain Limestone von England)	. . Centrum von Schottland ("Edge Coals" Centrum und SüdSchottland) . Centrum und Süd Schottland

Upper Old Red Sandstone.

hlenfelder England	Die wichtigsten Pflanzen:
e des Somerset- u. South -Kohlenfeldes; Forest of Dean-Kohlenfeld	*Pecopteris arborescens* u. var. *cyathea*, *unita*, *arcopteridia*, *crenulata*, *plumtifida*, *Lamuriana*, *polymorpha*, *Cundollicum*, *Sphenopt. macilenta*, *transifolia*, *Alethopt. Grandini*, *Dournapt. longifolia Pann., Odontopt. Lindleyana* Brxxx., *Neuropt. erata* var. *flexuosa*, *Sphenophyll. emarginatum*, *Annularia stellata*, *sphenophylloidea*, *Calamites* u. *Sigillaria* weniger häufig, *Lepidodendron* sollen.
e des Somerset- (New und Yobster-Gruppe) nth Wales (unteres Penl-Gebirge) Kohlenfeldes	*Neuropteris gigantea*, *heterophylla*, *Sphenophyllum emarginatum*, *Sigillaria Brardi*.
r des South Stafford- -Kohlenfeldes; Potto- (North Staffordshire), ashire- und Yorkshire-Kohlenfeld	Die reichste Flora, besonders Sigillarien (*S. polygonus*, *elongata*, *Deutschiana*, *contigera*), daneben Lepidodendron u. Calamarien. Unter den Farnen bes. Sphenopterideen: *Sph. trifoliata*, *coriacea*, *flexuosa*, *Jacquoti*, *quadridactylites*, *Mariopt. Saureari*, *Orligocarpia Brongniarti*, *Zeilleria aroldensis*, *delicatula*, *Losch. raposa* u. *Brivei*, *Odont. britannica*, *Reichiana*, *Caemenai*, *Neuropt. tennifolia*, *Grangeri*, *obliqua*, *Elrodi*, *microphylla*, *plicata*, *Aleth. redivia*.
r des Pottarie-Kohlens (North Staffordshire); ashire- und Northumberland-Kohlenfeld	Die Flora ähnelt den folgenden, ist aber extenärmer: Die ersten grossen Baumfarne (*Megaph. frondosum* u. *approximatum*); vor allem *Lepidodendron* (*L. serpentigerum*, *ophiurus*) u. *Calamites* (*C. Suckowi* u. *ramosus*); *Sigillaria* (*S. discaphora*, *Walchi*) allgemein häufig. Häufig u. bezeichnend sind: *Neur. heterophylla*, *rectinervis*, *crenulata*, *Aleth. lonchitica*, *decurrens*, *Sphenopt. oblusiloba*, *adiantoides*; *Prynnophyll. flabellatum*.
schiedene Kohlenfelder	Die wenigen schlecht erhaltenen Pflanzenreste sind meist mit den Arten aus IV ident.
	Sphenophyllum tenerrimum (incl. *trichomatosum*) erscheint.
shire, Westmoreland, berland u. Northumberland	Nur hier: *Sphenopt. Dickmanioides* Goepp., *Linki* Goepp. sp., *Haueri* Sten., *Göradorfi* Goepp. sp., *Adiantites Macianoki* Sten., *Arrhaempl. Tcherwaki* Sten., *Sigillaria Youngiana* Kiner.
lumberland, Flintshire Nord Cumberland (Colons Sandstone Series-Typus)	Bezeichnend sind: *Calymmatotheca affinis* L. et H. sp. u. *bifida* L. et H. sp., *Adiantites antiquus*, *Weironapt. coaratatus* Krav-t., *Rhacopt. flabellata* Tate sp. u. *Geikiei* Kiner., *Sphenopt. pachyrhachis* Goepp., *subpraiculata* Sten sp., *marurica* Ert. sp., *Heckalaëri* Sten sp., *Tediana* Kiner., *Machanoki* Ert. sp.

Die Fortsetzung des oberschlesischen Kohlenfeldes auf öster-
reichischem[1] und russischem Gebiet umfasst sehr verschiedenartige Vorkommen,
deren Aufbau und Zusammenhang 1. durch ältere Faltung, 2. durch jüngere (kar-
pathische) Überschiebungen und 3. durch Auswaschungen im Bereiche der miocänen
Transgression mannigfach complicirt worden ist.

Durch die ältere posttriadische Faltung sind vor allem die beiden, sattelartig
NW.-SO. streichenden Erhebungen des Carbon geschaffen worden, an denen die
bisher bekannten Kohlenfelder in Russisch-Polen und Westgalizien[2] Antheil haben.

a) Die nordöstliche dieser Erhebungen[3] bildet einen langgestreckten Zug, der
sich von Bendzin und Dombrowa (Russ. Polen) vielfach durch Trias und jüngere
Gesteine verdeckt bis Filipowice, Tenczynek (Christinastolln), Rudno und Sanka im
Krakau'schen Gebiet verfolgen lässt. Der unmittelbare Zusammenhang wenigstens der
österreichischen Vorkommen ist um so wahrscheinlicher, als die bisher von dort
(durch TONDERA) bestimmten Pflanzen sämmtlich auf die udetische Stufe (meist
Rybniker Schichten) hinweisen. Bei Dombrowa (Russ. Polen) werden Vertreter der
oberschlesischen Sattelflötze[4] in einer Mächtigkeit bis zu 18 m durch Tagebau gewonnen. Zwischen Porombka (Russ. Polen) und Sierusa (Galizien) ist auf eine
längere Strecke der Zusammenhang des Carbon durch jüngere Auflagerungen unterbrochen. Die galizische Kohle der Rybniker Schichten gehört zu den Magerkohlen
(Sandkohle); nur bei Tenczynek ist auch Gaskohle vorhanden. Das galizische
Kohlengebirge — Flötze wie Zwischenmittel — verjüngt sich in ost-westlicher Richtung gleichmässig, entsprechend dem in Oberschlesien (S. 408) beobachteten Gesetz.

b) Eine südwestliche kürzere Erhebung liegt in Westgalizien und erreicht
zwischen Dombrowa (Österreich) und Jaworzno nur z. Th. die Oberfläche. Die
Pflanzen besitzen ausnahmslos das Alter der Orzescher (Karwiner bezw. Saar-

<hr>

[1] Mähren, Österr. Schlesien und Westgalizien.

[2] FRANZ BARTONEC, die Steinkohlenablagerung Westgaliziens und deren volkswirtschaftliche
Bedeutung. S. A. aus der Österr. Zeitschr. f. Berg- und Hüttenwesen. Bd. 49. 1901. Die vorliegende Arbeit wird den gesammten geologischen und volkswirtschaftlichen Verhältnissen gerecht.
Blosse markscheiderische Beschreibungen (welche wie diejenigen GAEBLER's z. B. die fossile Flora
ausser Betracht lassen), haben dagegen für den Geologen nur sehr begrenzten Werth.

[3] Die grösste Höhe erreicht dieselbe bei Sierusa in Galizien mit 355 m.

[4] In der Königin-Luise-Grube gestaltet sich die Entwickelung der Sattelflötzgruppe
nach einer freundlichen Mittheilung der Kgl. Centralverwaltung folgendermassen:

Gerrgflötz . . . . { 1,80 m
                                                     { 1,0 m
2 Flötze . . . . à 0,50 m
Vereinsflötz . . . . 1,70 m
2 dünne Flötze
Einsiedelflötz Oberbank . . . . 1,60 m
              Niederbank . . . . 1,60 m
Schuckmannflötz . . . . 8,00 m
5 schwache Flötze . . . . von 0,10 1,80 m
Heinitzflötz . . . . 4,50 m
Reden- und Pochhammerflötz (im NW. getrennt 4,70 bezw. 6,50 mächtig)
vereinigen sich im Porembka-Schacht zu einem Flötz von . . 10,00 m
                                        zusammen 16 Flötze 35,45 m

Die Angaben der Anm. [1], p. 534 werden durch Obiges präcisirt.

brücker) Schichten.[1] Von den gegenüberliegenden gleich alten Schichten Oberschlesiens (Myslowitzer Wald und Janow sind die bekanntesten Fundorte) wird Österr. Dombrowa durch die auch im unterirdischen Relief der Steinkohlenoberfläche scharf ausgeprägte Furche der Przemsa getrennt. Die durch Brüche complicirte Absenkung des Myslowitzer Sattels (Längsprofil zu S. 334) ist hier offenbar noch durch die tertiäre Erosion vertieft worden. Auch die Trennung des kürzeren Jaworznoer Sattels von der längeren im NO. gelegenen Aufwölbung a) wird wahrscheinlich durch eine nachträglich erweiterte Synkline gebildet.

Auch südlich bezw. westlich von den genannten Vorkommen ist bei Zator und Auschwitz (Oswiecim) vielfach — z. Th. in der geringen Tiefe von 80 m — unter dem miocaenen Tegel Kohle erbohrt worden, deren genaueres Alter noch zu erforschen bleibt. Bei Kaniow unweit Dziaditz (Oesterr. Schlesien) sind z. Th. in geringer Tiefe die Aequivalente der Orzescher und Karwiner Flötze nachgewiesen worden. Der Gesammtvorrath an Kohle im galizischen Antheil wird auf nicht weniger als 18 Milliarden Tonnen geschätzt.

Von den seit langer Zeit ausgebeuteten österreichischen Kohlenbecken gehört das Mährisch-Ostrauer zur Sudetischen, das Karwiner zur Saarbrücker Stufe, wie nach Stur's Arbeiten feststeht.[2] Die Lagerungsverhältnisse Ebuein im Allgemeinen den oberschlesischen, sind jedoch local stark gestört. Trotz zahlreicher Tiefbohrungen der neueren Zeit ist der Zusammenhang der Ostrauer Felder mit den oberschlesischen und der Karwiner mit den Auschwitzer und Krahauer Vorkommen noch nicht bekannt. Der Grund liegt weniger in den Lagerungsverhältnissen als in den tiefen Erosionsthälern, die die Oberfläche des Kohlengebirges durchfurchen und deren Grund von den Bohrungen noch nicht erreicht worden ist. So ist die Bohrung bei Schwarzwasser — zwischen Karwin und Auschwitz — bei 600 m unter Tage im miocaenen Tegel stecken geblieben. In Folge dessen konnte auch — trotzdem die Altersbestimmung im Grossen und Ganzen feststeht — die eingehendere Vergleichung der einzelnen Flötzgruppen der Ostrauer und Ryhniker Schichten noch nicht durchgeführt werden.

---

[1] Auch von Sierca werden die Charakterpflanzen des mittleren Obercarbon citirt: *Mariopteris muricata*, *Palmatopteris furcata*, *Sphenopteris obtusiloba* und *trifoliata* und *Alethopteris decurrens*.

[2] D. Stur, die Culmflora der Ostrauer und Waldenburger Schichten. Abh. Geol. R.A. VIII 2. 1877. Mit geol. Karte und Profilen, sowie 24 Tafeln mit fossilen Pflanzen. Vergl. auch von demselben die Carbonflora der Schatzlarer Schichten. Ibid. Bd. XI, 1887.

Die seit dem Erscheinen der Lieferung 3 veröffentlichte Beschreibung der Brachiopoden der Trogkofelschichten [1] zeigt, wie zu erwarten, mit dem räumlich nächsten Vorkommen, dem des Fiume Sosio auf Sicilien auch die nächsten Beziehungen, trotsdem die Altersstellung nicht vollkommen übereinstimmt. Von den 60 unterschiedenen Arten sind:

Die Brachiopoden des Trogkofelkalkes (Palaeodyas) in den südlichen Ostalpen.
Nach E. Schellwien.

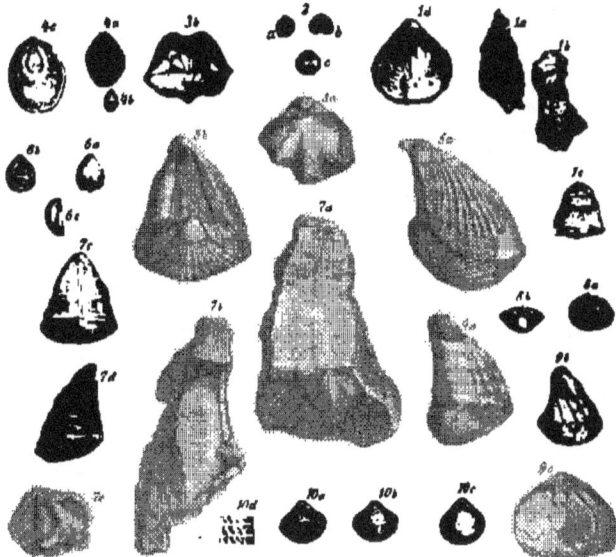

Fig. 1 a—d. *Tegulifera deformis* Schellw. Teofelschlucht bei Neumarktl.
2 a —c. *Camerophoria mucila* Schellw. Neumarktl, Krain.
3 a, b. *Antates Naewi* Schellw. Trogkofel b. Pontafel.
4 a —c. *Notothyris exilia* Gemm. sp. (*Hadronteria*).
5 a, b. *Merkella procera* Schellw. Neumarktl.
6 a—c. *Terebratula (Hemiptych.) carniolica* Schellw. (verw. m. *H. sparsiplicata* Wagg.) Neumarktl.
7 a—c. *Scacchinella gigantea* Schellw. 7 a, b, c Trogkofelgebiet, 7 c, d Neumarktl.
8 a, b. *Merkella depressa* Schellw. Neumarktl.
9 a—r. *Geuerella disiorta* Schellw. Trogkofel.
10 a—d. *Spirifer (Reticularia) Dieneri* Gemm. (*Spumularia* Gemm.). Doberbach am Trogkofel.
Alle Abbildungen in ½ nat. Grösse; nur 10 d. Oberfl. vergr.

[1] E. Schellwien, die Fauna der Trogkofelschichten in den Karnischen Alpen und den Karawanken. 1, Abh. G. R A. 16. H. 1 (1900), 15 Tafeln. Der Widerspruch der gegenüberstehenden Gliederung (p. 358) und der Tab. XXVI beruht darauf, dass die letztere schon gedruckt war, während in den Text noch die neueren Anschauungen des Verf. aufgenommen werden konnten.

1. Ziemlich zahlreiche (21) in identen oder nah verwandten Formen schon in der Palaeodyas beobachtet worden, so *Euteles Orhlerti* GEMM., *Streptorhynchus pelargonatus* SCHL., *Chonetes strophomenoides* WAAG., *Spirifer Wynnei* WAAG. (Taf. 57 d, Fig. 6), *Spir. (Reticularia) Dieneri* GEMM. sp. (s. d. Textbild), *Rhynch. relifera* GEMM. und *Wynnei* WAAG., *Notothyris exilis* GEMM. (Textbild) und *Tereb. (Hemiptychina) Dieneri* GEMM. Andere neue Formen von *Euteles, Streptorhynchus, Merkella, Scacchinella* (Textbild), *Gyrrella, Spirifer, Spirigerella, Rhynchonella* (bezw. *Terebratuloidea* und *Hemiptychina*) haben ihre nächsten Verwandten in der südlichen (oder mediterranen) Palaeodyas.

2. Sehr wenige (6) Arten sind bisher nur im Carbon und zwar besonders in den Auernigschichten gefunden worden s. u. a. *Rhynch. confinensis* SCHELLW., *Chonetes sinuosus* SCHELLW., *Productus curvirostris* SCHELLW., *Spirifer carnicus* SCHELLW. (Taf. 47 b, Fig. 16) und *Spir. quadriradiatus* M. V. K.

3. Andere Arten stehen isolirt und sind somit als Localformen anzusehen: *Merkella procera* und *depressa, Tegulifera deformis, Camerophorin mucula, Terbr. (Hemiptychina) Tschernyschewi,* während wieder andere mit stratigraphisch langlebigen Formen nahe verwandt sind (*Euteles Suessi, Merkella irregularis, Productus gratiosus*).

Ausserdem sind, wie in allen älteren Dyasfaunen, sehr zahlreiche (30) stratigraphisch bedeutungslose Arten von langer geologischer Lebensdauer nachgewiesen, so *Productus semireticulatus, arubatus* und *spinulosus, Spirifer fasciger, supramosquensis* und *trigonalis, Spir. (Reticularia) lineatus, Productus Cora, cancriniformis, Euteles carnicus* u. a.

Die neuen Funde in den Ostalpen und vor allem die jetzt im Zusammenhang vorliegenden Forschungen NOETLING's in der Salt Range (N. J. 1901, II) erfordern auch eine Revision der zerstreuten Vorkommen des jüngeren Palaeozoicum in Ostasien (p. 384 ff.). Insbesondere dürfte Loping' (p. 386) ganz oder zu ⁴/₅ der Palaeodyas zufallen. Für Carbon spricht *Prod. semireticulatus* und *Prod. muratrensis,* der allerdings manchen Salt-Range-Arten schon sehr nahe steht.

Dafür sind dyadisch *Strophalosia horrescens* (Zechstein, Taf. 65, Fig. 5 a), *Spir. (Reticularia) Waageni* (Taf. 57 d, Fig. 9) und *Productus* cf. *Abichi* (Djulfa), sowie vor allem *Richthofenia* und *Lyttonia.* Die übrigen Versteinerungen sind indifferent.

Wenn man bedenkt, dass die Art des Vorkommens auf Bergwerkshalden ein genaues schichtenweises Sammeln ausschliesst (p. 387), so kehrue der Gedanke in Frage, dass eine tiefere Kalklage und die Flötze noch carbonisch, die Masse der Kalke aber dyadisch ist. Ebenso gut lassen sich aber die vereinzelten Carbon-Arten als „Superstiten" deuten.

Die Steinkohlenlager von Nanking mit ihren den oberen und mittleren *Productus*-Kalk kennzeichnenden Arten (p. 503) rücken nun ebenfalls etwas höher — an die Basis der Neodyas — hinauf.'

' Ich kann nicht umhin, auch gegenüber einer neueren günstigeren Beurtheilung die Bestimmungen E. KAYSER's für wenig gelungen zu erklären. Man denke nur an die Bezeichnung des Brachiopoden *Lyttonia* als Fischzahn und die Zurechnung der Ober- und Unterklappe von *Productus semireticulatus* zu zwei verschiedenen Arten. (Taf. 47 b, Fig. 3.)

' Andererseits ist der Schluss der Anmerkung p. 492, der auf die Ammoneen der Dyas-Trias-grenze Bezug nimmt, zu streichen.

Für die Kenntnis der vertikalen Vertheilung der marinen Ober-
carbonfauna im westlichen Nordamerika ist eine neuere Arbeit von
J. Perrin Smith[1] von besonderer Bedeutung. Die Cephalopoden, Trilobiten und
Mollusken sind fast durchweg in den beiden leicht unterscheidbaren Stufen verschieden (upper mit 52, lower coal measures mit 48 Arten); nur einige Brachiopoden
sind beiden gemein und gehen zum Theil auch noch höher hinauf. Das vollkommene
Fehlen der Fauna der Moskauer Stufe (mit *Sp. mosquensis* und den kleinen Fusulinen
vom Typus der *F. cylindrica*) wird auch durch die vorliegende sorgfältige Bearbeitung
erwiesen und erklärt die Verschiedenheit der ober- und untercarbonischen Fauna.[2]

Besonders wichtig erscheint die gänzliche Verschiedenheit der Cephalopoden-
Arten in den beiden Stufen, deren genauere Horizontirung aus der folgenden Tabelle
ersichtlich ist. Ein viermaliger Wechsel von Festland und Flachsee in Arkansas
erfordert eine ebenso häufige Einwanderung der marinen Thierwelt und erklärt die
grosse Verschiedenheit derselben in den beiden Stufen; von 90 Arten kommen nur
10 oben und unten vor.

Die räumliche und vertikale Ausdehnung des Obercarbon von Arkansas ist
sehr bedeutend; dasselbe bedeckt die Geosynkline des Arkansas-Thales in einer
Fläche von fast 15 000 engl. Quadratmeilen und in einer Mächtigkeit von 24 000'.

Auf den folgenden Seiten ist eine Zusammenstellung der wichtigsten Arten
des marinen Obercarbon sowie eine Schichtentafel gegeben:

---

[1] Marine Fossils from the Coal measures of Arkansas. Proc. American Philos. society
Vol. XXXV, Nr. 152. 1897 (der N.A. ist wesentlich später erschienen), t. 16—24.

[2] Unter 90 Arten werden 7 untercarbonische angeführt, was jedoch wahrscheinlich auch noch
zu hoch gegriffen ist.

1. Versteinerungen des obersten Carbon von Arkansas.
Nach J. P. Smith.

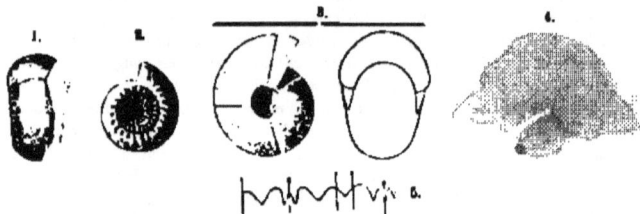

1. u. 2. *Glyphioceras marianum* Vernuil. Rücken- und Seiten-Ansicht. 3. u. 4. *Glyphioceras globulosum* P. Smith sp. — 5. Sutur von 3.

2. Versteinerungen des mittleren Obercarbon von Arkansas.
Nach J. P. Smith.

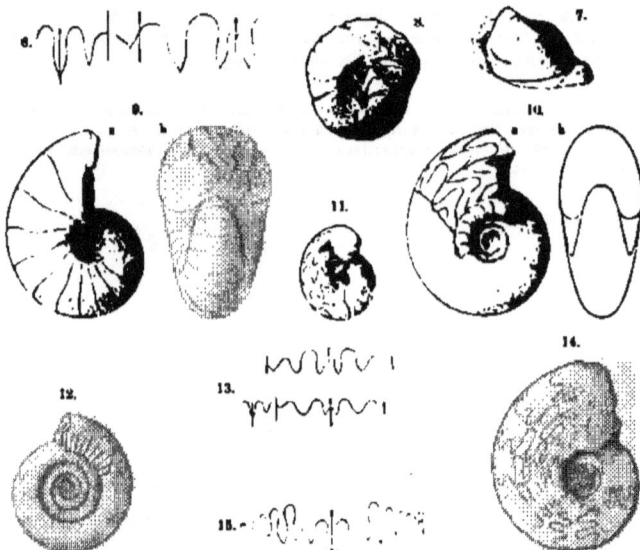

6. Sutur von *Glyphioceras excelsum* Meek. — 7. *Schizodus Wheeleri* Swallow. — 8 u. 9. *Endolobus missouriensis* Swallow. — 10 u. 11. *Paralegoceras iowense* Meek and Worthen. — 12. *Glyphioceras Bronneri* J. P. Smith var. 13. Sutur von 12. — 14. *Promorites cyclolobus* Phillips var. akansiensis J. P. Smith. — 15. Sutur von 14.

Allgemeine Gliederung.	Arkansas. Namen einzelner Schichten oder Fundorte.	Texas.	Indianer-Territorium.	Wichtigste Versteinerungen in Arkansas. Die Arten sind mit Ausnahme der wenigen gesperrt gedruckten Streifbogeten, auf die einzelnen Stufen beschränkt.
Palaeodyas (Artr, Togtakhalir).		Wichita. Albany.	Palaeodyas (Permcarbon).	Phillipsia cliffordensis Snrw. Urthuleri erithraeus Grn. Pronorites sp. nov. Gliphloceras meridianus Vnn. sp.
Oberstes Carbon oder Schwagerinenstufe.	IV. Maris: Peters Ml. 4. Landpfl. : Van Büren. III. Maris : Fort Smith. 3. Landpfl. / Ozita. nad Kohlen : Maris : Bahn (Sankt) pr. m. Gliplt. nat. rüiiyeet api Pronorites sp.	Cisco. Cañyon.	Productive Steinkohlen-Schichten	Fusulinen-Kalk	Belemaphon Mereuataua Grn. Macrodus dauoletus Maxa. Lima cliffero Snrw. Derthyis erasta Mgr. Rhynch. (Phompe) Eto Klasvez. Spiriz Moresemi Malonk (— roetiuita Enst.) Prod. (Marginifera) splendens Surw. et Pstr. Palaeaneilo Freeai Miml. Spir. ceaereznw. Loplatphyllum prollferum XUara.
Mittleres Obercarbon. Zone d. Spirifer supramosquensis und der grossen Fusulinen (Aumrigg-Schichten).	II. Maria: Morrilton. „ Caurfoy Cy „Millstonegrit". 2. Landpfl. : Big Rock El Paso. „ Maria: Sterry. Bop reck. 1. Landpfl. : Searoy. Ber rock.	Canyon. Strawn. J. P. Smith mit Popanserves Parkeri Smr.		Griffithides milia M. et Worr. Gr. antra Vogn. Pronr. cycloleles arkansensis P. Sn. Paralegoras vernus Mmn. Gliphloceras Brenneri P. Sn. sp. Arahtes Mcm. sp. Batolebes atinearionsis Snrn. Nphipplorrea (erratana Con. Lamplpise enlepatetures M. et W. Schiedier Whelert Smxl. *Spirifer cameratos Mbr. *Derbyia crassa M. et W. *Dalmaniella Freesi Mnx. Productus mulririaulux Max. paretesa Mnx.
Unteres Obercarbon. Stufe d. Spirifer mosquensis u. der Fusulina cylindrica.	Fehlt.	Bend.	Im Osten + Polariffe-Conglomerat.	
Untercarbon.	Stufe des Productus gigantus.	Fehlt.	Untercarbon-Kalk.	Untercarbon-Kalk.

		Versteinerungen: (von Barrande beschrieben, wo nichts anderes bemerkt wurde).
Mittleres Cambri der Verf. Mittl. Cambr. des Barad. und ?? jüngere	ge-	Sao hirsuta, Ellipocceph. Hoffi u. Germari, Arionellus ceticephalus, Ptychoparia striata, Ptych. Emmrichi, Conocephalus (oder Concoroyphe) Sulzeri, coronatus, Paradoxides spinosus, rotundatus, rugulosus, pusillus, rxspericus u. a. hierzu die Jugend-form Hydrocephalus. Agnostus nudus, integer, rex, granulatus, Hyolithus primus u. a., Trochocystites bohemicus, Strommatopsilus pentanguistus Pomr. em. Jaekel, Orthis Remingeri. Medusites cf. radiatus Lintaka. sp.
	agen a und mit	
Untercambrium stufe) der Ver Untere Stufe d cambrium (II obea lnterstopos Alafer. der Z. d. Para cus nach Faro		Nur bei Tsirovits in b: Orthis Kathrui Pomr. einmal bei Skrey gefunden O. perpasta Pomr. Strouthecos cf. rugosa Hall und ungünstig erhaltene Trilobiten: Ptychoparia poritrons Pomr. sp., Nolroopleura ?? coniftons Pomr., Arionellus spinosus Pomr., Ellipocephalus retontus Pomr., Pratypus ?? bohemicus Pomr.
Praecambrium	Quars- (Por-Diab.	

Pomred 15—17. — J. J. Jahn, über die geologischen Verhältnisse des Cambrium von Tje Vorkommen von Cambrium wird von den beiden Verfassern durch gemeinsame Arbeit sehr ausführlich brium von Tje obrium, Obur- und Untercambrium sind in Böhmen nicht vertreten.

¹ Para

Die Blüthezeit einer Gattung ist durch dicke Striche, das Verkümmern einer Gruppe dur[...]
Ein Kreuz am Ende der Linie bezei[...]

Carbon

Oberdevon

Mitteldevon

Unterdevon

Silur:
Lücke der
Ueberlieferung

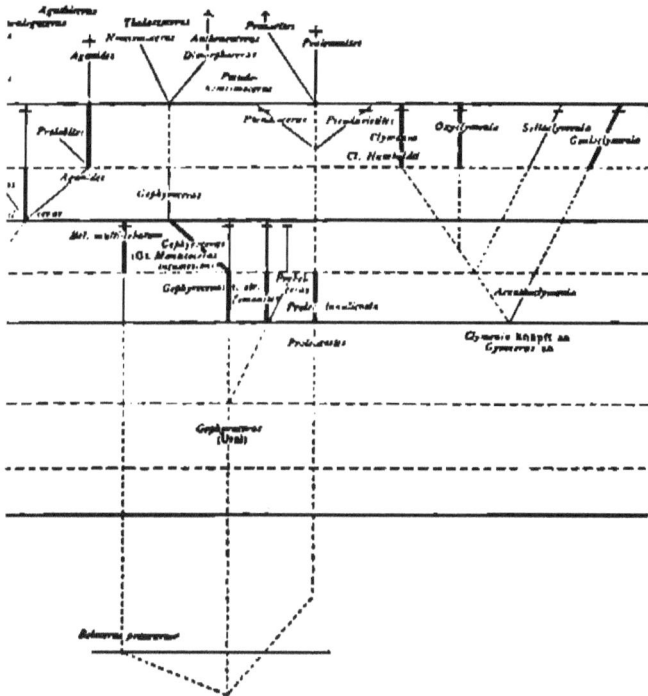

10 b.   Ein anderes als Steinkern erhaltenes Exemplar mit einzelnen Stücken der
Schale.

10 c.   Vergrösserung von 10 a.

10 d.   Vergrösserung von 10 b. Kopie nach BARRANDE.

10 e.   Vergrösserte Ansicht der Innenseite einer Klappe.

Fig. 11 a. *Anaklopsis prima* BARRANDE von Woeek in Böhmen. Auf einem Schiefer-
stück.

11 b.   Vergrössert. Kopien nach BARRANDE. Da die Art in BARRANDE'n Stoch-
werk D vorkommt, so gehören die Figuren eigentlich auf Taf. 8.

12 a.   *Plumulites Wrightii* BARRANDE *(Turrilepas Wrightii* H. WOODWARD*)* Genus
Cirripediorum aus dem „Wenlock shale" von Dudley. Kopie nach H. WOOD-
WARD.

12 b, 12 c, 12 d.   Einzelne Schalstücke verschiedener Form vergrössert.

13.   *Lophosteus superbus* PANDER von Ohhessar auf der Insel Oesel. Eine einzelne Schuppe vergrössert. Kopie nach PANDER.

14 a.   *Onchus curvatus* PANDER aus den obersten Silurischen Schichten der Insel
Oesel. Flossenstachel.

14 b.   Querschnitt desselben. Kopien nach PANDER.

15.   *Onchus tenuirostratus* AGASSIZ aus dem „bone bed" (dünne Knochen-Breccien-
Schicht) der „upper Ludlow rocks" bei Ludlow. Flossenstachel.

16.   *Thyrsetes* ? EICHWALD aus obersten Silurischen Schichten von Rootsiküll
auf der Insel Oesel vor der Mündung des Bigaer Meerbusens. Der mittlere Teil
des Kopfes. Kopie nach PANDER.

17 a.   *Thelodus parvidens* AGASSIZ aus dem „bone bed" der upper Ludlow rocks"
bei Ludlow. Knochenstückchen der chagrin-artigen Hautbedeckung von Onchus. (?). In natürlicher Grösse und vergrössert.

17 b und 17 c.   Desgleichen in natürlicher Grösse und vergrössert. Kopien
nach AGASSIZ.

Tafel 20.

Unter-Devon.

(Old red sandstone)

Fische.

Fig. 1 a. *Coccosteus decipiens* AGASSIZ von den Orkney-Inseln. Der aus einzelnen durch Nähte verbundenen Knochenschildern zusammengesetzte Panzer, wie er durch PANDER rekonstruirt worden ist. Ansicht von oben. Wie die übrigen Figuren der Tafel Kopien nach PANDER.

1 b. Das mittlere Schild der unteren Fläche des Panzers (PANDER's os ventrale medium).

1 c. Ein Stück der Oberfläche eines Knochenschildes vergrössert.

1 d. Der Unteraugenhöhlenknochen (os infraorbitale).

1 e. Ein Kiefer.

1 f. Das mittlere Rückenschild (os dorsale medium).

1 g. Das Gelenkstück des Rückens (os articulare dorsi).

1 h. Verkleinerte Ansicht des Panzers und der Wirbelsäule in der von PANDER ausgeführten Restauration.

Neue Erklärung zu Tafel 34.

Vergl. Lethaea pal. Bd. 2 p. 128 oben, p. 316 und 494 unten.

Die auf **Taf. 34, Fig.** 3.–9 dargestellten Arten des Cypridinenschiefers von Saalfeld gehören nach neueren Aufnahmen zum **untersten Carbon** (p. 310).

Von den auf der Tafel abgebildeten Arten ist:

Fig. 8. *(Sphenopteris)* als *Rhodea petiolata* GOEPP. sp.
    4. *(Triphyllopteris)* als *Archaeopteris elegans* UXU. sp.
    5. *(Cyclopteris)* als *Archaeopteris thuringiaca* UXU. sp. zu bezeichnen.

Es bleiben

Fig. 6. *Asterophyllites coronatus* UXU. (p. 310).
    7. *Calamosyrinx devonica* UXO.
    8. *Lycopodites pinastroides* UXU.
    9. *Lepidodendron nothum* UXU.

Fig. 3—9. Unterstes Carbon, Rossschieferzone von Obernitz bei Saalfeld.

An Stelle derselben seien umstehend als Taf. 34a die **devonischen** (früher als Carbon „Ursa-Stufe") bezeichneten **Leitpflanzen** von der Bären-Insel nach den freundlichst geliehenen Originalzeichnungen von NATHORST hier wiedergegeben, nämlich *Bothrodendron, Archaeopteris* und *Pseudobornia.*

Von den devonischen auf Taf. 34 abgebildeten Arten ist:

Fig. 1. *(Palaeopteris)*   *Archaeopteris hibernica* (ungenaue Abb.) Oberes Old Red. Oberstes Devon, Kilkenny, Irland.
    2. *(Palaeopteris)*   *Sphenopteridium Roemerianum* GOEPP. sp. Oberstes Devon mit *Spirifer Verneuilii.* Muremel in Belgien. Ges. von FUHL. ROEMER. Mus. Bonn.

Tafel 34a.

Oberdevonische Pflanzen von der Bären-Insel

Nach A. G. NATHORST.

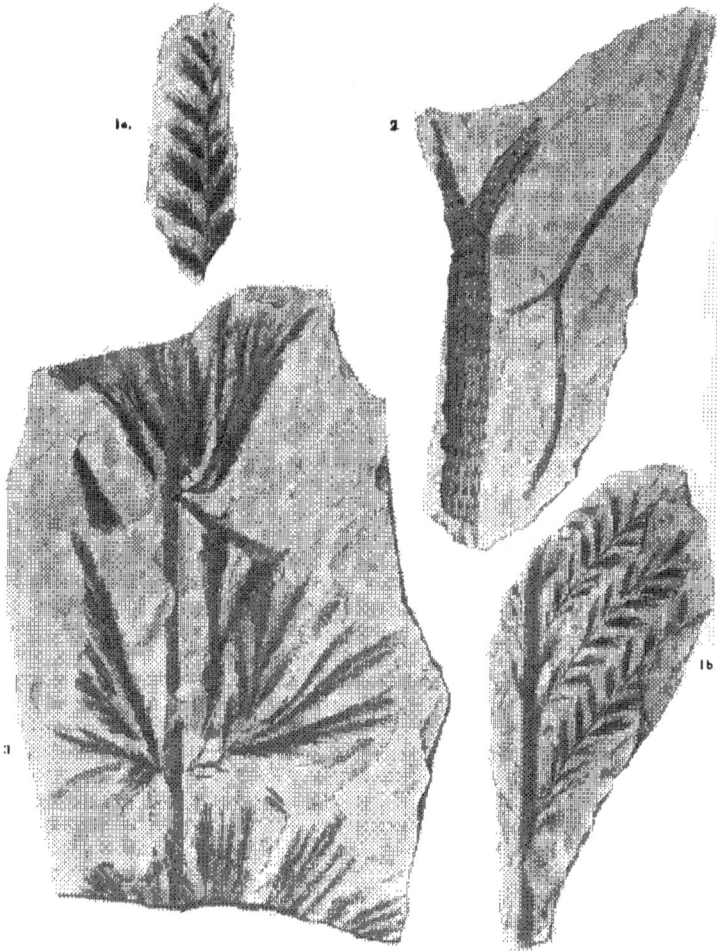

Fig. 1a, b. *Archaeopteris fimbriata* NATH. Fig. 2, *Bothrodendron kiltorkense* HAUGHTON sp.
Fig. 3, *Pseudobornia ursina* NATH. (Blatttragender Stengel). ¹⁄₂ n. Gr.

Neue Erklärung zu Tafel 37.

Untercarbonische Pflanzen.

Vergleiche auch Taf. 34, Fig. 8—9 (Untercarbon) und Lethaea palaeozoica, Bd. 2, p. 804 (*Rhacopteris, Sphenopteridium, Sphenopteris*) und p. 312 (*Asterocalamites scrobiculatus*).

Fig. 1, 2. Untercarbonische Pflanzengrauwacke ohne marine Reste, Leth. palaeoz. p. 303.

3—6. Posidonienschiefer (marine Dachschiefer l. c. p. 267, 808) mit eingeschwemmten Pflanzen.

Fig. 1. *Asterocalamites scrobiculatus* SCHL. sp. (· *Calamites* od. *Archaeocalamites transitionis* GOEPP.). Landeshut in Schlesien. — Fig. 1a. Stammstück (Steinkern).

Fig. 1b. Oberfläche vergrössert; die Längsrinnen der Innenseite alterniren nicht wie bei *Calamites*.

2, 3. *Lepidodendron Veltheimianum* STERNB. sp. in verschiedener Erhaltung:

2. Steinkern des Stammes (Abdruck der Innenseite) · *Knorria imbricata* STRNB. Landeshut in Schlesien.

3. Abdruck der Aussenseite (flachgedrückt) *Naggeraria Veltheimiana* STRNB. Posidonienschiefer. Bautsch in Mähren.

4. *Cardiopteris frondosa* SCHIMP. (*Cyclopteris* GOEPP.) Dachschiefer. Altendorf bei Bautsch.

5. *Rhodea patentissima* ETT. sp. (bei STUR *Hymenophyllites* ETTINGHAUSEN). Ebendaher. (Missglückte Zeichnung; f. d. Gattung vergl. Taf. 37b, Fig. 5.)

6. *Sphenopteris divaricata* GOEPP. Ebendaher.

Die Originale befanden sich sämmtlich im Geologischen Museum zu Breslau.

Die folgende Tafel 38 stellt die marine Thierwelt des Posidonienschiefers dar. Änderungen: Fig. 3, *Goniatites sphaericus*: *Glyphioceras sphaericum* (vergl. Taf. 46, Fig. 11). Fig. 8, *Goniatites mixolobus*: *Pronorites mixolobus* PHILL. sp. Vergl. Leth. palaeoz. 2, p. 285.

Überkleben.

Zu p. 488 (bezw. 188) Zeile 10.

                  Allerdings wird von LECLÈRE (Ann. des Mines 1901) das devonische Alter der Kohlen ausdrücklich verneint.

Anm. 1. Zum Einkleben auf den unteren Theil der Seite 514.

[1] Nach Ch. S. Prosser, University geol. survey of Kansas II (1897) 1902 p. 59.—88 gehört der Name Gerda-Gebschichten (Cragin) als Synonym zu Marion (Prosser). Die Neodyas in Kansas, deren Reihenfolge unverändert bleibt, (während die Vergleichung mit Texas nicht sicher ist), und somit als „Cimarron" (Cragin) bezeichnet werden.

Sämmtliche Zettel zum Aufkleben.

Zu Tafel 1.

Sämmtliche abgebildeten Trilobiten gehören mit Ausnahme von Fig. 5 u. 6 der europäisch-atlantischen Entwickelung des **Mittelcambrium** an.

Fig. 5 u. 6 *(Olenus)* sind **obercambrisch.** (Vergl. Taf. 1 b, Fig. 16—22).

Fig. 2 ist die einzige aus dem mittleren in das obere Cambrium übergehende Art.

Zu Tafel 2.

Die überwiegende Mehrzahl der Abbildungen gehört dem **Obercambrium** (Lingula Flags) an.

Fig. 8 u. 9 sind **mittelcambrisch.**

2. **Untercambrisch.**

11. Untersilurisch (unterstes Silur). Vergl. Leth. palaeoz. Bd. 2, Tab. IV zu p. 77.

Zu Tafel 3.

Fig. 4. 6 8 sind **obersilurische** Arten.

4 ist als *Pristiographus colonus* Barr.

9 als *Dichograptus Logani* Hall.

10 als *Phyllograptus*

12 als *Tetragraptus bryonoides* zu bezeichnen.

Zu Tafel 6.

Fig. 2. Statt *Orthoceras duplex: Endoceras Wahlenbergi.*
4. Statt *Orthoceras: Endoceras vaginatum* Schl. sp.
6. Statt *Lituites: Discoceras Odini* M. V. K. sp.

Zu Tafel 10.

Fig. 1. Statt *Stromboides: Arachnophyllum diffluens* M. Edw. et H. sp.
6. Statt *Cyathaxonia: Lindstroemia Dalmani* M. Edw. et H. sp.

Zu Tafel 12.

Fig. 12. Statt *Orthis: Dalmanella (Bilobites) bilobu* L. sp.
15. Statt *Orthis: Dalmanella elegantula* Dalm.

Zu Tafel 13.

Zum Unterdevon gehört:
Fig. 1 b. *Merista herculea* Suess.

Fig. 1 a. Statt *(Meristella): Meristina tumida* Dalm. sp.
8. Statt *(Atrypa): Whitfieldella prunum* Dalm. sp.
11. Statt *Spirifer cyrtaena* Salt.: *Spirifer plicatella* His.

Zu Tafel 15.

Fig. 4 ist unterdevonisch.
7, 8 ist mitteldevonisch.

Zu Tafel 14.

Fig. 2. Statt *Lucina: Hiauin prisca* His. sp.
    5 ist *Avicula reticulata* Goldf. sp. non Hisinger. Ob. Mitteldevon. Eifel.
    Copie nach Goldf. Petr. Germ. t. 120, f. 2 und nach Hisinger, Leth.
    suec. t. 17, f. 13.
        (Über die von Hisinger nach Goldfuss copirte und auf eine Gott-
    länder Art bezogene Abb. vergl. E. Philippi, Zeitschr. d. geolog. Ges.
    1900, p. 559 und Frech, devonische Aviculiden, p. 34.)
    7. Statt *Pterinea: Cypricardinia planulata* Conr. sp.
    8. „ *Euomphalus catenulatus: Polytropis discors* var. *rugosa* Sow. sp.
    9. „ *Euomphalopterus alatus: Pleurotomaria alata* Wahlenb. sp.
    10. „ *Acroculia: Platyceras anguis* Baru. sp.
    12. „ *Euomphalus funatus* Sow.: *Polytropis Roemeri* Lindstr. sp.
    13. „ *Euomphalus centrifugus* Sow.: *Pleurotomaria planorbis* His.
    14. „ *Cyclonema brevispira: Platyceras protolyppum* Phill. sp.
    15 ist ein Deckel v. *Polytropis*, wahrscheinlich v. *Polytropis coronata* Lindstr. sp.

Zu Tafel 17.

Fig. 3 ist unterdevonisch.
    6 gehört zum Subgenus *Trachylichas*.
    10. Statt *Ceraurus* lies: *Cheirurus insignis* Beyr.

Zu Tafel 21.

Fig. 3 ist das als *Scaphaspis Lloydii* bezeichnete Bauchschild von *Pteraspis rostratus*
    Ag. sp. und stammt ebenso wie
    4—6 aus dem tiefsten Old red sandstone.
    2 entstammt dem unteren Old red.
    1 entstammt dem oberen Old red.

Zu Tafel 23c.

Fig. 3. Statt *Orthis* lies *Dalmanella dorsoplana* Frech.

Zu Tafel 23.

Fig. 1 stammt aus den unteren Coblenzschichten.

2 stammt aus dem oberen Mitteldevon des Staates New-York.

3 von der Grenze des unteren und mittleren Devon (Corniferous limestone).

4 ist *Melocrinus acicularis* FOLLM., untere Coblenzschichten.

6 u. 7 stammt aus den oberen Coblenzschichten.

8 wird als *Dalmanella hysterita* GMEL. sp. (Stielklappe, vergl. Taf. 24 b, Fig. 7) bezeichnet und stammt ebenso wie

9—11 aus den oberen Coblenzschichten.

12. *Tropidoleptus rhenanus* FRECH nov. nom. Vergl. Taf. 23 a, Fig. 0.

13 ist *Spirifer Herrguise* GIEB. (vergl. Taf. 23 a, Fig. 5 a) und stammt aus den unteren Coblenzschichten von Oberstadtfeld bei Daun.

Zu Tafel 24.

Fig. 1—3, 6 stammen aus dem oberen Unterdevon (obere Coblenzschichten und Coblenzquarzit des Harzes).

4 aus dem oberen Mitteldevon (Hamiltonschichten, faciell der rheinischen Grauwacke ähnlich.

5. Statt *Merynodus* lies *Goniophora bipartita* FERD. ROEMER sp. aus der Siegener Grauwacke (tief. Unterdevon).

Zu Tafel 24 b.

Fig. 7. Statt *Orthis: Dalmanella hysterita* GMEL. sp. (Brachialklappe zu Taf. 23, Fig. 8).

8. Statt *Orthis: Dalmanella circularis* mut. *postuma*.

Zu Tafel 27.

Fig. 1, 2. Statt *Melocrinus: Pariserinus stellaris* FERD. ROEMER sp.

5. Statt *Poteriocrinus: Bactrocrinus fusiformis* FERD. ROEMER sp.

14. Statt *Rhodocrinus: Rhipidocrinus crenatus* GOLDF. sp.

Zu Tafel 25.

Zum tieferen Unterdevon (Siegener Grauwacke) gehört
Fig. 5. *Patellostium macrostoma* FERD. ROEMER sp.
1, 2, 4, 9, 10 gehören zu den oberen Coblenzschichten.
3, 0, 7, 8 gehören zum **Mitteldevon.**
6. Statt *(Goniatites)*: *Anarcestes subnautilinus*.
7. Statt *(Goniatites gracilis)*: *Gyroceras compressum* H. v. MEYER.[1] (Vergl. Taf. 30a.)
10. *Cyph. Lethaeae* E. KAYSER. (Ungenaue Abbildung nach einem wenig deutlichen Exemplar.)

[1] Die Revision der bisher als *Gyroceras* bezeichneten Nautiliden (u. D. Taf. 80) ist noch nicht durchgeführt.

Zu Tafel 26.

Fig. 3 gehört zur Gattung *Stromatoporella* u. ist wahrscheinlich *Str. eifeliensis* NICHOLS.
- 0 ist *Cyathophyllum ceratites* GOLDF. em. FRECH.

Zu Tafel 28.

Fig. 6. Statt *Streptorhynchus*: *Orthothetes*.
10 u. 12. Statt *Orthis*: *Dalmanella*.
14. Statt *Reusselaeria (?)*: *Newberrgia amygdalina* STEI. sp.

Zu Tafel 29.

Fig. 1, 2. Statt *Solen* u. *Solen?*: *Solenopsis plagiata* GF. sp.
3. Statt *Mytilus*: *Myalina dimidiata* GF. sp.
5. Statt *Lucina*: *Paracyclas proaria* GOLDF. sp.
7. Statt *Euomphalus*: *Scalites trigonalis*.
11. Statt *Acroculia*: *Platyceras priscum* GF. sp.
13. *Euomphalus radiatus* gehört zum Subgenus *Pleuronotus*.

Zu Tafel 32.

Fig. 5. Statt *Turbo*: *Polytropis armata* GOLDF.
8. Statt *Natica*: *Turbonitella subcostata* D'ARCH. VERN.

Zu Tafel 43.

Einige Gattungsbezeichnungen haben sich, wie folgt, geändert:

Fig. 1. *Dielasma hastidum* Sow. sp.
4. *Dalmanella crassipata* DE Kon. sp.
5. *Dalmanella Michelini* L'Év. sp.
6. *Orthothetes crenistria* DAV. sp.

Zu Tafel 44.

Aus marinen Einlagerungen des Obercarbon (productive Steinkohlenformation) stammen:

Fig. 1. Mittleres Obercarbon.
9.   "   "
13. Unteres Obercarbon.

Fig. 7. *Pteria gramosa* als *Aviculopecten* zu bezeichnen.

Zu Tafel 45 b.

Fig. 5 d. Infolge eines Versehens ist die Lobenlinie von *Numismoceras retiforme* (Taf. 46 a, Fig. 8 b) als „*Glyphioceras subternatum*" wiederholt worden. Die thatsächlich beobachtete Sutur von *G. subternatum* stimmt im Wesentlichen mit *G. diadema* (Fig. 1 c) überein.

Zu Tafel 46.

Aus marinen Einlagerungen des Obercarbon stammen:

Fig. 6. *Ephippioceras bilobatum* Sow. sp. Mittleres Obercarbon.
10. *Glyphioceras subternatum* (NEHL.) BEYR. *Goniatites Listeri* auct. Verzeichnet. Vergl. Taf. 46 b, Fig. 5.

Weitere Gattungsnamen haben sich geändert:

Fig. 3. *Triganoceras nugoceras* METR. sp.
8. *Carbonatites Koninckii* D'ORB. sp. (Lethaea palaeoz. 2 p. 285).
11. *Glyphioceras sphaericum* DE HAAS sp.
12. *Agonides Izoni* HALL sp. (nahe verwandt mit *Goniatites rotatorius* DE Kon. sp.).

Zu Tafel 50.

Zum **mittleren Obercarbon** (Waldenburger Hangendzug — Saarbrücker Schichten, vergl. Taf. 50 a) gehören Fig. 1—5.

Zum **oberen Obercarbon** (Ottweiler Schichten) vergl. Taf. 50 b gehören Fig. 6—9.

Für Fig. 8 ist der ältere Name *Annularia stellata* Schloth. (Taf. 50 b, Fig. 1) wieder eingeführt.

Zu Tafel 51.

Mit Ausnahme von Fig. 7 (oberes Obercarbon) gehören sämmtliche Abbildungen zum **mittleren Obercarbon** (Saarbrücker Stufe).

Fig. 3. *Sphenopteris (Palmatopteris) membranacea* Grfn. sp. [1] (nicht *furcata* Broxgn.) ob. Saarbrücker Schichten, ist eine schlechte Copie nach Geinitz. Verst. Kohlengebilde Sachsens t. 24, f. 9. Vergl. Taf. 50 a, Fig. 2.

4 u. 6 sind Aphlebien (Spreu-Fiedern).

7 ist nicht *Odontopteris*, sondern *Neuropteris stradonitzensia* (Andrae) Weiss [1] (Neues Jahrb. 1881, I p. 205.)

[1] Nach freundlichen Mittheilungen von Herrn Prof. Stenzel.

Zu Tafel 52.

Fig. 2, 3 gehören zu den **Saarbrücker** Schichten.

1, 4 zu deren oberer Zone (Zwickau).

5 gehört in die **Ottweiler** Schichten.

6 gehört in das Unter-Rothliegende.

3 a, b gehört nach Zeiller zu *Lonchopteris Bricei* Broxgn. und ist eine Copie der von Goeppert als *Woodwardites obtusilobus* bezeichneten Art.

Zu Tafel 53.

Mit Ausnahme von Fig. 4 (oberstes Carbon) entstammen sämmtliche abgebildeten Stücke dem **mittleren Obercarbon** (Waldenburger Hangendzug — Saarbrücker Stufe).

Zu Tafel 54.

Mit Ausnahme der stratigraphisch weit verbreiteten[1] auf Fig. 6 dargestellten Wurzel *Stigmaria ficoides* sind sämmtliche abgebildeten Stücke auf das mittlere Obercarbon (Waldenburger Haupenzug — Saarbrücker Stufe) beschränkt, zu deren bezeichnendsten Leitfossilien die längsgestreiften Sigillarien gehören.

[1] Der Fundort Falkenberg ist unterearbonisch.

Zu Tafel 55.

Mit Ausnahme von Fig. 1 (oberstes Carbon) und Fig. 2 (Rothliegendes) entstammen die abgebildeten Stücke dem mittleren Obercarbon (Saarbrücker Stufe).

Zu Tafel 56.

Die neuere Auffassung der Stratigraphie (vergl. Leth. palaeoz. 2 p. 350 b und p. 354) rechnet sämmtliche auf der Tafel dargestellte Leitformen zu dem Mittelrothliegenden.

Fig. 4. *Aulskyptorus watcropterus* wird neuerdings zu der Gattung *Rhabdolepis* gestellt.

Zu Tafel 57.

Fig. 2b entstammt dem unteren, die übrigen Arten dem mittleren Rothliegenden. Vergl. Leth. palaeoz. 2, p. 471.

1 wird als *Aulskyptorus regulishariensis* Ag. bezeichnet.
2a wird als *Pleuracanthus Deckeni* (*Orthacanthus Deckeni* GOLDF.)
2b wird als *Pleuracanthus bohemicus* A. FRITSCH bezeichnet.

Zu Tafel 57a.

Die auf obiger Tafel dargestellten Versteinerungen gehören nach NOETLING's überzeugender Darstellung sämmtlich der Neodyas an.

Zettel zum Aufkleben.

Zu Tafel 59 b.

Fig. 7. Statt *Gastr. Roemeri* lies: *Gastrioceras Zitteli* GEMM.

Zu Tafel 58.

Die dargestellten Pflanzen haben ihre Hauptverbreitung im **Mittelrothliegenden**, erscheinen aber (mit Ausnahme von Fig. 9) schon in der unteren Stufe.
Die Bezeichnung von Fig. 4 hat nach freundlicher Mitteilung von Herrn Prof. STERZEL zu lauten:
Fig. 4. *Odontopteris (Mixoneura) obtusa* (BRON. ex parte) WEISS, vergl. die „Leitpflanzen des Unterrotbliegenden" in Leth. palaeoz. 2, p. 460—489.

Zu Tafel 59.

Die dargestellten Pflanzen entstammen sämmtlich dem **Mittelrothliegenden**.

Zu Tafel 60.

Fig. 6. *Zonarites digitatus* ist ident mit *Baiera digitata* BRONN. sp. Vergl. Leth. palaeoz. 2, p. 498.
7, 11. *Woduika striatula* MÜTH. ist nach O. JAEKEL als *Strophodus carinatus* MÜTH. zu bezeichnen. Vergl. Leth. palaeoz. 2, p. 471.

Zu Tafel 61.

Fig. 11. Statt *Terebratula*: *Dielasma hastatum* SCHL. sp.
19. Statt *Avicula*: *Pseudomonotis speluncaria* QU. sp.

www.ingramcontent.com/pod-product-compliance
Lightning Source LLC
Chambersburg PA
CBHW021501210326
41599CB00012B/1095